westermann

Dipl.-Ing. Studiendirektor Peter Schierbock

Formeln und Tabellen
– Metallbau
– Konstruktionsmechanik

mit umgestellten Formeln,
Qualitätsmanagement und CNC-Technik

3., durchgesehene Auflage

Bestellnummer 55078

© 2024 Westermann Berufliche Bildung GmbH,
Ettore-Bugatti-Straße 6-14, 51149 Köln
www.westermann.de

Druck und Bindung: Westermann Druck GmbH,
Georg-Westermann-Allee 66, 38104 Braunschweig

ISBN 978-3-427-55078-5

Zusatzmaterialien zu Formeln und Tabellen – Metallbau und Konstruktionsmechanik

Für Lehrerinnen und Lehrer

BiBox Einzellizenz für Lehrer/-innen (Dauerlizenz)
BiBox Klassenlizenz Premium für Lehrer/-innen und bis zu 35 Schüler/-innen (1 Schuljahr)
BiBox Kollegiumslizenz für Lehrer/-innen (Dauerlizenz)
BiBox Kollegiumslizenz für Lehrer/-innen (1 Schuljahr)

Für Schülerinnen und Schüler

BiBox Einzellizenz für Schüler/-innen (1 Schuljahr)
BiBox Einzellizenz für Schüler/-innen (4 Schuljahre)
BiBox Klassensatz PrintPlus (1 Schuljahr)

Dieses Werk eignet sich bevorzugt für

– einen schülerzentrierten Unterricht,

– die Vorbereitung der Abschlussprüfungen Teil 1 und Teil 2 bei den **Industrie- und Handelskammern, den Handwerkskammern und Innungen,**

– die Hausarbeit,

– die innerbetriebliche Berufsausbildung,

– die Aus- und Weiterbildung.

Insbesondere eignet sich dieses Werk für die täglichen Erfordernisse eines jeden Fachmanns am Arbeitsplatz, in der Werkstatt und im Büro.

Vorwort

Umgang mit Formeln leicht gemacht! Der erste Teil dieser Formelsammlung enthält alle wesentlichen Formeln und Tabellen für Metallbauer/innen und Konstruktionsmechaniker/innen. Zu jeder einzelnen Formel gehört eine Zeichnung. Die Formeln sind nach **allen Unbekannten** umgestellt. Die Formelzeichen sind erklärt und alle Einheiten mit angegeben.

Die Formelsammlung unterscheidet sich von den gebräuchlichen Formelsammlungen dadurch, dass der Lernende selbst überprüfen kann, ob er seine Formel richtig umgestellt hat – er vergleicht! Somit wird dem Lernenden die Unsicherheit genommen und der Wille gefördert, zügig zum richtigen Ergebnis zu gelangen.

Lehrern und Ausbildern wird ein neues Werk gereicht, das im Unterricht den Lernenden ermöglicht selbst zu üben, zu kontrollieren und nachzuschlagen.

Die neuen Einheiten im Messwesen (SI-Einheiten) wurden berücksichtigt. Inhaltsverzeichnis, Sachwortregister und Umrechnungstabellen sichern ein schnelles Auffinden der Formeln und Fachgebiete.

Im **zweiten Teil** finden Sie eine Einführung und Formeln zum Gebiet Qualitätsmanagement.

Der **dritte Teil** dieses Werks enthält Grundlagen und Hilfen zur CNC-Programmierung nach DIN 66 025 wie: geometrische und technologische Grundlagen, Zuordnen der Koordinaten zu den Werkzeugmaschinen, Bezugspunkte, Bemaßungsarten, Programmaufbau, Steuerungsarten, Weg- und Zusatzbedingungen, PAL-Programmiersystem für Drehen und Fräsen sowie PAL-Zyklen.

Dieses Buch ist insbesondere auch für Fachleute in Werkstatt und Büro gedacht, denen das Umstellen der Formeln immer schwer gefallen ist. Dieses Werk macht den Umgang mit Formeln leicht.

Der Verfasser *Peter Schierbock*

Inhalt Formelsammlung

Teil I

	Seite
Beziehungen zwischen Einheiten	10–15
Prozent- und Zinsrechnung	16
Winkelarten	17
Flächen	18–32
Dreiecksarten, Winkel	20–21
Pythagoras, Höhen- und Kathetensatz	24–25
Winkelfunktionen	26
Sinus- und Cosinussatz	27
Kreisförmige Flächen	28–32
Verschnitt	32
Mantelabwicklung quadratische Pyramide, Blechtafelgrößen	33
Zylinder, Rohr schräg geschnitten, Abwicklung, Größe Blechtafel	34
Rohrabzweig mit gleichen Durchmessern, Abwicklung	35
Segmentkrümmer, Abwicklung, Blechtafelgrößen	36
Abwicklungen, Kegel, -abwicklung, Blechtafelgrößen	37–38
Kegelstumpfabwicklung, Blechtafelgrößen	39–40
Gestreckte Längen	41
Teilung von Längen, Lochabstände	42
Teilungslängen bei Bauelementen: Geländern, Gittern, Rosten	43–45
Teilungslängen bei Bauelementen nach Landesbauordnung: Geländer, Gitter	46–47
Abmessungen, lichte Weite bei Bauelementen wie Geländer	48–49
Teilungslängen gekrümmter Bauteile	50
Trennen von Bauteilen, Neigung, Steigung	51
Volumen, Oberfläche	52–62
Kegelabwicklung	55
Längenbezogene Mantelflächen von Formstählen für Profilkonstruktionen	63
Mantelflächen von Stabstählen	64–65
Rohlängen, Schmieden, Umformen	66–67
Masseberechnung	68–69
Masse von Profilkonstruktionen, Lage Flächenschwerpunkte	70–71
Handelsgewichte	70
Zuschnittlängen gebogener Profile nach Tabelle	72
Zuschnittlängen, Systemkonstruktion Fenster	73
Zuschnittlängen für Türen, Metallbaukonstruktionen	74
Berechnung von Treppen	75
Bewegung, Geschwindigkeit, freier Fall	76–80
Kräfte, Kraftübertragung	81–84
Hooke'sches Gesetz, Federkräfte	82
Hebelgesetz, Drehmoment, einseitiger Hebel	85
Winkelhebel, Drehmoment, mehrfacher Hebel	86
Auflagerkräfte, Drehmomente	87
Drehmomente bei Zahnradtrieben	88
Haftreibung, Gleitreibung, Rollreibung	89
Reibungskraft, Reibungsmoment, Reibungsleistung	90
Reibungam Ringzapfen, Reibungsarbeit	91
Feste Rolle, lose Rolle	92
Flaschenzug	93
Seilwinde	94
Räderwinde, Hangabtriebskraft, Normalkraft, mech Arbeit	95

Inhalt Formelsammlung

	Seite
Schiefe Ebene, Keil, Treibkeil	96
Kräfte an der Schraube, Gewindetrieb	97
Mechanische Arbeit, Hubarbeit, potenzielle Energie	98
Potenzielle Energie, kinetische Energie	99
Mechanische Leistung bei geradliniger Bewegung	100
Pumpenleistung	101
Mechanische Leistung bei Drehbewegung	102
Wirkungsgrad, Gesamtwirkungsgrad	103
Zugbeanspruchung, Spannungs-Dehnungs-Diagramm	104
Spannungs-Dehnungs-Kurven, Zugversuch für Kunststoffe	105
Zugversuch, Spannungs-Dehnungs-Diagramm, Hooke'sches Gesetz	106
Druckbeanspruchung, Festigkeitsberechnung	107
Flächenpressung, Festigkeitsberechnung	108
Scherbeanspruchung, Festigkeitsberechnung	109
Festigkeitsberechnungen, Bemessungswerte, Beanspruchbarkeit	110
Festigkeitsberechnungen, Tragsicherheitsnachweis	111
Festigkeitsberechnungen, Knickfestigkeit, Belastungsfälle	112
Festigkeitsberechnungen, Knickfestigkeit, Biegeknicknachweis	113
Berechnung von Schraubenverbindungen	114–115
Rand- und Lochabstände für Schrauben, Nieten, Wurzelmaßebei Profilen	116
Riementrieb, Übersetzungen	117–119
Zahntrieb, Übersetzungen	120–122

	Seite
Schneckentrieb, Übersetzungen	123
Achsabstand, Außenverzahnung	124
Achsabstand bei Innenverzahnung	125
Zahnstangentrieb	126
Zahnradmaße, Zahnradberechnung	127–128
Wärmetechnik, Temperatureinheiten, Längen-, Volumenänderung	129–130
Energieverbrauch, Schmelzen, Verdampfen, Schmieden	132
Wärmetechnik, -strom, -leitung, -durchgang	133
Wärmetechnik, Wärmeübergang	134
Wärmetechnik, -durchgang mehrschalige Wand	135
Wärmeleitfähigkeit von Baustoffen	136
Wärmetechnik, -durchgangskoeffizient, Fenster	137–138
Wärmedurchgangskoeffizient, -durchlasswiderstand, -übergangswiderstände	139
Nachweisverfahren des Wärmedurchgangs nach Wärmeschutzverordnung	140
Vereinfachtes Nachweisverfahren des Wärmedurchgangs nach Wärmeschutzverordnung	141
Schwindung, Luftdruck, Überdruck	142
Zustandsänderung von Gasen	143–144
Gasverbrauch beim Schweißen (außer Acetylen)	145
Acetylen-Verbrauch beim Schweißen	146
Schweißnaht, -querschnitt, Elektrodenverbrauch beim Lichtbogen-Schmelzschweißen	147
Schweißnaht, -querschnitt, Elektrodenverbrauch, Nahtvolumen beim Lichtbogen-Schmelzschweißen	148
Schweißzeit beim Lichtbogen-Handschweißen	149

	Seite
Schmelzschweißen, Schweißzeit, Gasverbrauch	150
Festigkeitsberechnungen von Schweißverbindungen	151
Hydrostatischer Druck, Schweredruck, Seitendruckkraft	153
Aufdruckkraft, Auftrieb in Flüssigkeiten	154
Wärmemischung, Mischungsrechnung, Kolbendruckkraft, Hydraulik	155
Kolbenkräfte, Hydraulik	156
Hydraulische Presse	157
Kontinuitätsgleichung, Durchflussgeschwindigkeit	158
Kolbengeschwindigkeit, Hydraulik	159
Pumpenleistung, Hydraulik	160
Druckübersetzer, Hydraulik	161
Luftverbrauch, Pneumatik	162
Kräfte und Leistungen beim Zerspanen, spezifische Schnittkraft, Drehen, Bohren, Fräsen	163–166
Hauptnutzungszeit beim Langdrehen	167–168
Hauptnutzungszeit beim Plandrehen	169–170, 172–173
Plandrehen, Rautiefe, Eckenradius, Vorschub	171
Kegeldrehen durch Verstellendes Oberschlittens	174
Kegeldrehen durch Verstellendes Reitstocks	175
Hauptnutzungszeit Bohren	176
Hauptnutzungszeit Reiben	177
Hauptnutzungszeit Senken	178
Hauptnutzungszeit Gewindeschneiden, -bohren	179
Hauptnutzungszeit Sägen	180
Hauptnutzungszeit Fräsen	181–183
Hauptnutzungszeit Nutenfräsen	184
Hauptnutzungszeit Schleifen	185–188
Direktes Teilen mit dem Teilkopf	189
Indirektes Teilen mit dem Teilkopf	190
Biegetechnik, Kanten, Biegewinkel, Verkürzungs- bzw. Ausgleichswerte	191–192
Biegetechnik, Ausgleichswerte für beliebige Biegewinkel	193
Biegetechnik, Zuschnittlängen für Randversteifungen, Wulste	194
Biegetechnik, Falze, Falznaht, Falzverbindungen	195
Biegebeanspruchung, Festigkeitsberechnungen	196
Axiale Widerstandsmomente verschiedener Querschnitte	197
Tiefziehen, Ronde, Ziehstufen, -verhältnis u. a.	198–201
Schneiden, Schneidkraft, Scherfläche	202
Trennen durch Scherschneiden, Ausnutzungsgrad	203
Elektrotechnik, Ohm'sches Gesetz, Leiterwiderstand	204
Elektrotechnik, Reihenschaltung	205
Elektrotechnik, Parallelschaltung	206
Elektrotechnik, Drehstrom, Dreiphasen-Wechselstrom	207–208
Elektrotechnik, Transformator	209
Elektrotechnik, elektrische Leistung	210
Elektrotechnik, elektrische Arbeit	211
Logiksymbole binärer Elemente (SPS, Pneumatik, E-Pneumatik)	212
Teil II	
Qualitätsmanagement, Qualitätsplanung	213–221
Normen der EN ISO 9001 : 15, Zehner-Regel, Einflussgrößenauf Qualität – 7M	214

Inhalt Formelsammlung

	Seite
Qualitätsprüfungsarten, Fehlerwahrscheinlichkeit	215
Statistische Prozessregelung	216, 220
Strichliste, Histogramm,Klassen, -weite, Häufigkeit, Verteilungskurve	217
Kennwerte Normalverteilung von Stichproben, Statistische Auswertung von Messungen	218
Maschinen- und Prozessfähigkeitsindizes	219
Lage und Streuung von Prozessen	220
Arten von Qualitätsregelkarten (QRK)	220–221
Kostenrechnung, -artenrechnung, -stellenrechnung, -trägerrechnung	222
Kostenstellenrechnung, Gemeinkostenzuschlagssätze, Kostenträgerrechnung	223
Kostenträgerrechnung, Erweiterte Zuschlagskalkulation	224
Teil III	
Technik und Programmierung von CNC-Werkzeugmaschinen	225–258
Konstruktive Merkmale von CNC-Werkzeugmaschinen	226
Wegmesssysteme	227–229
Datenträger, Informationsverarbeitung	229
Bezugspunkte, Nullpunkte	230–231
Bezugsbemaßung, Absolutbemaßung, Kettenbemaßung, Inkrementalbemaßung	232
Das Koordinatensystem	233
Maschinenkoordinaten nach DIN 66217	234
Die Werkstück-Koordinaten-Ebenen	235
Achsbezeichnungen beim Drehen	236

	Seite
Zuordnung der Koordinatensysteme an CNC-Werkzeugmaschinen	237
Steuerungsarten	238–239
Grundbildzeichen für CNC-Maschinen, Bildzeichenkombinationen	240
Programmaufbau	241–242
Sonderzeichen	242
PAL-Programmiersystem Drehen	243
PAL-Programmiersystem Fräsen und Bearbeitungszyklen	244
PAL-Zyklen bei Drehmaschinen	245
PAL-Zyklen bei Fräsmaschinen	246–252
Technologische bzw. Schaltinformation, Zusatzfunktionen, Adressbuchstaben M	253
Adressenzuordnung	254
Kreisprogrammierung	255–256
Zusammenhang von Ebenen,Koordinaten und Interpolationsparametern	256
Kreisprogrammierung mit X und Y absolut sowie I und J inkremental	257
Fräserradius-Korrektur mit G 41 und G 42	258
Vorsatzzeichen nach DIN 1301 für dezimale Vielfache und Teile, Griechisches Alphabet	259
Sachwortverzeichnis Teil I, Formelsammlung	260–267
Sachwortverzeichnis Teil II, Qualitätsmanagement	268–269
Sachwortverzeichnis Teil III, CNC-Technik	270–272
Bildquellenverzeichnis	273

Formeln und Tabellen

– Metallbau
– Konstruktionsmechanik

Formeln nach allen Unbekannten umgestellt

10 Beziehungen zwischen Einheiten

Größe	Formelzeichen	Einheit	Symbol	Beziehungen
Längen	*l*	Mikrometer	µm	1 µm = 0,001 mm
		Millimeter	mm	1 mm = 0,1 cm = 0,01 dm = 0,001 m = 0,000001 km
		Zentimeter	cm	1 cm = 10 mm = 10000 µm
		Dezimeter	dm	1 dm = 10 cm = 100 mm = 100000 µm
		Meter	m	1 m = 10 dm = 100 cm = 1000 mm = 1000000 µm
		Kilometer	km	1 km = 1000 m = 100000 cm = 1000000 mm
Flächen	*A, S*	Quadratzentimeter	cm^2	1 cm^2 = 100 mm^2
		Quadratdezimeter	dm^2	1 dm^2 = 100 cm^2 = 10000 mm^2
		Quadratmeter	m^2	1 m^2 = 100 dm^2 = 10000 cm^2 = 1000000 mm^2
		Ar	a	1 a = 100 m^2
		Hektar	ha	1 ha = 100 a = 10000 m^2
		Quadratkilometer	km^2	1 km^2 = 100 ha = 10000 a = 1000000 m^2
Volumen	*V*	Kubikzentimeter	cm^3	1 cm^3 = 1000 mm^3 = 1 ml = 0,001 l
		Kubikdezimeter	dm^3	1 dm^3 = 1000 cm^3 = 1000000 mm^3
		Kubikmeter	m^3	1 m^3 = 1000 dm^3 = 1000000 cm^3
		Milliliter	ml	1 ml = 0,001 l = 1 cm^3
		Liter	l	1 l = 1000 ml = 1 dm^3
		Hektoliter	hl	1 hl = 100 l = 100 dm^3

Beziehungen zwischen Einheiten

Größe	Formelzeichen	Einheit	Symbol	Beziehungen
Ebener Winkel	$\alpha, \beta, \gamma, \ldots$	Sekunde	$''$	$1'' = \frac{1'}{60}$
		Minute	$'$	$1' = 60''$
		Grad	$^\circ$	$1^\circ = 60' = 3600'' = \frac{\pi}{180}\,\text{rad}$
		Radiant	rad	$1\,\text{rad} = 1\,\frac{\text{m}}{\text{m}} = 1$
				$1\,\text{rad} = \frac{180^\circ}{\pi}\,57{,}2957^\circ$
Zeit	t	Sekunde	s	$1\,\text{s} = \frac{1}{60}\,\text{min}$
		Minute	min	$1\,\text{min} = 60\,\text{s}$
		Stunde	h	$1\,\text{h} = 60\,\text{min} = 3600\,\text{s}$
		Tag	d	$1\,\text{d} = 24\,\text{h}$
		Jahr	a	$1\,\text{a} \approx 360\,\text{d}$
Umdrehungsfrequenz (Drehzahl)	n	Eins durch Sekunde	1/s	$\frac{1}{\text{s}} = \text{s}^{-1} = 60\,\frac{1}{\text{min}} = 60\,\text{min}^{-1}$
		Eins durch Minute	1/min	$\frac{1}{\text{min}} = \text{min}^{-1} = \frac{1}{60\,\text{s}} = \frac{1}{60}\,\text{s}^{-1}$

Beziehungen zwischen Einheiten

Größe	Formelzeichen	Einheit	Symbol	Beziehungen
Geschwindigkeit	v	Meter durch Sekunde	$\frac{m}{s}$	$1\,\frac{m}{s} = 60\,\frac{m}{min} = 3600\,\frac{m}{h} = 3{,}6\,\frac{km}{h}$
		Meter durch Minute	$\frac{m}{min}$	$1\,\frac{m}{min} = 60\,\frac{m}{h} = \frac{60}{3600}\,\frac{m}{s} = \frac{1}{60}\,\frac{m}{s}$
		Kilometer durch Stunde	$\frac{km}{h}$	$1\,\frac{km}{h} = \frac{1000\,m}{h} = \frac{1000}{3600}\,\frac{m}{s} = \frac{1}{3{,}6}\,\frac{m}{s}$
Winkelgeschwindigkeit	ω	Eins durch Sekunde	$\frac{1}{s}$	$\omega = 2 \cdot \pi \cdot n$, n in $\frac{1}{s}$ (Drehzahl)
		Radiant durch Sekunde	$\frac{rad}{s}$	
Beschleunigung	a, g	Meter durch Sekundenquadrat	m/s^2	$1\,\frac{m}{s^2} = 1\,\frac{N}{kg} = \frac{1\,m/s}{s}$ $g = 9{,}81\,\frac{m}{s^2}$ Formelzeichen: g nur für Fallbeschleunigung.
Masse	m	Milligramm	mg	$1\,mg = \frac{1}{1000}\,g = 0{,}001\,g$
		Gramm	g	$1\,g = 1000\,mg$
		Kilogramm	kg	$1\,kg = 1000\,g = 1\,000\,000\,mg$
		Tonne	t	$1\,t = 1000\,kg = 1\,000\,000\,g$
		Megagramm	Mg	$1\,t = 1\,Mg$

Beziehungen zwischen Einheiten

Größe	Formelzeichen	Einheit	Symbol	Beziehungen
Längenbezogene Masse	m'	Kilogramm durch Meter	$\frac{kg}{m}$	$\frac{1\,kg}{m} = \frac{1\,g}{mm}$
Flächenbezogene Masse	m''	Kilogramm durch Meterquadrat	$\frac{kg}{m^2}$	$\frac{1\,kg}{m^2} = \frac{0{,}1\,g}{cm^2}$
Dichte	ϱ	Gramm durch Kubikzentimeter	$\frac{g}{cm^3}$	$1\,\frac{g}{cm^3} = 1\,\frac{kg}{dm^3} = 1\,\frac{t}{m^3} = 1\,\frac{g}{ml}$
Kraft **Gewichtskraft**	F G F_G	Newton	N	$1\,N = 1\,\frac{kg \cdot m}{s^2} = 1\,\frac{J}{m}$ 1 daN = 10 N
Drehmoment	M	Newtonmeter	N · m	1 N · m = 1 J
Druck	p	Pascal Bar	Pa bar	$1\,Pa = \frac{1\,N}{m^2} = 0{,}01\,mbar = \frac{1 \cdot kg}{m \cdot s^2}$ $1\,bar = 10\,\frac{N}{cm^2} = 100\,000\,\frac{N}{m^2} = 10^5\,Pa$ 1 bar = 10 m Ws WS = Wassersäule
Mechanische Spannung	σ, τ	Newton durch Millimeterquadrat	$\frac{N}{mm^2}$	$1\,\frac{N}{mm^2} = 10\,bar = 1\,MPa$ $10\,\frac{N}{mm^2} = 1\,\frac{kN}{cm^2}$

Beziehungen zwischen Einheiten

Größe	Formelzeichen	Einheit	Symbol	Beziehungen
Arbeit **Energie** **Wärmemenge**	W E Q	Wattsekunde Newtonmeter Joule Kilowattstunde Kilojoule Megajoule	$W \cdot s$ $N \cdot m$ J $kW \cdot h$ kJ MJ	$1\,W \cdot s = 1\,N \cdot m = 1\,\frac{kg \cdot m}{s^2} \cdot m = 1\,J$ $1\,J = 1\,N \cdot m = 1\,W \cdot s = 1\,\frac{kg \cdot m^2}{s^2}$ $1\,kW \cdot h = 1\,000\,W \cdot h = 1\,000 \cdot 3\,600\,W \cdot s = 3{,}6 \cdot 10^6\,W \cdot s$ $3{,}6 \cdot 10^6\,W \cdot s = 3{,}6 \cdot 10^3\,kJ = 3\,600\,kJ = 3{,}6\,MJ$ $1\,MJ = \frac{1}{3{,}6}\,kW \cdot h$
Leistung	P	Watt Newtonmeter durch Sekunde Joule durch Sekunde	W $\frac{N \cdot m}{s}$ $\frac{J}{s}$	$1\,W = 1\,\frac{N \cdot m}{s} = 1\,\frac{J}{s} = 1\,\frac{kg \cdot m}{s^2} \cdot \frac{m}{s} = 1\,V \cdot 1\,A$ $1\,kW = 1\,000\,W = 1\,kJ/s = 1\,\frac{kN \cdot m}{s}$ 1 PS ≈ 0,735 kW 1 kW ≈ 1,36 PS veraltete Einheit
Temperatur a) thermo-dynamisch b) Celsius	 T, Θ t, ϑ	 Kelvin Grad Celsius	 K °C	 0 K = –273,15 °C 0 °C = 273,15 K $\quad t = T - 273{,}15$
Spezifischer Heizwert	H_u	Joule durch Kilogramm Joule durch Kubikmeter	$\frac{J}{kg}$ $\frac{J}{m^3}$	$1\,\frac{MJ}{kg} = 1\,000\,000\,\frac{J}{kg}$ $1\,\frac{MJ}{m^3} = 1\,000\,000\,\frac{J}{m^3}$

Beziehungen zwischen Einheiten

Größe	Formelzeichen	Einheit	Symbol	Beziehungen
Elektrischer Strom	I	Ampère	A	$1\ \mathrm{A} = 1\ \frac{\mathrm{V}}{\Omega}$
Elektrische Spannung	U	Volt	V	$1\ \mathrm{V} = 1\ \frac{\mathrm{W}}{\mathrm{A}} = 1\ \frac{\mathrm{W \cdot s}}{\mathrm{A \cdot s}}$
Elektrischer Widerstand	R	Ohm	Ω	$1\ \Omega = \frac{1\ \mathrm{V}}{1\ \mathrm{A}}$
Elektrischer Leitwert	G	Siemens	S	$1\ \mathrm{S} = \frac{1\ \mathrm{A}}{1\ \mathrm{V}} = \frac{1}{\Omega}$
Spezifischer Widerstand	ϱ	Ohm mal Meter	$\Omega \cdot \mathrm{m}$	$10^{-6}\ \Omega \cdot \mathrm{m} = \frac{1\ \Omega \cdot \mathrm{mm}^2}{\mathrm{m}}$; $\varrho = \frac{1}{\varkappa}$ in $\frac{\Omega \cdot \mathrm{mm}^2}{\mathrm{m}}$
Elektrische Leitfähigkeit	$\varkappa$, γ	Siemens durch Meter	$\frac{\mathrm{S}}{\mathrm{m}}$	$\varkappa = \frac{1}{\varrho}$ in $\frac{\mathrm{m}}{\Omega \cdot \mathrm{mm}^2}$; $\gamma = \frac{1}{\varrho}$ in $\frac{\mathrm{m}}{\Omega \cdot \mathrm{mm}^2}$
Elektrische Arbeit	W	Joule	J	$1\ \mathrm{J} = 1\ \mathrm{W} \cdot 1\ \mathrm{s} = 1\ \mathrm{W \cdot s} = 1\ \mathrm{N \cdot m}$ $1\ \mathrm{kW \cdot h} = 3{,}6 \cdot 10^6\ \mathrm{W \cdot s} = 3{,}6 \cdot 10^3\ \mathrm{kJ}$
Elektrische Leistung	P	Watt	W	$1\ \mathrm{W} = 1\ \frac{\mathrm{J}}{\mathrm{s}} = 1\ \mathrm{V \cdot A} = 1\ \frac{\mathrm{N \cdot m}}{\mathrm{s}}$

Benennung/Abbildung	Formel/Formelumstellung	Formelzeichen	Einheiten
Prozentrechnung	$z = \frac{K \cdot p}{100\ \%}$ $K = \frac{z \cdot 100\ \%}{p}$ $p = \frac{z \cdot 100\ \%}{K}$	z Prozentwert K Grundwert p Prozentsatz	z. B. EUR, kg z. B. EUR, kg %
Zinsrechnung	$Z = \frac{K \cdot p \cdot t}{100\ \% \cdot 360\ \text{Tg.}}$ $K = \frac{Z \cdot 100\ \% \cdot 360\ \text{Tg.}}{p \cdot t}$ $p = \frac{Z \cdot 100\ \% \cdot 360\ \text{Tg.}}{K \cdot t}$ $t = \frac{Z \cdot 100\ \% \cdot 360\ \text{Tg.}}{K \cdot p}$	Z Zinsen K Kapital p Zinsfuß t Zeit	EUR EUR % Tage

Benennung/Abbildung	Formel/Formelumstellung	Formelzeichen	Einheiten
Nebenwinkel 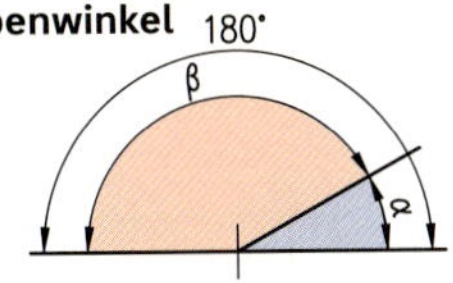	$\alpha + \beta = 180°$ $\alpha = 180° - \beta$ $\beta = 180° - \alpha$	Benachbarte Winkel nennt man Nebenwinkel. Sie ergänzen sich jeweils zu 180°. α Winkel β Winkel	 in ° (Grad) in ° (Grad)
Wechselwinkel 	$\alpha = \beta$	Wechselwinkel liegen auf verschiedenen Seiten der schneidenden Geraden. Als Wechselwinkel gelten je zwei äußere oder innere Winkel, die gleich groß sind. α Winkel β Winkel	 in ° (Grad) in ° (Grad)
Stufenwinkel 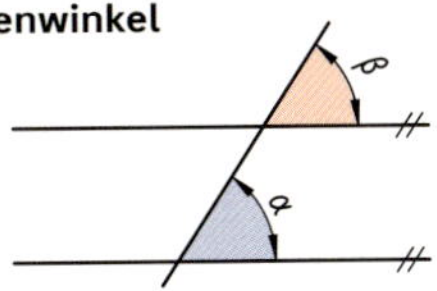	$\alpha = \beta$	Stufenwinkel liegen auf derselben Seite der schneidenden Geraden. Als Stufenwinkel gelten je ein äußerer und innerer Winkel, die gleich groß sind. α Winkel β Winkel	 in ° (Grad) in ° (Grad)
Scheitelwinkel 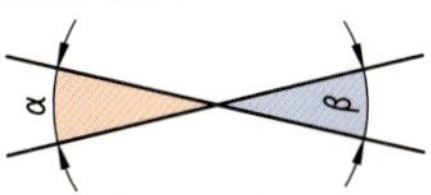	$\alpha = \beta$	Scheitelwinkel sind einander gleich groß. α Winkel β Winkel	 in ° (Grad) in ° (Grad)

Benennung/Abbildung	Formel/Formelumstellung	Formelzeichen	Einheiten
Quadrat 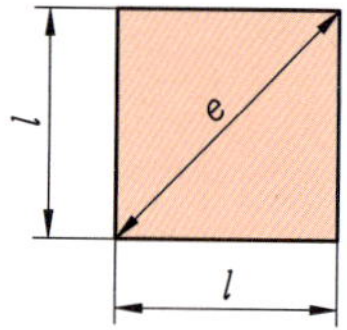	$A = l \cdot l$ $l = \sqrt{A}$ $U = 4 \cdot l$ $l = \frac{U}{4}$ $e = \sqrt{2} \cdot l$ $l = \frac{e}{\sqrt{2}}$	A Fläche l Länge (einer Seite) U Umfang e Eckmaß	mm^2, cm^2, m^2 mm, cm, m mm, cm, m mm, cm, m
Rhombus (Raute) 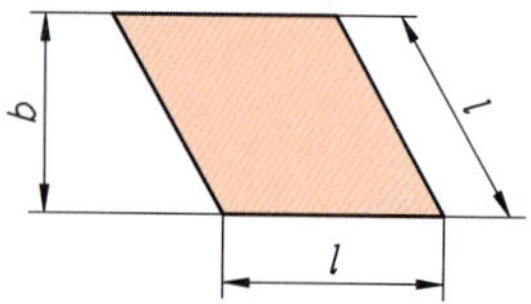	$A = l \cdot b$ $l = \frac{A}{b}$ $b = \frac{A}{l}$ $U = 4 \cdot l$ $l = \frac{U}{4}$	A Fläche l Seitenlnge b Breite U Umfang	mm^2, cm^2, m^2 mm, cm, m mm, cm, m mm, cm, m
Rechteck 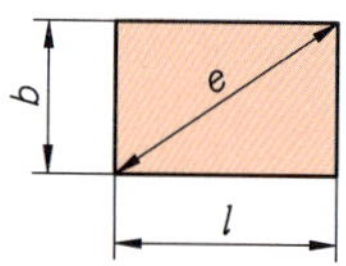	$A = l \cdot b$ $U = 2 \cdot (l + b)$ $e = \sqrt{l^2 + b^2}$ $l = \frac{A}{b}$ $l = \frac{U}{2} - b$ $l = \sqrt{e^2 - b^2}$ $b = \frac{A}{l}$ $b = \frac{U}{2} - l$ $b = \sqrt{e^2 - l^2}$	A Fläche l Länge b Breite U Umfang e Eckmaß	mm^2, cm^2, m^2 mm, cm, m mm, cm, m mm, cm, m mm, cm, m

Benennung/Abbildung	Formel/Formelumstellung		Formelzeichen		Einheiten
Parallelogramm (Rhomboid) 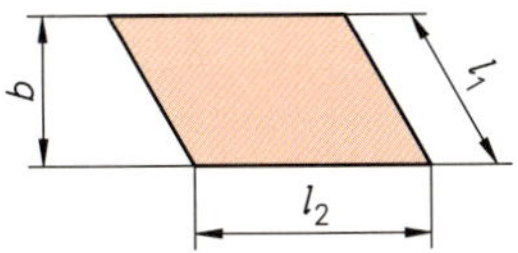	$A = l_2 \cdot b$		A	Fläche	mm², cm², m²
	$l_2 = \frac{A}{b}$	$b = \frac{A}{l_2}$	l_2	Länge	mm, cm, m
	$U = 2 \cdot (l_1 + l_2)$		b	Breite	mm, cm, m
	$l_1 = \frac{U}{2} - l_2$	$l_2 = \frac{U}{2} - l_1$	U	Umfang	mm, cm, m
			l_1	schräge Seitenlänge	mm, cm, m
Trapez 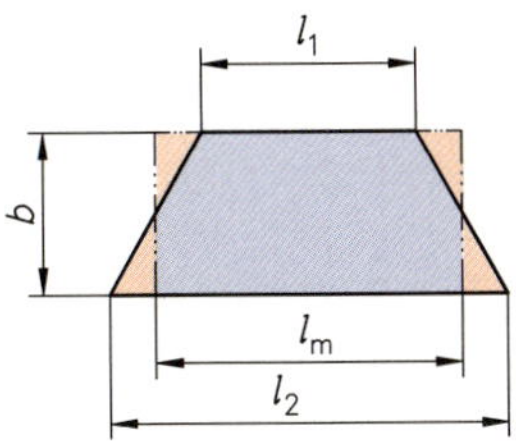	$A = \frac{l_1 + l_2}{2} \cdot b$		A	Fläche	mm², cm², m²
	$l_1 = \frac{2 \cdot A}{b} - l_2$	$l_2 = \frac{2 \cdot A}{b} - l_1$	l_1	kleine Länge	mm, cm, m
	$b = \frac{2 \cdot A}{l_1 + l_2}$		l_2	große Länge	mm, cm, m
	$l_m = \frac{l_1 + l_2}{2}$	$l_1 = 2 \cdot l_m - l_2$ $l_2 = 2 \cdot l_m - l_1$	b	Breite	mm, cm, m
	$A = l_m \cdot b$	$b = \frac{A}{l_m}$	l_m	mittlere Länge	mm, cm, m
	$l_m = \frac{A}{b}$				

Benennung/Abbildung	Formel/Formelumstellung	Formelzeichen	Einheiten
Rechtwinkliges Dreieck 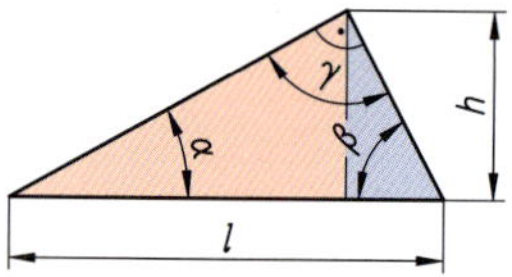 	$A = \frac{l \cdot h}{2}$ $\quad l = \frac{2 \cdot A}{h} \quad h = \frac{2 \cdot A}{l}$ $\alpha + \beta + \gamma = 180°$ $\alpha + \beta = 90° \quad \gamma = 90°$	A Fläche l Länge h Höhe In jedem rechtwinkligen Dreieck ist der Winkel $\gamma = 90°$. Die Winkel α plus β ergeben ebenfalls 90°. α, β, γ Winkel	mm^2, cm^2, m^2 mm, cm, m mm, cm, m in ° (Grad)
Dreieck (ohne Breitenmaß) 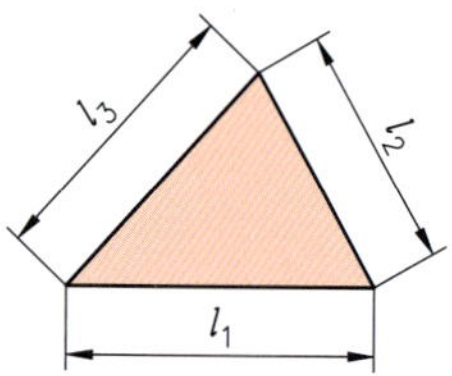 	$U = l_1 + l_2 + l_3$ $l_1 = U - (l_2 + l_3)$ $l_2 = U - (l_1 + l_3)$ $l_3 = U - (l_1 + l_2)$ $A = \frac{1}{4} \cdot \sqrt{U \cdot (U - 2 \cdot l_1) \cdot (U - 2 \cdot l_2) \cdot (U - 2 \cdot l_3)}$	U Umfang l_1, l_2, l_3 Seitenlängen A Fläche	mm, cm, m mm, cm, mw mm^2, cm^2, m^2
Winkelsumme im Dreieck 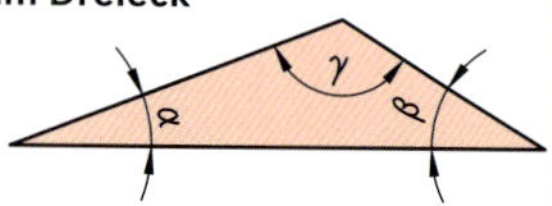 	$\alpha + \beta + \gamma = 180°$	In jedem Dreieck ist die Summe der drei Innenwinkel 180°. α, β, γ Winkel	in ° (Grad)

Dreiecksarten, gleichseitiges, gleichschenkliges Dreieck

Benennung/Abbildung	Formel/Formelumstellung	Formelzeichen	Einheiten
Gleichseitiges ($\alpha, \beta, \gamma = 60°$) **Dreieck** 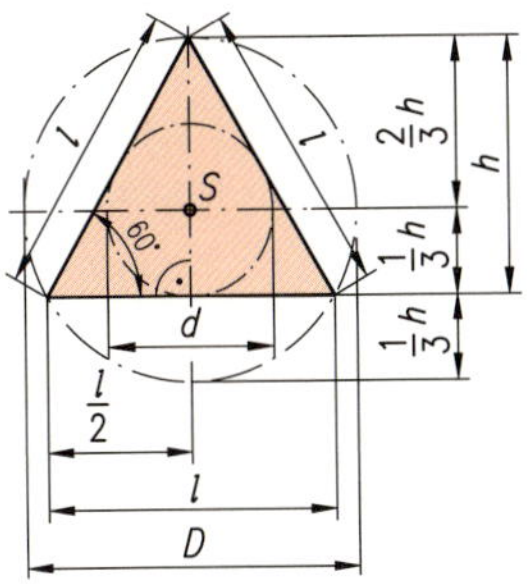	$l = 2 \cdot \sqrt{\frac{h^2}{3}}$ $l = \frac{2}{3} \cdot \sqrt{3} \cdot h$ $D = 2 \cdot d$ $h = \frac{1}{2} \cdot \sqrt{3} \cdot l$ $D = \frac{1}{3} h + \frac{1}{3} h + \frac{2}{3} h$ $d = \frac{1}{3} h + \frac{1}{3} h$ $D = \frac{2}{3} \cdot \sqrt{3} \cdot l$ $d = \frac{1}{3} \cdot \sqrt{3} \cdot l$ $A = \frac{1}{4} \cdot \sqrt{3} \cdot l^2$ $A = \frac{l \cdot h}{2}$	Im gleichseitigen Dreieck sind alle drei Seitenlängen l gleich lang. Alle drei Innenwinkel sind gleich groß; sie betragen 60°. l Seitenlänge h Höhe, Dreieckshöhe d Inkreisdurchmesser D Umkreisdurchmesser S Schwerpunkt des Dreiecks A Flächeninhalt des Dreiecks	$\sqrt{3} = 1{,}732$ mm, cm, m mm, cm, m mm, cm, m mm, cm, m mm, cm, m mm^2, cm^2, m^2
Gleichschenkliges Dreieck ($\alpha = \beta$) 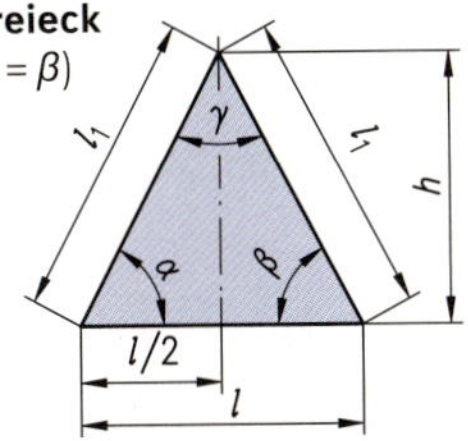	$h = \sqrt{l_1^2 - \frac{l^2}{4}}$ $l_1 = \sqrt{\frac{l^2}{4} + h^2}$ $A = \frac{l \cdot h}{2}$ $l = 2 \cdot \sqrt{l_1^2 - h^2}$ $l_1 = \frac{h}{\sin \alpha}$ $h = \sin \alpha \cdot l_1$ $l = 2 \cdot l_1 \cdot \sin \frac{\gamma}{2}$ $l_1 = \frac{l}{2 \cdot \sin \frac{\gamma}{2}}$	α, β, γ Winkel h Höhe l_1 Seitenlänge l Länge A Flächeninhalt des Dreiecks	in ° Grad mm, cm, m mm, cm, m mm, cm, m mm^2, cm^2, m^2

Benennung/Abbildung	Formel/Formelumstellung		Formelzeichen		Einheiten
Sechseck 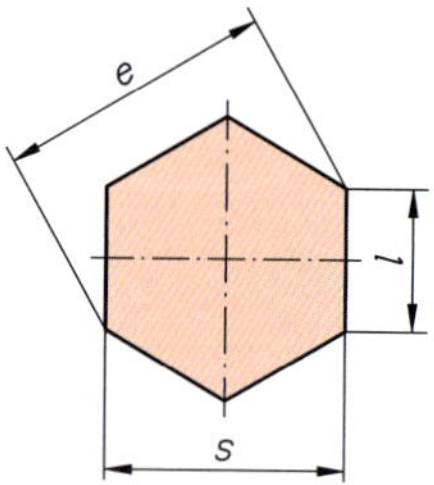	$A = s^2 \cdot 0{,}866$ $s = \sqrt{\frac{A}{0{,}866}}$ $U = 6 \cdot l$ $e = s \cdot 1{,}155$ $s = \frac{e}{1{,}155}$	$l = \frac{U}{6}$	A s U l e	Fläche Schlüsselweite Umfang Länge einer Seite Eckmaß	mm², cm², m² mm, cm, m mm, cm, m mm, cm, m mm, cm, m
Regelmäßiges Vieleck 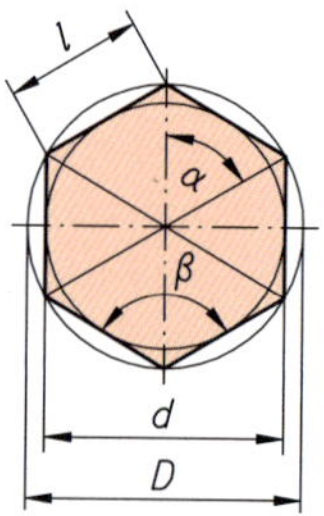	$A = \frac{l \cdot d}{4} \cdot n$ $d = \frac{4 \cdot A}{l \cdot n}$ $U = l \cdot n$ $l = \frac{U}{n}$	$l = \frac{4 \cdot A}{d \cdot n}$ $n = \frac{4 \cdot A}{l \cdot d}$ $n = \frac{U}{l}$	A l d n U D	Fläche Seitenlänge Inkreisdurchmesser Eckenzahl Umfang Umkreisdurchmesser	mm², cm², m² mm, cm, m mm, cm, m mm, cm, m mm, cm, m *Fortsetzung*

Benennung/Abbildung	Formel/Formelumstellung	Formelzeichen	Einheiten
Fortsetzung **Regelmäßiges Vieleck**	$l = D \cdot \sin\left(\frac{180°}{n}\right)$ $D = \frac{l}{\sin\left(\frac{180°}{n}\right)}$ $D = \sqrt{l^2 + d^2}$ $l = \sqrt{D^2 - d^2}$ $d = \sqrt{D^2 - l^2}$	D Umkreisdurchmesser α Mittelpunktswinkel β Eckenwinkel l Seitenlänge d Inkreisdurchmesser n Eckenzahl A Fläche	mm, cm, m in ° (Grad) in ° (Grad) mm, cm, m mm, cm, m mm^2, cm^2, m^2
	$\alpha = \frac{360°}{n}$ $n = \frac{360°}{\alpha}$ $\alpha = 180° - \beta$ $\beta = 180° - \alpha$ $\beta = \frac{(n-2) \cdot 180°}{n}$		

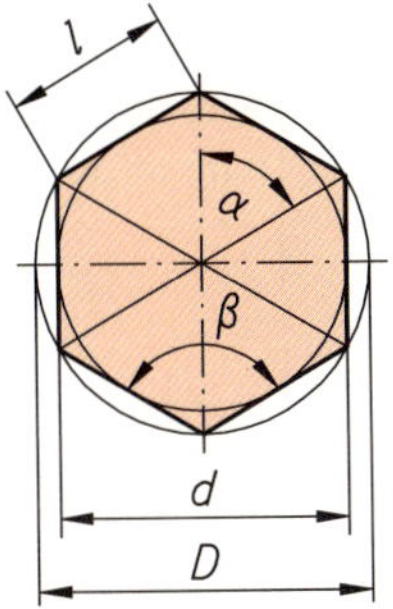

Berechnen regelmäßiger Vielecke nach Tabelle

Eckenzahl	Berechnen der Fläche $A \approx$ mit l^2 oder D^2 oder d^2			Berechnen des Umkreisdurchmessers $D \approx$ mit d oder l		Berechnen des Innenkreisdurchmessers d mit D oder l		Berechnen der Seitenlänge $l \approx$ mit d oder D	
n	$l^2 \cdot$	$D^2 \cdot$	$d^2 \cdot$	$d \cdot$	$l \cdot$	$D \cdot$	$l \cdot$	$d \cdot$	$D \cdot$
3	0,433	0,325	1,299	2,000	1,154	0,500	0,578	1,732	0,867
4	1,000	0,500	1,000	1,414	1,414	0,707	1,000	1,000	0,707
5	1,721	0,595	0,908	1,236	1,702	0,809	1,376	0,727	0,588
6	2,598	0,649	0,866	1,155	2,000	0,866	1,732	0,577	0,500
8	4,828	0,707	0,829	1,082	2,614	0,924	2,414	0,414	0,383
10	7,694	0,735	0,812	1,052	3,236	0,951	3,078	0,325	0,309
12	11,196	0,750	0,804	1,035	3,864	0,966	3,732	0,268	0,259

Benennung/Abbildung	Formel/Formelumstellung	Formelzeichen	Einheiten
Zusammengesetzte Flächen 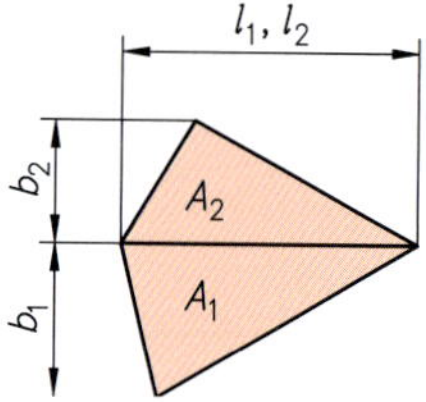	$A = A_1 + A_2 + A_3 + \ldots$ U = Summe der Seitenlängen $A_1 = \frac{l_1 \cdot b_1}{2}$ $A_2 = \frac{l_2 \cdot b_2}{2}$	A Gesamtfläche U Umfang A_1, A_2 Teilflächen b_1, b_2 Breiten l_1, l_2 Längen	mm^2, cm^2, m^2 mm, cm, m mm^2, cm^2, m^2 mm, cm, m mm, cm, m
Pythagoras 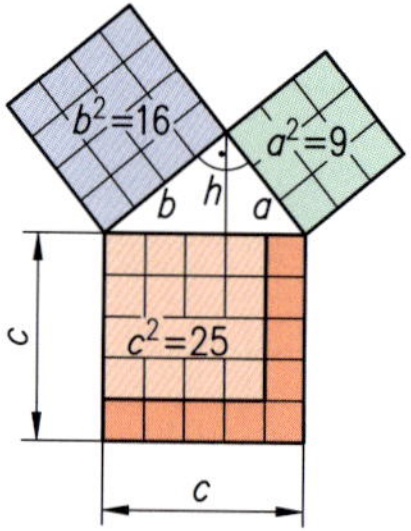	**Pythagoras** $c^2 = a^2 + b^2$ $c = \sqrt{a^2 + b^2}$ $a = \sqrt{c^2 - b^2}$ $b = \sqrt{c^2 - a^2}$ In einem rechtwinkligen Dreieck ist das Quadrat der Hypotenuse flächengleich der Summe der beiden Kathetenquadrate.	c Hypotenuse a, b Kathete h Höhe	mm, cm, m mm, cm, m mm, cm, m

Benennung/Abbildung	Formel/Formelumstellung	Formelzeichen	Einheiten
Höhensatz 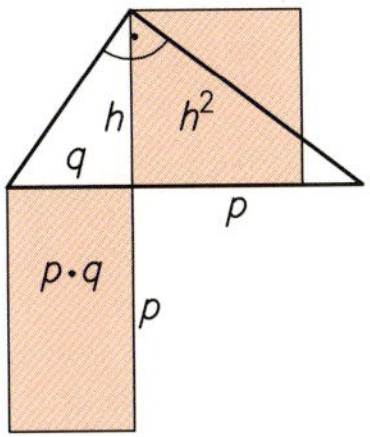	**Höhenquadrat** $h^2 = q \cdot p$ $h = \sqrt{q \cdot p}$ $q = \frac{h^2}{p}$ $p = \frac{h^2}{q}$	h Höhe p, q Hypotenusenabschnitte	mm, cm, m mm, cm, m
Kathetensatz, Lehrsatz des Euklid 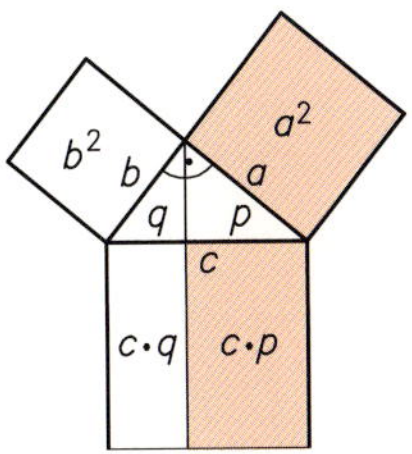	**Kathetenquadrat** $b^2 = c \cdot q$ $a^2 = c \cdot p$ $a = \sqrt{c \cdot p}$ $b = \sqrt{c \cdot q}$ $c = \frac{a^2}{p}$ $c = \frac{b^2}{q}$ $p = \frac{a^2}{c}$ $q = \frac{b^2}{c}$	a, b Katheten c Hypotenuse p, q Hypotenusenabschnitte	mm, cm, m mm, cm, m mm, cm, m

Winkelfunktionen

Benennung/Abbildung	Formel/Formelumstellung		Formelzeichen	Einheiten
Winkelfunktionen im rechtwinkligen Dreieck 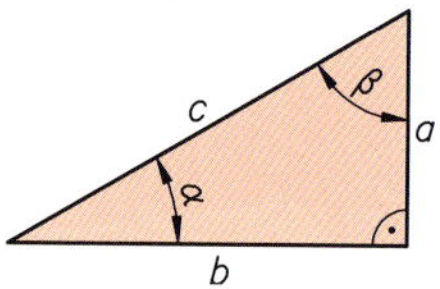 	$\sin\alpha = \frac{a}{c}$ $a = c \cdot \sin\alpha$ $c = \frac{a}{\sin\alpha}$ $\tan\alpha = \frac{a}{b}$ $a = b \cdot \tan\alpha$ $b = \frac{a}{\tan\alpha}$ $\sin\beta = \frac{b}{c}$ $\tan\beta = \frac{b}{a}$	$\cos\alpha = \frac{b}{c}$ $b = c \cdot \cos\alpha$ $c = \frac{b}{\cos\alpha}$ $\cot\alpha = \frac{b}{a}$ $b = a \cdot \cot\alpha$ $a = \frac{b}{\cot\alpha}$ $\cos\beta = \frac{a}{c}$ $\cot\beta = \frac{a}{b}$	**für Winkel α:** α Winkel a Gegenkathete zu Winkel α c Hypotenuse b Ankathete zu Winkel α **für Winkel β:** β Winkel b Gegenkathete zu Winkel β c Hypotenuse a Ankathete zu Winkel β	 in ° (Grad) mm, cm, m mm, cm, m mm, cm, m in ° (Grad) mm, cm, m mm, cm, m mm, cm, m

Wichtige Werte der Winkelfunktionen

	0°	30°	45°	60°	90°
sin	0	$\frac{1}{2} = 0{,}5$	$\frac{1}{2} \cdot \sqrt{2} = 0{,}707$	$\frac{1}{2} \cdot \sqrt{3} = 0{,}866$	1
cos	1	$\frac{1}{2} \cdot \sqrt{3} = 0{,}866$	$\frac{1}{2} \cdot \sqrt{2} = 0{,}707$	$\frac{1}{2} = 0{,}5$	0
tan	0	$\frac{1}{3} \cdot \sqrt{3} = 0{,}577$	1	$\sqrt{3} = 1{,}732$	∞
cot	∞	$\sqrt{3} = 1{,}732$	1	$\frac{1}{3} \cdot \sqrt{3} = 0{,}577$	0

Benennung/Abbildung	Formel/Formelumstellung	Formel/Formelumstellung	
Sinussatz und Cosinussatz im schiefwinkligen Dreieck 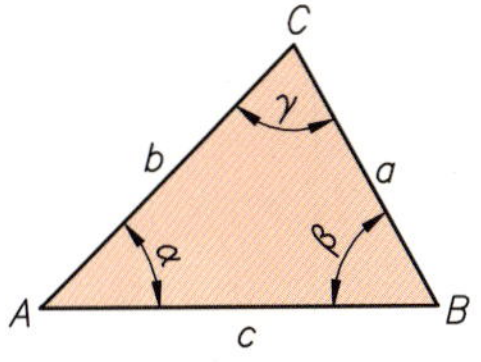	**Sinussatz** $\frac{a}{\sin\alpha} = \frac{b}{\sin\beta} = \frac{c}{\sin\gamma}$ $a : b : c = \sin\alpha : \sin\beta : \sin\gamma$	**Cosinussatz** $a^2 = b^2 + c^2 - 2 \cdot bc \cdot \cos\alpha$ $b^2 = a^2 + c^2 - 2 \cdot ac \cdot \cos\beta$ $c^2 = a^2 + b^2 - 2 \cdot ab \cdot \cos\gamma$	**Flächenberechnung** $A = \frac{a \cdot b \cdot \sin\gamma}{2}$ $A = \frac{b \cdot c \cdot \sin\alpha}{2}$ $A = \frac{a \cdot c \cdot \sin\beta}{2}$
Strahlensatz 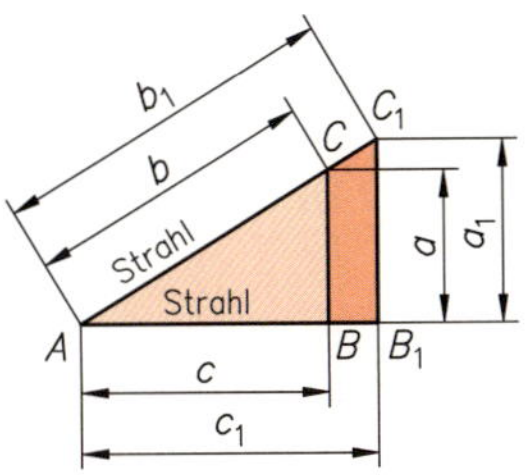	$\frac{a}{a_1} = \frac{b}{b_1} = \frac{c}{c_1}$ $a_1 = \frac{a \cdot b_1}{b}$ $c = \frac{b \cdot c_1}{b_1}$ $\frac{a}{c} = \frac{a_1}{c_1}$ $a \cdot c_1 = a_1 \cdot c$ $a = \frac{a_1 \cdot c}{c_1}$ $\frac{c}{b} = \frac{c_1}{b_1}$ $b \cdot c_1 = c \cdot b_1$ $b = \frac{c \cdot b}{c_1}$	$b_1 = \frac{a_1 \cdot b}{a}$ $c_1 = \frac{b_1 \cdot c}{b}$ Werden zwei Strahlen, die von einem Punkt A ausgehen, von Parallelen geschnitten, so bestehen zwischen Parallelabschnitten und Strahlenabschnitten gleiche Verhältnisse.	

28 Kreisförmige Flächen

Benennung/Abbildung	Formel/Formelumstellung	Formelzeichen	Einheiten
Kreis 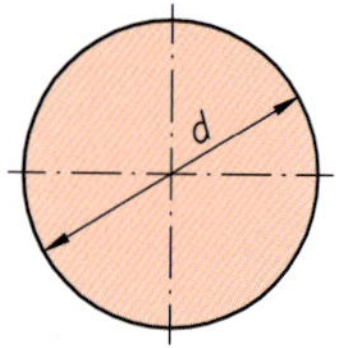 	$A = \frac{d^2 \cdot \pi}{4}$; $\frac{\pi}{4} \approx 0{,}785$ $d = \sqrt{\frac{4 \cdot A}{\pi}}$ $U = d \cdot \pi$ $\quad d = \frac{U}{\pi}$	A Fläche d Durchmesser U Umfang	mm^2, cm^2, m^2 mm, cm, m mm, cm, m
Kreisabschnitt 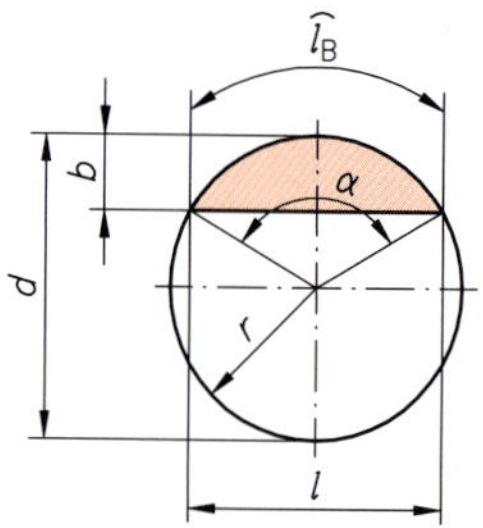 	$A = \frac{d^2 \cdot \pi}{4} \cdot \frac{\alpha}{360°} - \frac{l \cdot (r - b)}{2}$ $d = \sqrt{\left[A + \frac{l \cdot (r - b)}{2}\right] \cdot \frac{4 \cdot 360°}{\pi \cdot \alpha}}$ $\alpha = \left[A + \frac{l \cdot (r - b)}{2}\right] \cdot \frac{4 \cdot 360°}{d_2 \cdot \pi}$ $b = r + \left(A - \frac{d^2 \cdot \pi}{4} \cdot \frac{\alpha}{360°}\right) \cdot \frac{2}{l}$ $l = 2 \cdot r \cdot \sin \frac{\alpha}{2}$ $l = 2 \cdot \sqrt{b \cdot (2 \cdot r - b)}$	A Fläche d Durchmesser r Halbmesser, Radius l Sehnenlänge l_B Bogenlänge α Mittelpunktswinkel b Breite	mm^2, cm^2, m^2 mm, cm, m mm, cm, m mm, cm, m mm, cm, m in ° (Grad) mm, cm, m *Fortsetzung*

Benennung/Abbildung	Formel/Formelumstellung	Formelzeichen	Einheiten
Fortsetzung **Kreisabschnitt** 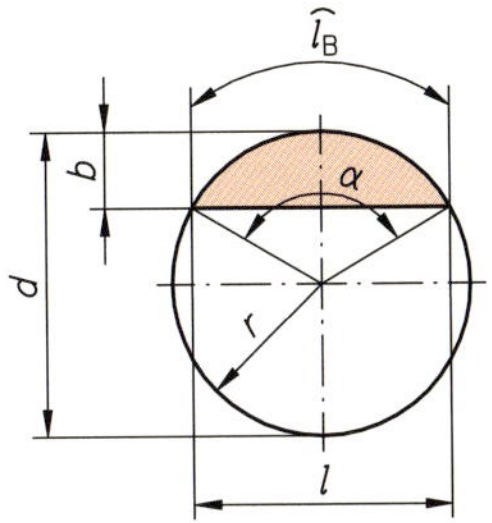 	$l_B = \frac{d \cdot \pi \cdot \alpha}{360°}$ $b = \frac{l}{2} \cdot \tan \frac{\alpha}{4}$ $\alpha = \frac{l_B \cdot 360°}{d \cdot \pi}$ $b = r - \sqrt{r^2 - \frac{l^2}{4}}$ $d = \frac{l_B \cdot 360°}{\pi \cdot \alpha}$ $d = b + \frac{l^2}{4 \cdot b}$ $A \approx \frac{2}{3} \cdot l \cdot b$ $A = \frac{l_B \cdot r - l \cdot (r - b)}{2}$	A Fläche d Durchmesser r Halbmesser, Radius l Sehnenlänge l_B Bogenlänge α Mittelpunktswinkel b Breite	mm^2, cm^2, m^2 mm, cm, m mm, cm, m mm, cm, m mm, cm, m in ° (Grad) mm, cm, m
Kreisausschnitt 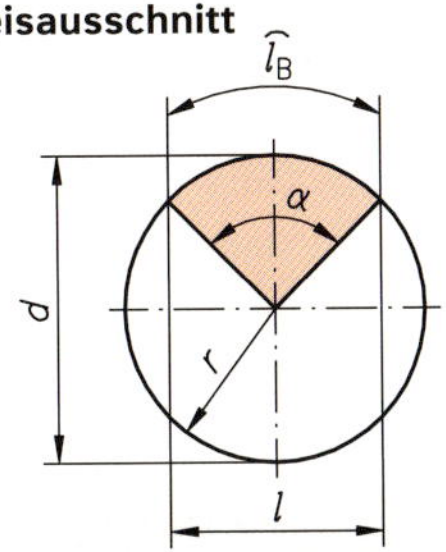 	$A = \frac{d^2 \cdot \pi}{4} \cdot \frac{\alpha}{360°}$ $d = \sqrt{\frac{4 \cdot 360° \cdot A}{\pi \cdot \alpha}}$ $\alpha = \frac{4 \cdot 360° \cdot A}{d^2 \cdot \pi}$ $l_B = \frac{d \cdot \pi \cdot \alpha}{360°}$	A Fläche d Durchmesser r Halbmesser, Radius l Sehnenlänge l_B Bogenlänge α Mittelpunktswinkel	mm^2, cm^2, m^2 mm, cm, m mm, cm, m mm, cm, m mm, cm, m in ° (Grad) *Fortsetzung*

Benennung/Abbildung	Formel/Formelumstellung	Formelzeichen	Einheiten
Fortsetzung **Kreisausschnitt** 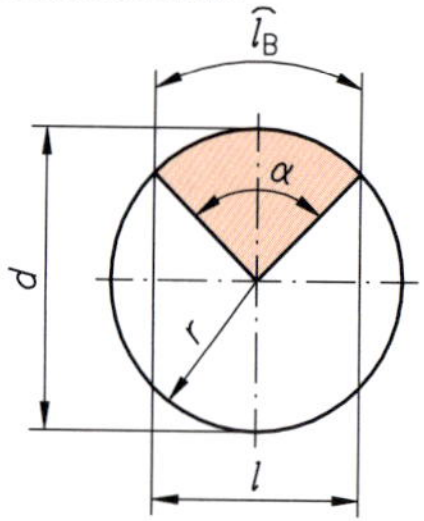 	$\alpha = \frac{l_B \cdot 360°}{d \cdot \pi}$ $\quad d = \frac{l_B \cdot 360°}{\pi \cdot \alpha}$ $l = 2 \cdot r \cdot \sin\frac{\alpha}{2}$ $A = \frac{l_B \cdot r}{2}$ $l_B = \frac{2 \cdot A}{r}$ $\quad r = \frac{2 \cdot A}{l_B}$	A Fläche d Durchmesser r Halbmesser, Radius l Sehnenlänge l_B Bogenlänge α Mittelpunktswinkel	mm^2, cm^2, m^2 mm, cm, m mm, cm, m mm, cm, m mm, cm, m in ° (Grad)
Kreisring 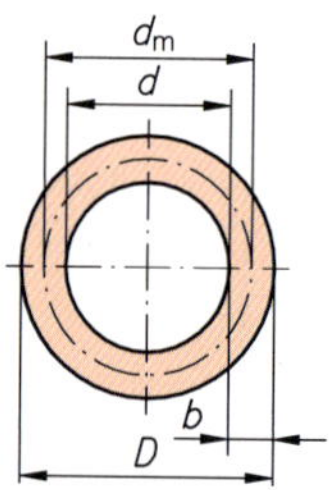 	$A = (D^2 - d^2) \cdot \frac{\pi}{4}$ $\frac{\pi}{4} \approx 0{,}785$ $d = \sqrt{D^2 - \frac{4 \cdot A}{\pi}}$ $D = \sqrt{\frac{4 \cdot A}{\pi} + d^2}$	A Fläche d Durchmesser D Außendurchmesser d_m mittlerer Durchmesser b Breite	mm^2, cm^2, m^2 mm, cm, m mm, cm, m mm, cm, m mm, cm, m *Fortsetzung*

Benennung/Abbildung	Formel/Formelumstellung	Formelzeichen	Einheiten
Fortsetzung **Kreisring** 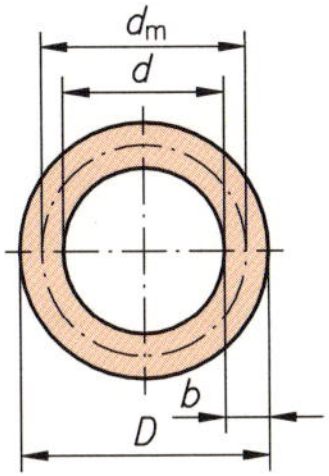	$d_m = \frac{D + d}{2}$ $A = d_m \cdot \pi \cdot b$ $b = \frac{A}{d_m \cdot \pi}$ $d_m = \frac{A}{\pi \cdot b}$	A Fläche d Durchmesser D Außendurchmesser d_m mittlerer Durchmesser b Breite	mm^2, cm^2, m^2 mm, cm, m mm, cm, m mm, cm, m mm, cm, m
Kreisringausschnitt 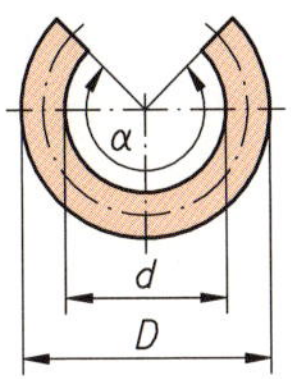	$A = (D^2 - d^2) \cdot \frac{\pi}{4} \cdot \frac{\alpha}{360°}$ $d = \sqrt{D^2 - \frac{4 \cdot 360° \cdot A}{\pi \cdot \alpha}}$ $D = \sqrt{d^2 + \frac{4 \cdot 360° \cdot A}{\pi \cdot \alpha}}$ $\alpha = \frac{4 \cdot 360° \cdot A}{\pi \cdot (D^2 - d^2)}$	A Fläche d Durchmesser D Außendurchmesser α Mittelpunktswinkel	mm^2, cm^2, m^2 mm, cm, m mm, cm, m in ° (Grad)

Kreisförmige Flächen, Verschnitt

Benennung/Abbildung	Formel/Formelumstellung	Formelzeichen	Einheiten
Ellipse 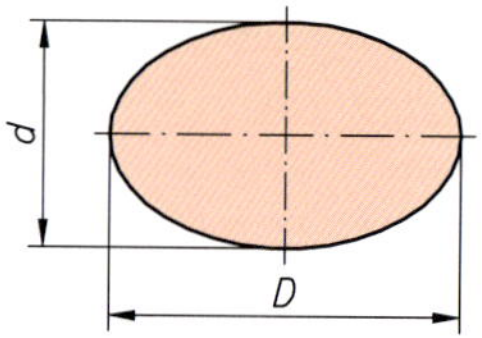	$A = \frac{d \cdot D \cdot \pi}{4}$ $d = \frac{4 \cdot A}{\pi \cdot D}$ $D = \frac{4 \cdot A}{\pi \cdot d}$ $U = \frac{d + D}{2} \cdot \pi$ $d = \frac{2 \cdot U}{\pi} - D$ $D = \frac{2 \cdot U}{\pi} - d$	A Fläche d kleiner Durchmesser D großer Durchmesser U Umfang	mm^2, cm^2, m^2 mm, cm, m mm, cm, m mm, cm, m
Verschnitt 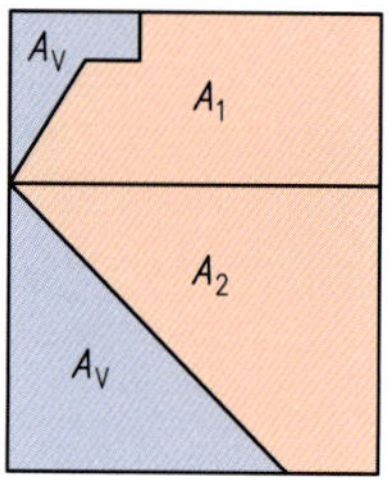	$A_W = A_1 + A_2$ $A_1 = A_W - A_2$ $A_2 = A_W - A_1$ $A_{Ges} = A_W + A_V$ $A_W = A_{Ges} - A_V$ $A_V = A_{Ges} - A_W$ $A_{V\%} = \frac{A_{Ges} - A_W}{A_{Ges}} \cdot 100\ \%$ $A_{W\%} = A_{Ges} - \frac{A_{V\%} \cdot A_{Ges}}{100\ \%}$	A_W Werkstückfläche A_1, A_2 Teilflächen des Werkstücks A_V Teilflächen des Verschnitts A_{Ges} Gesamtfläche des Rohteils, Ausgangsfläche $A_{V\%}$ Teilflächen des Verschnitts in Prozent $A_{W\%}$ Werkstückfläche in Prozent	mm^2, cm^2, m^2 mm^2, cm^2, m^2 mm^2, cm^2, m^2 mm^2, cm^2, m^2 % %

Benennung/Abbildung	Formel/Formelumstellung	Formelzeichen	Einheiten
Mantelabwicklung quadratische Pyramide 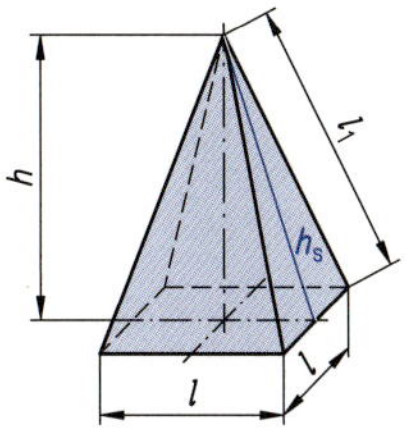 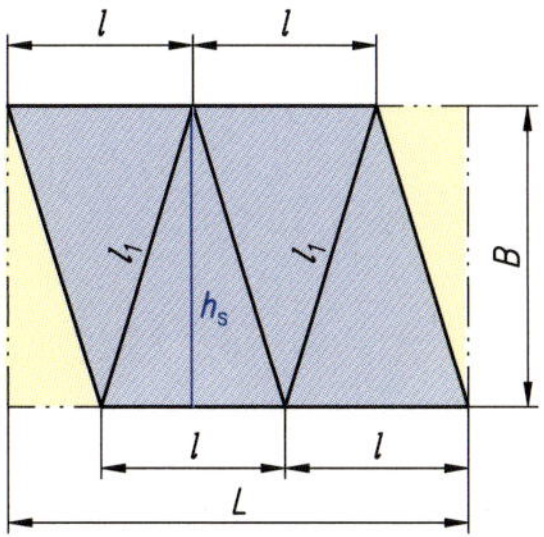	$L = 2 \cdot l + 0{,}5 \cdot l$ $\quad L = 2{,}5 \cdot l$ $\quad B = h_s$ $h_s = \sqrt{l_1^2 - \left(\frac{l}{2}\right)^2}$ $\quad l_1 = \sqrt{h_s^2 + \left(\frac{l}{2}\right)^2}$ $\quad l = 2 \cdot \sqrt{l_1^2 - h_s^2}$ $h_s = \sqrt{h^2 + \left(\frac{l}{2}\right)^2}$ $\quad h = \sqrt{h_s^2 + \left(\frac{l}{2}\right)^2}$ $\quad l = 2 \cdot \sqrt{h_s^2 - h^2}$ $l_1 = \sqrt{h_s^2 - \left(\frac{l}{2}\right)^2}$ $A_M = 2 \cdot h_s \cdot l$ $A_M = L \cdot B - \frac{l \cdot h_s}{2}$ $O = A_M + l^2$	L Länge der Blechtafel l Seitenlänge B Breite der Blechtafel h_s Höhe der Seitenfälche l_1 Kantenlänge h Höhe der Pyramide A_M Mantelfläche der Pyramide O Oberfläche der Pyramide	mm, cm, m mm, cm, m mm, cm, m mm, cm, m mm, cm, m mm, cm, m mm^2, cm^2, m^2 mm^2, cm^2, m^2

Beispiel: Berechnen Sie Blechtafelgöße L und B, wenn folgende Maße gegeben sind:
$l = 430$ mm, $l_1 = 700$ mm

Lösung: $h_s = \sqrt{l_1^2 - \left(\frac{l}{2}\right)^2} = \sqrt{700^2\ mm^2 - \left(\frac{430}{2}\right)^2 mm^2} = \underline{\underline{666{,}2\ mm}}$

$L = 2{,}5 \cdot l = 2{,}5 \cdot 430\ mm = \underline{\underline{1\,075\ mm}}$

$B = h_s = \underline{\underline{0{,}67\ m}}$

$L = \underline{\underline{1{,}08\ m}}$

Benennung/Abbildung	Formel/Formelumstellung	Formelzeichen	Einheiten

Rohr schräg geschnitten, Abwicklung

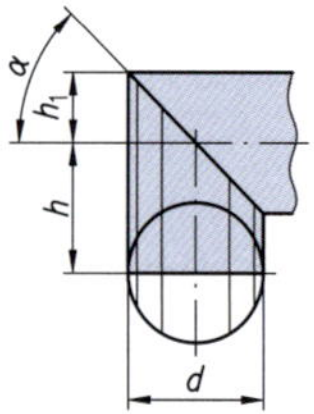

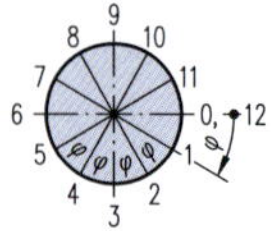

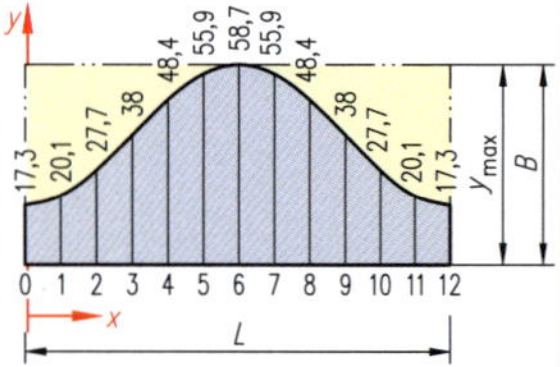

$$L = d \cdot \pi \qquad B = y_{max} \qquad y_{max} = h + h_1$$

$$h_1 = \frac{d}{2} \cdot \tan\alpha \qquad y_{max} = h + \frac{d}{2} \cdot \tan\alpha$$

$$y_n = h - \frac{d}{2} \cdot \tan\alpha \cdot \cos(n \cdot \varphi)$$

$$\varphi = \frac{360°}{n} \qquad x_n = d \cdot \pi \cdot n \cdot \frac{\varphi}{360°}$$

Formelzeichen		Einheiten
L	Länge der Blechtafel	mm, cm, m
B	Breite der Blechtafel	mm, cm, m
d	Durchmesser des Rohrs	mm, cm, m
y_{max}	größte Höhe des Rohrs	mm, cm, m
h	Höhe des Rohrs bis Mitte des Rohrs	mm, cm, m
h_1	Rohrspitze ab Rohrmitte	mm, cm, m
α	Schnittwinkel am Rohr	in ° (Grad)
φ	Schrittwinkel am Rohr	in ° (Grad)
y_n	y-Koordinate	mm, cm
x_n	x-Koordinaten	mm, cm
$0 \dots n$	Anzahl der Teilungen z. B. 12, 16, 24 usw. für x-Koordinate	

Beispiel: Ein dünnes Spezialrohr für ein Labor aus einem Werkstoff mit $t = 0{,}5$ mm Dicke ist abzuwickeln. Abmessungen: $d = 41{,}4$ mm; $h = 38$ mm; $\alpha = 45°$. Berechnen Sie die x- und y-Koordinatenpunkte für die Abwicklung bei einer 12er-Teilung.

Lösung: $\varphi = \frac{360°}{n} = \frac{360°}{12} = 30°$; $x_n = \frac{d \cdot \pi \cdot n \cdot \varphi}{360°}$;

$x_0 = \frac{41{,}4\text{ mm} \cdot \pi \cdot 0 \cdot 30°}{360°} = \underline{\underline{0}}$; $x_1 = \frac{41{,}4\text{ mm} \cdot \pi \cdot 1 \cdot 30°}{360°} = \underline{\underline{10{,}8\text{ mm}}}$; $x_2 = \frac{41{,}4\text{ mm} \cdot \pi \cdot 2 \cdot 30°}{360°} = \underline{\underline{21{,}7\text{ mm}}}$

x_3 bis x_{12}: vgl. Tabelle.

$y_0 = 38\text{ mm} - \frac{41{,}4\text{ mm}}{2} \cdot \tan 45° \cdot \cos(0 - 30°) = \underline{\underline{17{,}3\text{ mm}}}$; $y_1 = 38\text{ mm} - \frac{41{,}4\text{ mm}}{2} \cdot \tan 45° \cdot \cos(1 \cdot 30°) = \underline{\underline{20{,}1\text{ mm}}}$

y_2 bis y_{12}: vgl. Tabelle.

Teilung $n = 12$ Koordinaten für die Abwicklung

Nr.	0	1	2	3	4	5	6	7	8	9	10	11	12
φ	0°	30°	60°	90°	120°	150°	180°	210°	240°	270°	300°	330°	360°
x_n	0	10,8	21,7	32,5	43,3	54,3	65	75,8	86,7	97,5	108,3	119,2	130
y_n	17,3	20,1	27,7	38	48,4	55,9	58,7	55,9	48,4	38	27,7	20,1	17,3

Benennung/Abbildung	Formel/Formelumstellung	Formelzeichen	Einheiten

Rohrabzweig, $\alpha = 90°$
Durchmesser gleich groß

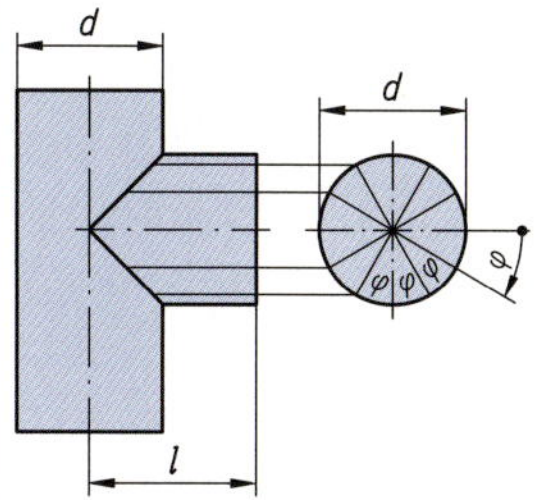

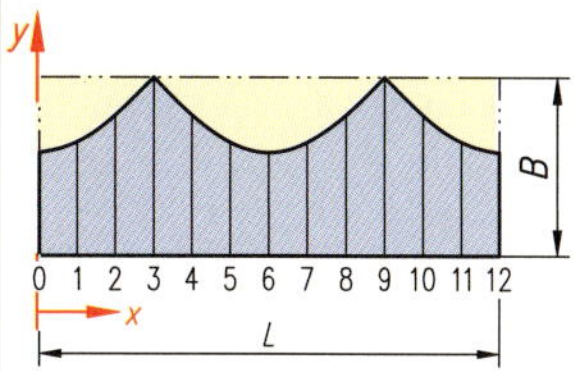

$$L = d \cdot \pi$$

$$B = l$$

$$\varphi = \frac{360°}{n}$$

$$x_n = d \cdot \pi \cdot n \cdot \frac{\varphi}{360°}$$

$$y_n = l - \left|\frac{d}{2} \cdot \cos\varphi\right|$$

Dieser Betrag | | ist immer positiv.

Formelzeichen		Einheiten
L	Länge der Blechtafel	mm, cm, m
d	Durchmesser beider Rohre	mm, cm, m
B	Breite der Blechtafel	mm, cm, m
l	Länge des Rohrabzweigs	mm, cm, m
φ	Schrittwinkel am Rohr	in ° (Grad)
$0...n$	Anzahl der Teilungen z. B. 12, 16, 24 usw. für x-Koordinate	
x_n	x-Koordinaten	mm, cm
y_n	y-Koordinate	mm, cm
| |	Betrag	mm, cm

Beispiel: Der Rohrabzweig hat folgende Abmessungen: Beide Rohre $d = 100$ mm, $l = 230$ mm. Berechnen Sie die Koordinatenpunkte x_3 und x_9 sowie y_0, y_3 und y_9 für die Abwicklung bei einer 12er-Teilung; vgl. Sie die Ergebnisse mit der Tabelle.

Lösung:

$$\varphi = \frac{360°}{12} = \underline{\underline{30°}};\ x_n = d \cdot \pi \cdot n \cdot \frac{\varphi}{360°};\ x_3 = 100\text{ mm} \cdot \pi \cdot 3 \cdot \frac{30°}{360°} = \underline{\underline{78{,}5\text{ mm}}};\ x_9 = 100\text{ mm} \cdot \pi \cdot 9 \cdot \frac{30°}{360°} = \underline{\underline{235{,}6\text{ mm}}}$$

$$y_0 = 230\text{ mm} - \left|\frac{100}{2}\text{ mm} \cdot \cos 0°\right| = \underline{\underline{180\text{ mm}}};\ y_3 = 230\text{ mm} - \left|\frac{100}{2}\text{ mm} \cdot \cos 90°\right| = \underline{\underline{230\text{ mm}}}$$

$$y_9 = 230\text{ mm} - \left|\frac{100}{2}\text{ mm} \cdot \cos 270°\right| = \underline{\underline{230\text{ mm}}}$$

Teilung $n = 12$ Koordinaten für die Abwicklung

Nr.	0	1	2	3	4	5	6	7	8	9	10	11	12
φ	0°	30°	60°	90°	120°	150°	180°	210°	240°	270°	300°	330°	360°
x_n	0	26	52	79	105	131	157	183	209	236	262	288	314
y_n	180	187	205	230	205	187	180	187	215	230	205	187	180

Segmentkrümmer, Abwicklung, Blechtafelgrößen

Benennung/Abbildung	Formel/Formelumstellung	Formelzeichen	Einheiten

Dreiteiliger Segmentkrümmer

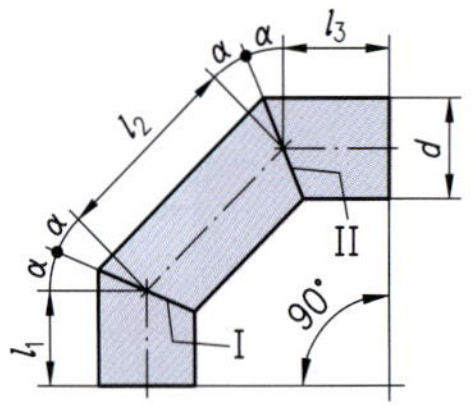

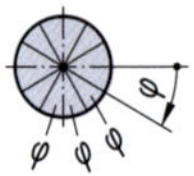

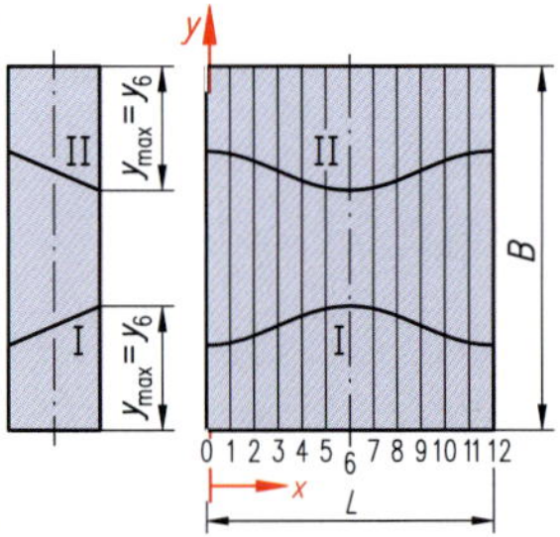

Formel/Formelumstellung

$$L = d \cdot \pi$$

$$B = l_1 + l_2 + l_3$$

$$\alpha = \frac{90°}{4} = 22{,}5°$$ für diesen Segmentkrümmer (andere ∡α: s. rechts)

$$y_{max} = h + \frac{d}{2} \cdot \tan\alpha$$

$$y_n = h - \frac{d}{2} \cdot \tan\alpha \cdot \cos(n \cdot \varphi)$$

$$\varphi = \frac{360°}{n}$$

$$x_n = d \cdot \pi \cdot n \cdot \frac{\varphi}{360°}$$

Formelzeichen		Einheiten
d	Durchmesser der Rohrstücke	mm, cm, m
L	Länge der Blechtafel	mm, cm, m
B	Breite, Höhe der Blechtafel	mm, cm, m
α	Schnittwinkel am Rohr Trennschnitte am Rohr	in ° (Grad)
y_{max}	größte Höhe eines Rohrs	mm, cm, m
φ	Schrittwinkel am Rohr	in ° (Grad)
x_n	x-Koordinate	mm, cm
y_n	y-Koordinate	mm, cm
0...n	Anzahl der Teilungen z. B. 12, 16, 24 für x-Koordinate	
l_1, l_2, l_3	Rohrlänge bis Mitte der Rohrsegmente	mm, cm, m
h	Rohrlängen jeweils bis Mitte der Rohrsegmente	mm, cm, m

$h_1 \triangleq l_1$
$h_2 \triangleq l_2$
$h_3 \triangleq l_3$

$$\alpha = \frac{∡\,\text{Segmentkrümmer}}{\text{Zahl der Rohrtrennschnitte}}$$

Beispiel:

a) Für die Anfertigung dieses Segmentkrümmers ist die Größe der Blechtafel zu berechnen.
Es sind folgende Werte gegeben: d = 200mm, φ = 30°, α = 22,5°, l_1 = 220 mm, l_2 = 450 mm, l_3 = 220 mm.

b) Berechnen Sie x_1, x_6, und y_1, y_6 für Schnitt I bei einer 12er-Teilung.

Lösung:

a) $B = l_1 + l_2 + l_3$; B = 220 mm + 450 mm + 220 mm = <u>890 mm</u>; $L = d \cdot \pi$ = 200 mm · π = <u>628,3 mm</u>

b) $x_1 = d \cdot \pi \cdot n \cdot \frac{\varphi}{360°}$; $x_1 = 200\,\text{mm} \cdot \pi \cdot 1 \cdot \frac{30°}{360°}$ = <u>52 mm</u>; $x_6 = 200\,\text{mm} \cdot \pi \cdot \frac{6 \cdot 30°}{360°}$ = <u>314 mm</u>

$y_1 = 220\,\text{mm} - \frac{200\,\text{mm}}{2} \cdot \tan 22{,}5° \cdot \cos(1 \cdot 30°)$ = <u>184 mm</u>; $y_6 = 220\,\text{mm} - \frac{200\,\text{mm}}{2} \cdot \tan 22{,}5° \cdot \cos(6 \cdot 30°)$ = <u>261,4 mm</u>

Benennung/Abbildung	Formel/Formelumstellung	Formelzeichen	Einheiten
Kegel, Kegelabwicklung	$s = \sqrt{h^2 + \left(\frac{D}{2}\right)^2}$ $h = \sqrt{s^2 - \frac{D^2}{4}}$	s Länge der Mantellinie	mm, cm
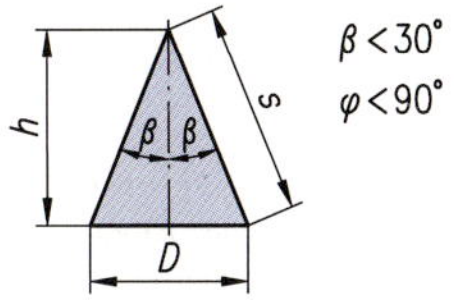	$s = B$ $D = 2 \cdot \sqrt{s^2 - h^2}$	h Höhe des Kegels	mm, cm
	$s = \frac{D}{2 \cdot \sin\beta}$ $D = 2 \cdot s \cdot \sin\beta$ $\sin\beta = \frac{D}{2 \cdot s}$	D Durchmesser des Kegels	mm, cm
	$\tan\beta = \frac{D}{2 \cdot h}$ $D = 2 \cdot h \cdot \tan\beta$ $h = \frac{D}{2 \cdot \tan\beta}$	B Breite der Blechtafel	mm, cm
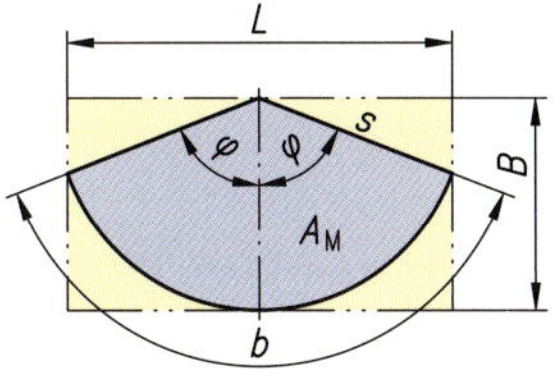	$L = 2 \cdot s \cdot \sin\varphi$ $\sin\varphi = \frac{L}{2 \cdot s}$ $s = \frac{L}{2 \cdot \sin\varphi}$	β halber Kegelwinkel	in ° (Grad)
	$\varphi = 180° \cdot \sin\beta$	L Länge der Blechtafel	mm, cm, m
	$A_M = \pi \cdot s^2 \cdot \frac{\varphi}{180°}$ $s = \sqrt{\frac{A_M \cdot 180°}{\pi \cdot \varphi}}$ $\varphi = \frac{A_M \cdot 180°}{\pi \cdot s^2}$	φ halber Spitzenwinkel der Abwicklung, der Mantelflächenabwicklung	in ° (Grad)
	$A_M = \frac{s \cdot D \cdot \pi}{2}$ $D = \frac{2 \cdot A_M}{\pi \cdot s}$ $s = \frac{2 \cdot A_M}{\pi \cdot D}$	A_M Mantelflächeninhalt, -abwicklung	mm², cm², m²
	$b = \frac{s \cdot \pi \cdot \varphi}{90°}$ $s = \frac{b \cdot 90°}{\pi \cdot \varphi}$ $\varphi = \frac{b \cdot 90°}{\pi \cdot s}$	b Länge des Kreisbogens mit dem Mittelpunktswinkel 2 φ	mm, cm, m
	$A_{Ges} = B \cdot L$	A_{Ges} Fläche der Blechtafel	mm², cm², m²
	$A_V = \frac{(A_{Ges} - A_M) \cdot 100\,\%}{A_{Ges}}$	A_M abgewickelte Werkstückfläche	mm², cm², m²
		A_V Verschnitt	%

Benennung/Abbildung	Formel/Formelumstellung	Formelzeichen	Einheiten
Kegel, Kegelabwicklung 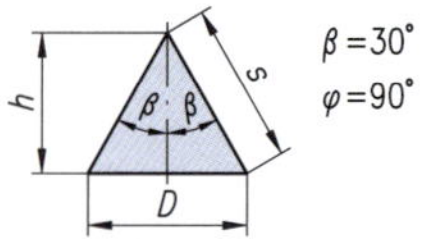 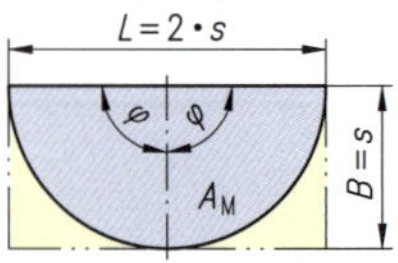 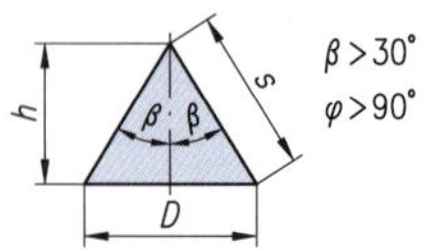 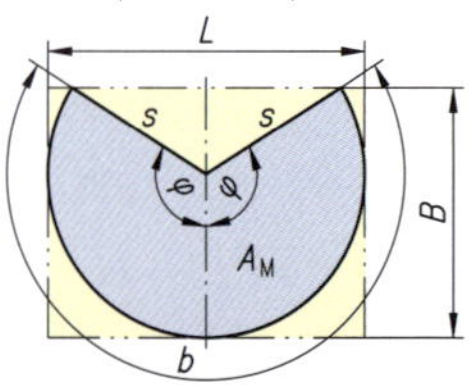	Für $\beta = 30°$; $\varphi = 90°$. $L = 2 \cdot s$ $B = s$ $s = \sqrt{h^2 + \frac{D^2}{4}}$ $A_M = \frac{s \cdot D \cdot \pi}{2}$ Beispiel: Wie groß ist die Länge s, wenn $h = 52$ mm und $D = 60$ mm betragen? Berechnen Sie A_M in mm². Lösung: $s = \sqrt{h^2 + \frac{D^2}{4}}$; $s = \sqrt{52^2\,mm^2\,\frac{60^2}{4} + mm^2}$; $\underline{\underline{s = 60\ mm}}$ $A_M = \frac{s \cdot D \cdot \pi}{2}$; $A_M = \frac{60\ mm \cdot 60\ mm \cdot \pi}{2}$; $\underline{\underline{A_M = 5\,654{,}9\ mm^2}}$ Für $\beta \geq 30°$; $\varphi \geq 90°$. $L = 2 \cdot s$ $B = s \cdot (1 - \cos\varphi)$ $A_M = \frac{\pi \cdot s^2 \cdot \varphi}{180°}$ $A_V = \frac{(A_{Ges.} - A_M) \cdot 100\ \%}{A_{Ges.}}$ $b = \frac{s \cdot \pi \cdot \varphi}{90°}$ Beispiel: Wie groß ist die Breite B der Blechtafel, wenn $s = 61{,}2$ mm und der Winkel $\varphi = 121°$ betragen? Lösung: $B = 61{,}2\ mm \cdot (1 - \cos 121°)$ $\cos 121° = -0{,}515$ $B = 61{,}2\ mm \cdot (1 - (-0{,}515))$ $B = 61{,}2\ mm \cdot (1{,}515)$ $\underline{\underline{B = 92{,}72\ mm}}$	s Länge der Mantellinie	mm, cm
		h Höhe des Kegels	mm, cm
		D Durchmesser des Kegels	mm, cm
		B Breite der Blechtafel	mm, cm
		β halber Kegelwinkel	in ° (Grad)
		L Länge der Blechtafel	mm, cm, m
		φ halber Spitzenwinkel der Abwicklung, der Mantelflächenabwicklung	in ° (Grad)
		A_M Mantelflächeninhalt, -abwicklung	mm², cm², m²
		b Länge des Kreisbogens mit dem Mittelpunktswinkel 2φ	mm, cm, m
		A_{Ges} Fläche der Blechtafel	mm², cm², m²
		AM abgewickelte Werkstückfläche	mm², cm², m²
		A_V Verschnitt	%
			vgl. S. 55

Benennung/Abbildung	Formel/Formelumstellung	Formelzeichen	Einheiten

Kegelstumpf, Abwicklung für $\beta < 30°$, $\varphi < 90°$

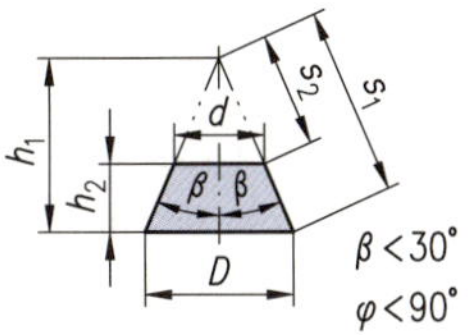

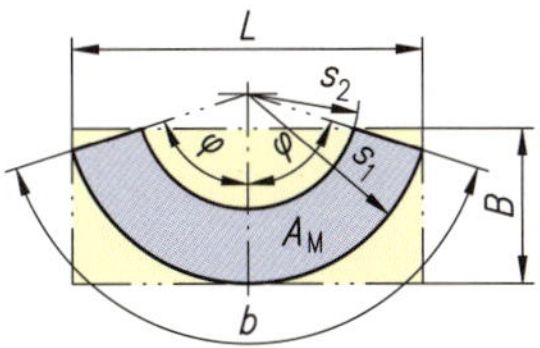

Formel/Formelumstellung

$$L = 2 \cdot s_1 \cdot \sin\varphi \qquad s_1 = \frac{L}{2 \cdot \sin\varphi} \qquad \sin\varphi = \frac{L}{2 \cdot s_1}$$

$$\varphi = 180° \cdot \sin\beta \qquad \sin\beta = \frac{\varphi}{180°}$$

$$B = s_1 - s_2 \cdot \cos\varphi \qquad \cos\varphi = \frac{s_1 - B}{s_2} \qquad s_2 = \frac{s_1 - B}{\cos\varphi}$$

$$s_1 = \frac{D}{2 \cdot \sin\beta} \qquad \sin\beta = \frac{D}{2 \cdot s_1} \qquad D = 2 \cdot s_1 \cdot \sin\beta$$

$$s_2 = \frac{d}{2 \cdot \sin\beta} \qquad \sin\beta = \frac{d}{2 \cdot s_2} \qquad d = 2 \cdot s_2 \cdot \sin\beta$$

$$\tan\beta = \frac{D - d}{2 \cdot h_2} \qquad D = 2 \cdot h_2 \cdot \tan\beta + d \qquad d = D - 2 \cdot h_2 \cdot \tan\beta \qquad h_2 = \frac{D - d}{2 \cdot \tan\beta}$$

$$b = \frac{s_1 \cdot \pi \cdot \varphi}{90°} \qquad s_1 = \frac{b \cdot 90°}{\pi \cdot \varphi} \qquad \varphi = \frac{b \cdot 90°}{\pi \cdot s_1}$$

$$A_M = \frac{\pi \cdot (s_1^2 - s_2^2) \cdot \varphi}{180°} \qquad \varphi = \frac{A_M \cdot 180°}{\pi \cdot (s_1^2 - s_2^2)}$$

$$A_M = \frac{\pi}{2} \cdot (s_1 \cdot D - s_2 \cdot d)$$

$$A_V = \frac{(A_{Ges} - A_M) \cdot 100\,\%}{A_{Ges}} \qquad s_1 = \sqrt{\frac{A_M \cdot 180°}{\pi \cdot \varphi} + s_2^2} \qquad s_2 = \sqrt{s_1^2 - \frac{A_M\,180°}{\pi \cdot \varphi}}$$

Formelzeichen		Einheiten
L	Länge der Blechtafel	mm, cm, m
φ	halber Spitzenwinkel der Abwicklung, der Mantelflächenabwicklung	in ° (Grad)
β	halber Kegelwinkel	in ° (Grad)
B	Breite der Blechtafel	mm, cm, m
s_1	größerer Teil der Mantellinie	mm, cm, m
s_2	kleinerer Teil der Mantellinie	mm, cm, m
h_1	größerer Teil der Kegelhöhe	mm, cm, m
h_2	Höhe des Kegelstumpfs	mm, cm, m
D	Durchmesser des Kegels	mm, cm, m
d	Durchmesser des Kegelstumpfs	mm, cm, m
b	Länge des Kreisbogens mit dem Mittelpunktswinkel 2φ	mm, cm, m
A_M	abgewickelte Werkstückfläche	mm^2, cm^2, m^2
A_{Ges}	Fläche der Blechtafel	mm^2, cm^2, m^2
A_V	Verschnitt	%

Beispiel: Berechnen Sie den großen Durchmesser D des Kegelstumpfs, wenn folgende Werte gegeben sind: $d = 28$ mm, $h_2 = 20{,}4$ mm und $\beta = 23{,}6°$.

Lösung:

$D = 2 \cdot h_2 \cdot \tan\beta + d$

$D = 2 \cdot 20{,}4\ \text{mm} \cdot \tan 23{,}6° + 28\ \text{mm}$

$\underline{\underline{D = 45{,}83\ \text{mm}}}$

Kegelstumpfabwicklung, Blechtafelgrößen

Benennung/Abbildung	Formel/Formelumstellung	Formelzeichen	Einheiten
Kegelstumpf, Abwicklung für $\beta > 30°$, $\varphi > 90°$	$L = 2 \cdot s_1$ $s_1 = \frac{L}{2}$	L Länge der Blechtafel	mm, cm, m
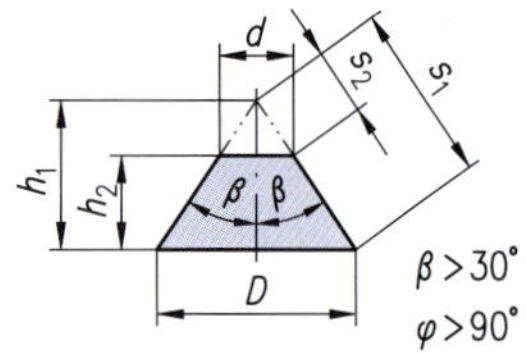	$B = s_1 \cdot (1 - \cos\varphi)$ $s = \frac{B}{1 - \cos\varphi}$	B Breite der Blechtafel	mm, cm, m
	$\varphi = 180° \cdot \sin\beta$ $\sin\beta = \frac{\varphi}{180°}$	s_1 längerer Teil der Mantellinie	mm, cm, m
	$s_1 = \frac{D}{2 \cdot \sin\beta}$ $D = 2 \cdot s_1 \cdot \sin\beta$	s_2 kürzerer Teil der Mantellinie	mm, cm, m
	$s_2 = \frac{d}{2 \cdot \sin\beta}$ $d = 2 \cdot s_2 \cdot \sin\beta$	φ halber Seitenwinkel der Mantelflächen-abwicklung	in ° (Grad)
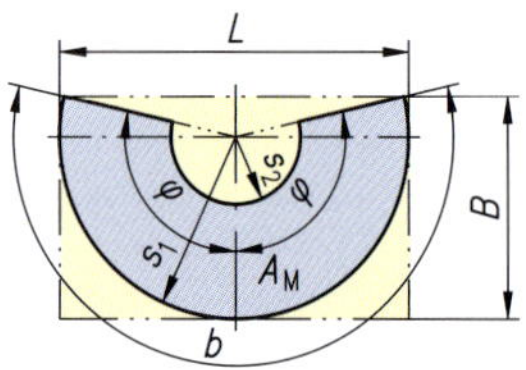	$\tan\beta = \frac{D - d}{2 \cdot h_2}$ $D = 2 \cdot h_2 \cdot \tan\beta + d$	β halber Kegelwinkel	in ° (Grad)
	$b = \frac{s_1 \cdot \pi \cdot \varphi}{90°}$ $s_1 = \frac{b \cdot 90°}{\pi \cdot \varphi}$ $\varphi = \frac{b \cdot 90°}{\pi \cdot s_1}$	D Durchmesser des Kegelstumpfs	mm, cm
	$A_M = \frac{\pi \cdot (s_1^2 - s_2^2) \cdot \varphi}{180°}$ $\varphi = \frac{A_M \cdot 180°}{\pi \cdot (s_1^2 - s_2^2)}$	d Durchmesser des Kegelstumpfs	mm, cm
	$A_V = \frac{(A_{Ges} - A_M) \cdot 100\,\%}{A_{Ges}}$	h_2 Höhe des Kegel-stumpfs	mm, cm
		b Länge des Kreis-bogens mit Mittel-punktswinkel 2φ	mm, cm
		A_M abgewinkelte Werk-stückfläche	mm², cm², m²
		A_{Ges} Fläche der Blechtafel	mm², cm², m²
		A_V Verschnitt	%

Benennung/Abbildung	Formel/Formelumstellung	Formelzeichen	Einheiten
Gestreckte Länge beim Ringbogen 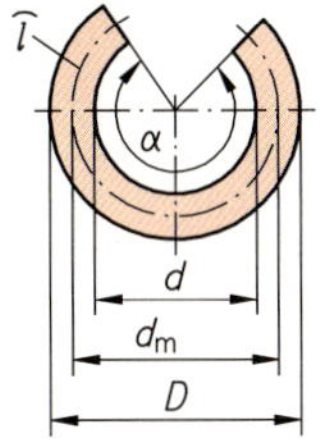 	$l = \frac{d_m \cdot \pi \cdot \alpha}{360°}$ $d_m = \frac{360° \cdot l}{\pi \cdot \alpha}$ $\alpha = \frac{360° \cdot l}{d_m \cdot \pi}$ $d_m = \frac{D + d}{2}$ $D = 2 \cdot d_m - d$ $d = 2 \cdot d_m - D$	l gestreckte Länge d_m mittlerer Durchmesser α Mittelpunktswinkel, Biegewinkel D Außendurchmesser d Innendurchmesser	mm, cm, m mm, cm, m in ° (Grad) mm, cm, m mm, cm, m
Zusammengesetzte gestreckte Länge 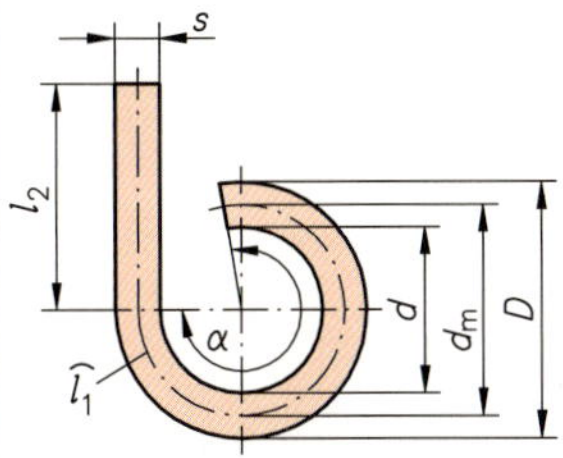 	$l = l_1 + l_2 + \ldots$ $l = \frac{d_m \cdot \pi \cdot \alpha}{360°} + l_2$ $d_m = \frac{360° \cdot (l - l_2)}{\pi \cdot \alpha}$ $\alpha = \frac{360° \cdot (l - l_2)}{\pi \cdot d_m}$ $l_2 = l - \frac{d_m \cdot \pi \cdot \alpha}{360°}$ $l_1 = \frac{d_m \cdot \pi \cdot \alpha}{360°}$ $d_m = d + s$ $d_m = D - s$ $d_m = \frac{D + d}{2}$	l gestreckte Länge, gesamte Länge l_1, l_2 Teillängen D Außendurchmesser d Innendurchmesser d_m mittlerer Durchmesser α Mittelpunktswinkel, Biegewinkel s Dicke, Materialstärke	mm, cm, m mm, cm, m mm, cm, m mm, cm, m mm, cm, m in ° (Grad) mm, cm, m

Teilung von Längen, Lochabstände

Benennung/Abbildung	Formel/Formelumstellung	Formelzeichen	Einheiten
Teilung von Längen mit ungleichen Randenden ($a \neq b$) 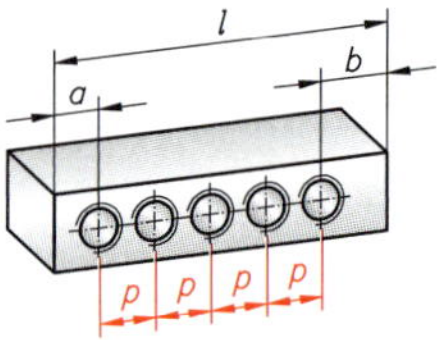	$p = \frac{l-(a+b)}{n-1}$ $l = p \cdot (n-1) + a + b$ $a = l - b - p \cdot (n-1)$ $b = l - a - p \cdot (n-1)$ $n = \frac{l-(a+b)}{p} + 1$	p Teilung, Lochabstände l Gesamtlänge a, b Randabstände n Anzahl der Bohrungen	mm, cm, m mm, cm, m mm, cm, m
Teilung von Längen mit gleichen Randenden 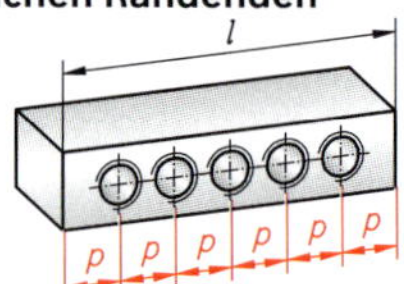 Randabstand = Teilung (gleichmäßig) 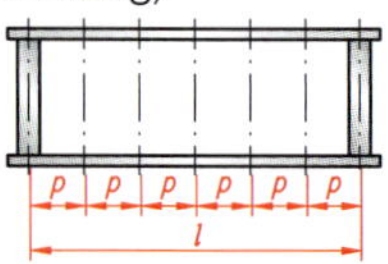	$p = \frac{l}{n+1}$ $l = p \cdot (n+1)$ $n = \frac{l}{p} - 1$ $z = n + 1$	p Teilung, Lochabstände l Gesamtlänge n Anzahl der Stäbe, Bohrungen, Sägeschnitte z Anzahl der Teilungen, Felder	mm, cm, m mm, cm, m

Benennung/Abbildung	Formel/Formelumstellung	Formelzeichen	Einheiten
Teilungslängen mit Einzelfeldern ohne Pfosten 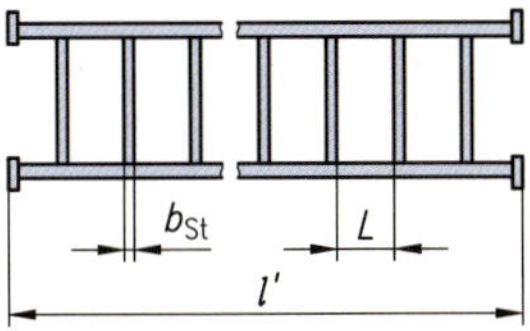 	$L = \frac{l' - n \cdot b_{St}}{n + 1}$ $n = \frac{l' - L}{L + b_{St}}$ $l' = n \cdot (L + b_{St}) + L$ $b_{St} = \frac{l' - L}{n} - L$	l' innere Feldlänge L lichte Weite b_{St} Stabbreite n Anzahl der Stäbe Achtung: Für die Kontrollrechnung immer den theoretisch errechneten Wert verwenden.	mm, cm mm, cm mm, cm
Teilungslängen mit Einzelfeldern und Pfosten 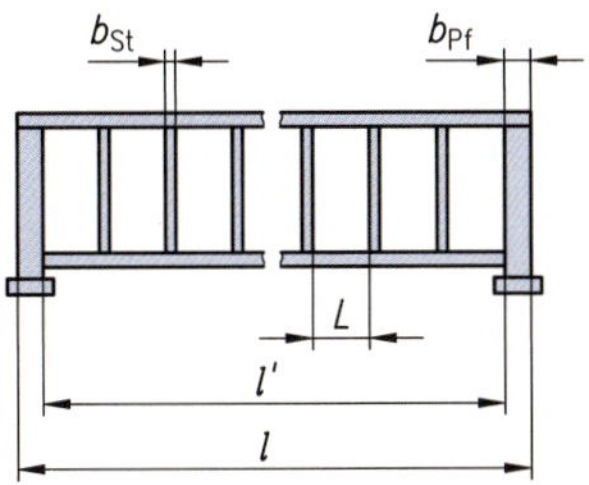 	$L = \frac{l - (n \cdot b_{St} + 2 \cdot b_{Pf})}{n + 1}$ $n = \frac{l - (L + 2 \cdot b_{Pf})}{L + b_{St}}$ $l = n \cdot (L + b_{St}) + L + 2 \cdot b_{Pf}$ $b_{Pf} = \frac{l - n \cdot (L + b_{St}) - L}{2}$ $l' = l - 2 \cdot b_{Pf}$	L lichte Weite l Feldlänge l' innere Feldlänge b_{St} Stabbreite b_{Pf} Pfostenbreite n Anzahl der Stäbe Achtung: Für die Kontrollrechnung immer den theoretisch errechneten Wert verwenden.	mm, cm mm, cm mm, cm mm, cm mm, cm

Benennung/Abbildung	Formel/Formelumstellung	Formelzeichen	Einheiten
Teilungslängen zwischen Pfosten 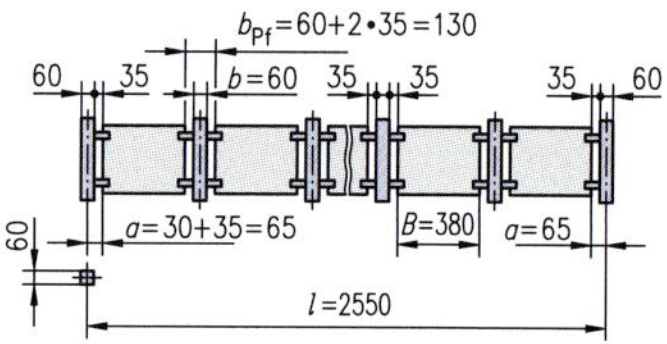	$B = \frac{l - (n \cdot b_{Pf} + 2 \cdot a)}{n_B}$ $n_B = \frac{l - (n \cdot b_{Pf} + 2 \cdot a)}{B}$ $l = n_B \cdot B + 2 \cdot a + n \cdot b_{Pf}$ $a = \frac{l - n_B \cdot B - n \cdot b_{Pf}}{2}$ $n = \frac{l - n_B \cdot B - 2 \cdot a}{b_{Pf}}$ $b_{Pf} = \frac{l - n_B \cdot B - 2 \cdot a}{n}$ Aufgabenbeispiel (siehe Zeichnung): gegeben: l = 2550 mm, a = 30 mm + 35 mm = 65 mm, b_{Pf} = 60 mm + 2 · 35 mm = 130 mm, n = 4 Pfosten, n_B = 5 Trennwände gesucht: B in mm Lösung: $B = \frac{2550\text{ mm} - (4 \cdot 130\text{ mm} + 2 \cdot 65\text{ mm})}{5}$ $B = \frac{2550\text{ mm} - 650\text{ mm}}{5}$ $\underline{\underline{B = 380\text{ mm}}}$	B Bauelementbreite l Gesamtlänge a Wandanschlussmaß (ist individuell zu berechnen) n Anzahl der Pfosten, Abstände b_{Pf} Pfostenbreite, Spaltbreite (ist individuell zu beachten und zu berechnen) ist der gesamte Abstand zwischen den Bauelementen B n_B Anzahl der Bauelemente, Füllelemente	mm, cm, m mm, cm, m mm, cm, m mm, cm, m

Benennung/Abbildung	Formel/Formelumstellung	Formelzeichen	Einheiten
Teilungslängen mit durchlaufendem Geländer 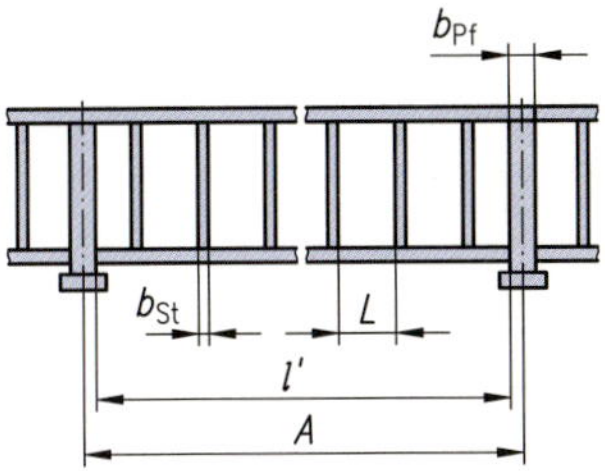	$L = \frac{A - (n \cdot b_{St} + b_{Pf})}{n+1}$ $A = n \cdot (L + b_{St}) + L + b_{Pf}$ $n = \frac{A - (L + b_{Pf})}{L + b_{Pf}}$ $A = l' + b_{Pf}$ $b_{Pf} = A - n \cdot (L + b_{St}) - L$ $l' = A - b_{Pf}$ $b_{St} = \frac{A - L \cdot (n+1) - b_{Pf}}{n}$ $b_{Pf} = A - l'$ Aufgabenbeispiel: Zu berechnen ist die Anzahl der Stäbe n, wenn folgende Werte gegeben sind: L = 110 mm, A = 1 555 mm, b_{Pf} = 70 mm, b_{St} = 15 mm. Lösung: $n = \frac{A - (L + b_{Pf})}{L + b_{St}}$ $n = \frac{1\,555\text{ mm} - (110\text{ mm} + 70\text{ mm})}{110\text{ mm} + 15\text{ mm}}$ $n = \frac{1\,375\text{ mm}}{125\text{ mm}}$ $n = 11$ Stäbe	L lichte Weite A Pfostenabstand von Mittellinie zu Mittelinie l' innere Feldlänge b_{St} Stabbreite b_{Pf} Pfostenbreite, Pfeilerbreite n Anzahl der Stäbe Achtung: Für die Kontrollrechnung immer den theoretisch errechneten Wert verwenden bzw. einsetzen.	mm, cm mm, cm mm, cm mm, cm mm, cm

Teilungslängen bei Bauelementen nach Landesbauordnung: Geländer, Gitter

Benennung/Abbildung	Formel/Formelumstellung	Formelzeichen	Einheiten
Teilungslängen mit Einzelfeldern ohne Pfosten nach Landesbauordnung 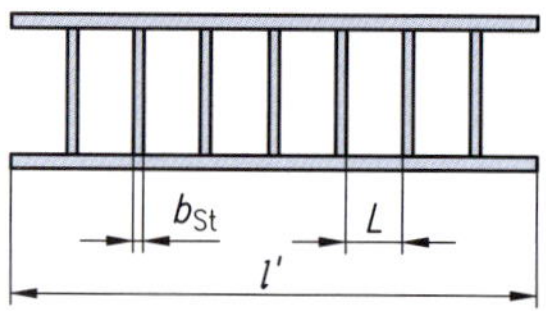 	Vorschriften, Vorgehensweise: 1. Berechnung Anzahl der Füllstäbe n 2. maximale lichte Weite $L = 120$ mm ↑ wegen Unfallvermeidung $n = \frac{l' - 120\text{ mm}}{b_{St} + 120\text{ mm}}$ $L = \frac{l' - n \cdot b_{St}}{n + 1}$ $b_{St} = \frac{l' - L}{n} - L$	l' innere Feldlänge L lichte Weite, max. = 120 mm n Anzahl der Stäbe, Füllstäbe b_{St} Stabbreite Achtung: Für die Kontrollrechnung immer den theoretisch errechneten Wert verwenden bzw. einsetzen.	mm, cm, m mm, cm, m mm, cm
Teilungslängen mit Einzelfeldern und mit Pfosten nach Landesbauordnung 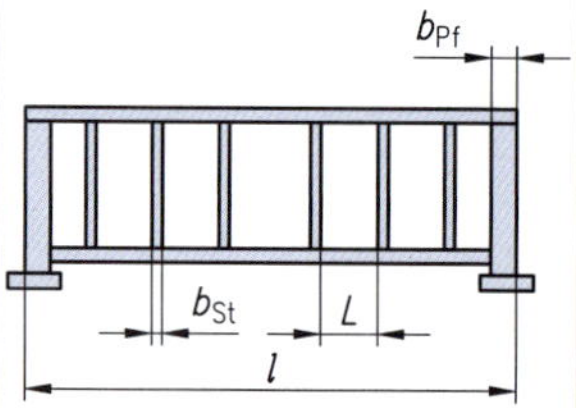 	Vorschriften, Vorgehensweise: 1. Berechnung Anzahl der Füllstäbe n 2. maximale lichte Weite $L = 120$ mm $n = \frac{l - (2 \cdot b_{Pf} + 120\text{ mm})}{b_{St} + 120\text{ mm}}$ $L = \frac{l - (2 \cdot b_{Pf} + n \cdot b_{St})}{n + 1}$ $l = L \cdot (n + 1) + 2 \cdot b_{Pf} + n \cdot b_{St}$ $b_{Pf} = \frac{l - L \cdot (n + 1) - n \cdot b_{St}}{2}$ $b_{St} = \frac{l - L \cdot (n + 1) - 2 \cdot b_{Pf}}{n}$	l Feldlänge L lichte Weite, max. = 120 mm n Anzahl der Stäbe, Füllstäbe b_{Pf} Pfostenbreite, Pfeilerbreite b_{St} Stabbreite	mm, cm, m mm, cm, m mm, cm mm, cm

Aufgabenbeispiel:
Es ist nachzurechnen, ob die maximale lichte Weite $L = 120$ mm gemäß Landesbauordnung eingehalten wird. Folgende Werte sind gegeben:
$l = 1\,995$ mm, $n = 13$, $b_{Pf} = 60$ mm, $b_{St} = 15$ mm.

Lösung:

$$L = \frac{l - (2 \cdot b_{Pf} + n \cdot b_{St})}{n + 1};\quad L = \frac{1\,995\text{ mm} - (2 \cdot 60\text{ mm} + 13 \cdot 15\text{ mm})}{13 + 1}$$

$$L = \frac{1\,995\text{ mm} - (120\text{ mm} + 195\text{ mm})}{14};\quad \underline{\underline{L = 120\text{ mm}}}$$

Die Vorschrift nach Landesbauordnung ist erfüllt.

Benennung/Abbildung	Formel/Formelumstellung	Formelzeichen	Einheiten
Teilungslängen mit durchlaufendem Geläder nach Landesbauordnung 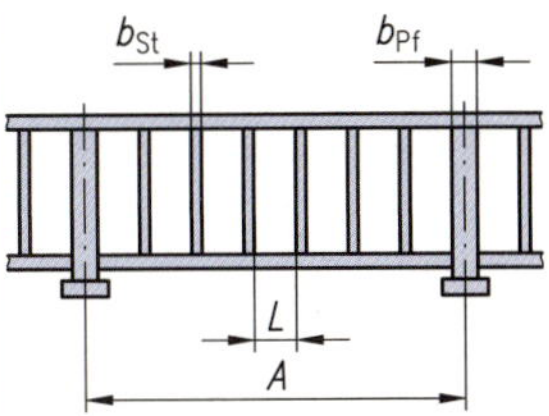 	Vorschriften, Vorgehensweise: 1. Berechnung Anzahl der Füllstäbe n 2. maximale lichte Weite $L = 120$ mm ← wegen Unfallvermeidung $$n = \frac{A - (b_{Pf} + 120\ \text{mm})}{b_{St} + 120\ \text{mm}}$$ $$L = \frac{A - (b_{Pf} + n \cdot b_{St})}{n + 1}$$ $$A = n \cdot (L + b_{St}) + L + b_{Pf}$$ $$b_{Pf} = A - L - n \cdot (L + b_{St})$$ $$b_{St} = \frac{A - L \cdot (1 + n) - b_{Pf}}{n}$$	n Anzahl der Stäbe, Füllstäbe A Pfostenabstand b_{Pf} Pfostenbreite b_{St} Stabbreite L lichte Weite, max.: = 120 mm Achtung: Für die Kontrollrechnung immer den theoretisch errechneten Wert verwenden bzw. einsetzen.	 mm, cm, m mm, cm mm, cm mm, cm

Aufgabenbeispiel:
Es ist ein Geländer anzufertigen. Folgende Daten sind festgelegt:
$A = 2190$ mm, $L = 120$ mm, $n = 15$, $b_{St} = 14$ mm.
Welches Maß hat die Pfostenbreite $b_{Pf} = ?$

Lösung:
$b_{Pf} = A - L - n \cdot (L + b_{St})$; $b_{Pf} = 2190\ \text{mm} - 120\ \text{mm} - 15 \cdot (120\ \text{mm} + 14\ \text{mm})$
$\underline{\underline{b_{Pf} = 60\ \text{mm}}}$

Benennung/Abbildung	
Bestimmen der lichten Weite mit Diagramm	Mit Diagrammen kann man für bestimme Füllstabbreiten b_{St} die lichte Weite L und die Anzahl der Stäbe n bestimmen, wenn die Füllstabbreite b_{St} sowie die innere Feldlänge l' gegeben sind.

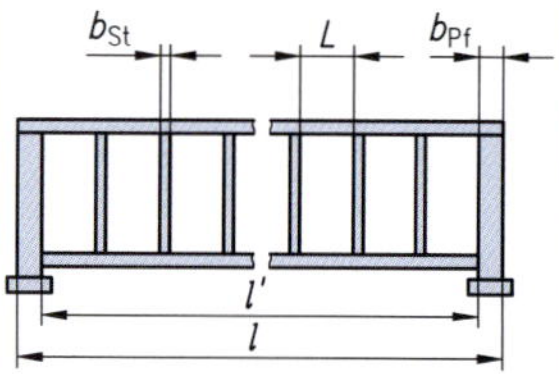

Drei Beispiele:

1. Beispiel: geg.: Innere Feldlänge $l' = 1\,600$ mm, Füllstabbreite $b_{St} = 12$ mm. Bestimme nach Diagramm:

a) Anzahl der Stäbe n

b) Lichte Weite L in mm.

Lösung:

$n = 12$ Stäbe

$L = 112$ mm

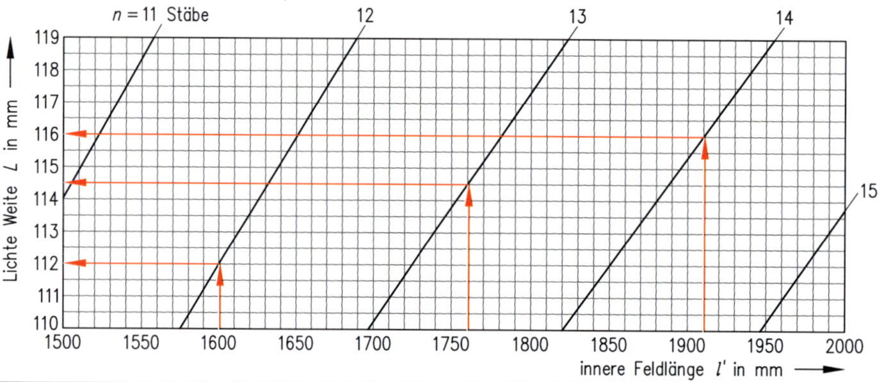

Füllstabbreite $b_{St} = 12$ mm

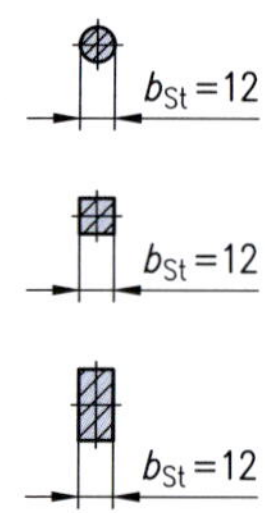

Fortsetzung

Benennung/Abbildung	Formel/Formelumstellung	Formelzeichen	Einheiten
Fortsetzung **Bestimmen der lichten Weite mit Diagramm** 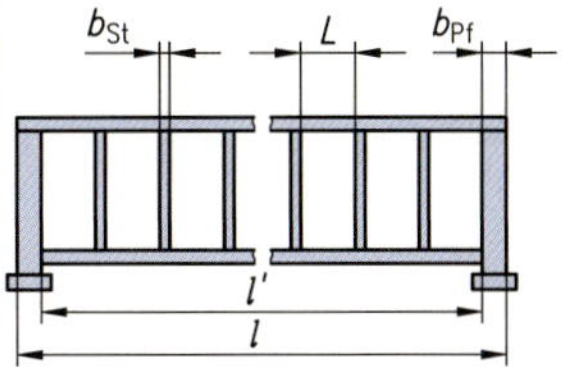	Welcher genaue Wert ergibt sich für die lichte Weite L durch die Kontrollrechnung? $L = \frac{l' - n \cdot b_{St}}{n+1}$; $L = \frac{1\,600 \text{ mm} - 12 \cdot 12 \text{ mm}}{12+1}$ $\underline{\underline{L = 112 \text{ mm}}}$	l' innere Feldlänge n Anzahl der Füllstäbe L lichte Weite b_{St} Breite der Füllstäbe b_{Pf} Breite der Pfosten l Feldlänge	mm, cm, m mm, cm mm, cm mm, cm mm, cm, m
	2. Beispiel: geg.: $l' = 1\,760$ mm, $b_{St} = 12$ mm. Bestimme nach Diagramm: n; L in mm. Lösung: $\underline{n = 13 \text{ Stäbe}}$ $\underline{L = 114{,}6 \text{ mm}}$ Kontrollrechnung: $L = \frac{l' - n \cdot b_{St}}{n+1}$; $L = \frac{1\,760 \text{ mm} - 13 \cdot 12 \text{ mm}}{13+1}$ $\underline{\underline{L = 114{,}57 \text{ mm}}}$		
	3. Beispiel: geg.: $l' = 1\,910$ mm, $b_{St} = 12$ mm. Bestimme nach Diagramm: n, L in mm. Lösung: $\underline{n = 14 \text{ Stäbe}}$; $\underline{L = 116 \text{ mm}}$ Kontrollrechnung: $L = \frac{l' - n \cdot b_{St}}{n+1}$; $L = \frac{1\,910 \text{ mm} - 14 \cdot 12 \text{ mm}}{14+1}$ $L = \frac{1\,910 \text{ mm} - 168 \text{ mm}}{15}$; $L = 116{,}13$ mm gerundet: $\underline{\underline{L = 116 \text{ mm}}}$		

Teilungslängen gekrümmter Bauteile

Benennung/Abbildung	Formel/Formelumstellung	Formelzeichen	Einheiten

Teilungen im Vollkreis

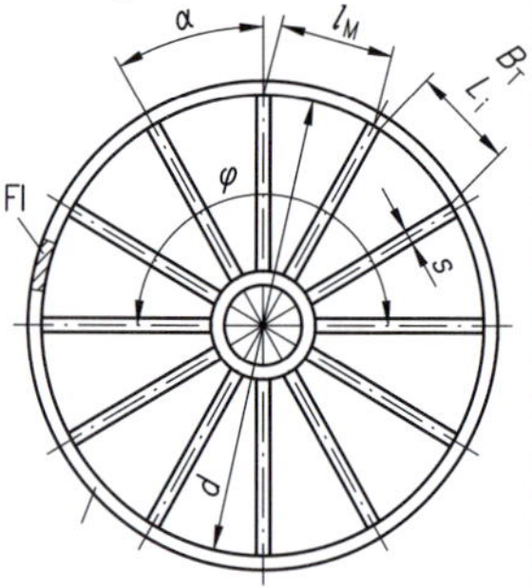

Für den geschlossenen Vollkreis:

$$\alpha = \frac{360°}{n} \qquad n = \frac{360°}{\alpha}$$

$$l_M = d \cdot \sin\frac{\alpha}{2} \qquad d = \frac{l_M}{\sin\frac{\alpha}{2}} \qquad \sin\frac{\alpha}{2} = \frac{l_M}{d}$$

$$L_i = l_M - s \qquad l_M = L_i + s \qquad s = l_M - L_i$$

$$L_i = d \cdot \sin\frac{\alpha}{2} - s \qquad d = \frac{L_i + s}{\sin\frac{\alpha}{2}} \qquad s = d \cdot \sin\frac{\alpha}{2} - L_i$$

$L_i = B_T$

Teilungen im Kreisausschnitt

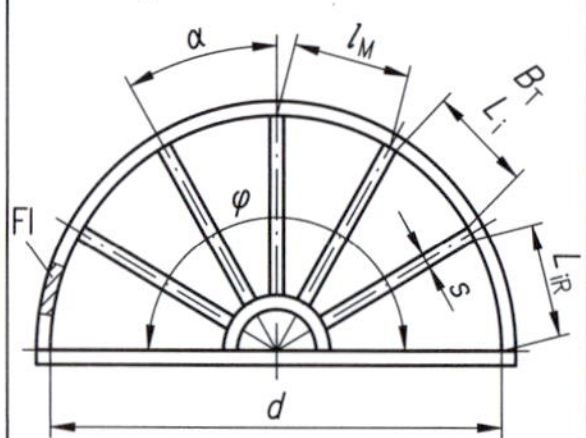

Für den Kreisausschnitt:
Falls eine Metallbaukonstruktion nicht mit einem Pfosten oder Stab direkt an das Bauwerk anschließt, gelten diese Formeln:

$$\alpha = \frac{\varphi}{n+1} \qquad \varphi = \alpha \cdot (n+1) \qquad n = \frac{\varphi}{\alpha} - 1$$

$$l_M = d \cdot \sin\frac{\alpha}{2}$$

$$L_i = d \cdot \sin\frac{\alpha}{2} - s \qquad L_i = B_T$$

$$l_{iR} = l_M - \frac{s}{2} \qquad l_M = l_{iR} + \frac{s}{2} \qquad s = 2 \cdot (l_M - l_{iR})$$

$$l_{iR} = d \cdot \sin\frac{\alpha}{2} - \frac{s}{2} \qquad d = \frac{l_{iR} + \frac{s}{2}}{\sin\frac{\alpha}{2}}$$

$$s = 2 \cdot \left(d \cdot \sin\frac{\alpha}{2} - l_{iR}\right)$$

Formelzeichen / Einheiten

Formelzeichen		Einheiten
α	Teilungswinkel, Mittelpunktswinkel	in ° (Grad)
φ	Gesamtwinkel	in ° (Grad)
n	Anzahl der Stäbe, Pfosten, Anzahl der Füllstäbe oder Bohrungen	
L_i	lichte Weite zwischen zwei Füllstäben (Bohrungen)	mm, cm, m
B_T	Bauteilbreite, Bauelementbreite	mm, cm, m
d	Durchmesser	mm, cm, m
s	Füllstabdicke, oder Bohrungsdurchmesser oder Stabbreite, Pfostenbreite	mm, cm
l_M	Sehnenlänge zwischen zwei Stabmitten (Bohrungsmitten)	mm, cm, m
l_{iR}	lichte Weite am Rand eines Kreisausschnitts	mm, cm, m

Aufgabenbeispiel:
Für eine Stahlbaukonstruktion, siehe Zeichnung Kreisausschnitt unten links, sind gegeben:
$d = 2\,400$ mm, $s = 15$ mm, $\varphi = 180°$, $\alpha = 30°$.
Berechnen Sie: n, l_M, L_i und l_{iR}.
Lösung:

$n = \frac{\varphi}{\alpha} - 1$; $n = \frac{180°}{30°} - 1$; $n = 6 - 1 = \underline{\underline{5}}$

$l_M = d \cdot \sin\frac{\alpha}{2}$; $l_M = 2\,400\text{ mm} \cdot \sin\frac{30}{2}$; $l_M = 2\,400\text{ mm} \cdot \sin 15°$;

$l_M = 2\,400\text{ mm} \cdot 0{,}259 = \underline{\underline{621{,}2\text{ mm}}}$

$L_i = d \cdot \sin\frac{\alpha}{2} - s$; $L_i = 2\,400\text{ mm} \cdot \sin\frac{30}{2} - 15\text{ mm}$; $\underline{\underline{L_i = 606{,}2\text{ mm}}}$

$l_{iR} = l_M - \frac{s}{2}$; $l_{iR} = 621{,}2\text{ mm} - \frac{15}{2}\text{ mm} = \underline{\underline{613{,}7\text{ mm}}}$

Trennen von Bauteilen, Neigung, Steigung

Benennung/Abbildung	Formel/Formelumstellung	Formelzeichen	Einheiten
Trennen von Bauteilen 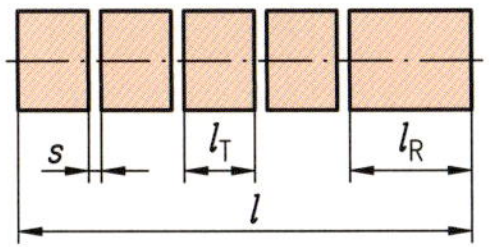	$n = \frac{l - l_R}{l_T + s}$ $l_T = \frac{l - l_R}{n} - s$ $l_R = l - n \cdot (l_T + s)$ $s = \frac{l - l_R}{n} - l_T$ $l = l_R + n \cdot (l_T + s)$	n Anzahl der Teilstücke l Gesamtlänge, Stablänge l_T Länge eines Teilstücks s Breite des Sägeschnitts l_R Restlänge	mm, cm, m mm, cm, m mm, cm, m mm, cm, m mm, cm, m
Neigung, Steigung und Steigung in Prozent 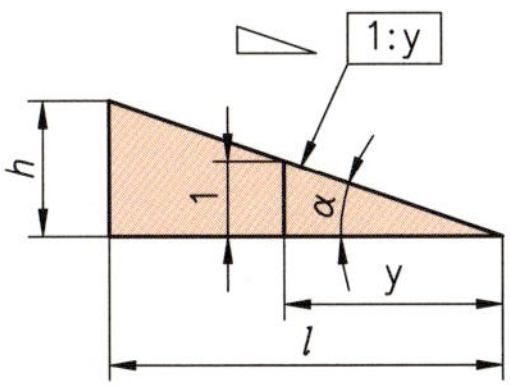	$\tan\alpha = \frac{1}{y}$ $\tan\alpha = \frac{h}{l}$ $\tan\alpha = \frac{1}{y} = \frac{h}{l}$ $y = \frac{l}{h}$ $h = \frac{l}{y}$ $l = y \cdot h$ $P = \tan\alpha \cdot 100\,\%$ $\tan\alpha = \frac{P}{100\,\%}$ $P = \frac{h \cdot 100\,\%}{l}$ $l = \frac{h \cdot 100\,\%}{P}$ $h = \frac{P \cdot l}{100\,\%}$	α Steigungs- bzw. Neigungswinkel $\frac{1}{y}$ Steigungs- bzw. Neigungsverhältnis h Höhe l Länge der Waagerechten P Steigung in Prozent y Länge der Waagerechten bei Höhe $h = 1$	in ° (Grad) $\frac{1}{mm}, \frac{1}{cm}, \frac{1}{m}$ mm, cm, m mm, cm, m % mm, cm, m

Benennung/Abbildung	Formel/Formelumstellung	Formelzeichen	Einheiten
Würfel 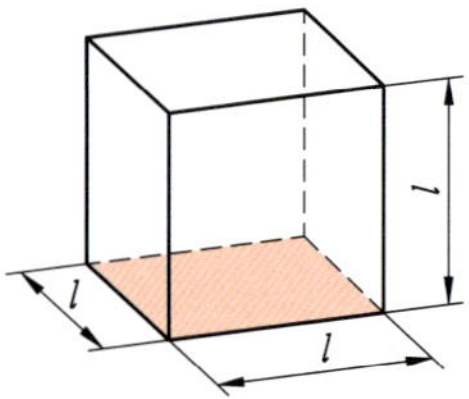	$V = l \cdot l \cdot l$ $V = l^3$ $\quad l = \sqrt[3]{V}$ $A_O = 6 \cdot l^2$ $l = \sqrt{\frac{A_O}{6}}$	V Volumen l Seitenlänge A_O Oberfläche	mm^3, cm^3, m^3 mm, cm, m mm^2, cm^2, m^2
Prisma, Quader 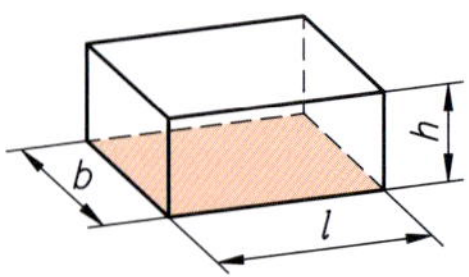	$V = l \cdot b \cdot h$ $\quad l = \frac{V}{b \cdot h}$ $b = \frac{V}{l \cdot h}$ $\quad h = \frac{V}{l \cdot b}$ $A_O = 2 \cdot (l \cdot h + l \cdot b + b \cdot h)$ $l = \frac{A_O - 2 \cdot b \cdot h}{2 \cdot (b + h)}$ $\quad h = \frac{A_O - 2 \cdot b \cdot l}{2 \cdot (b + l)}$ $b = \frac{A_O - 2 \cdot h \cdot l}{2 \cdot (h + l)}$	V Volumen l Seitenlänge h Höhe b Breite A_O Oberfläche	mm^3, cm^3, m^3 mm, cm, m mm, cm, m mm, cm, m mm^2, cm^2, m^2

Benennung/Abbildung	Formel/Formelumstellung	Formelzeichen		Einheiten
Zylinder, Mantelabwicklung 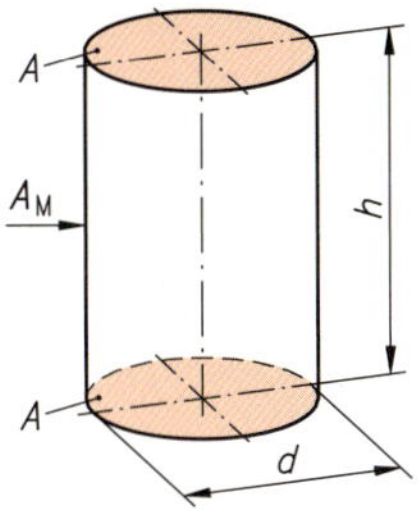 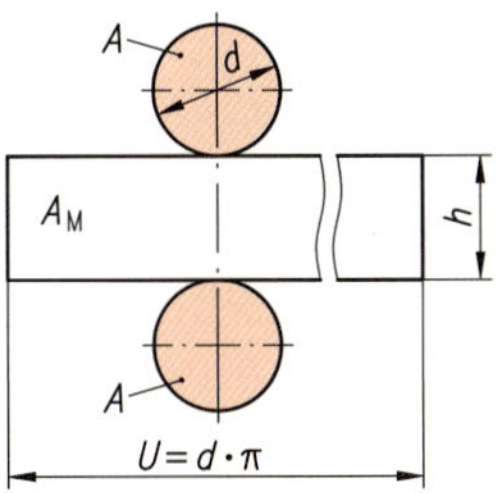 	$V = \frac{d^2 \cdot \pi}{4} \cdot h$ $d = \sqrt{\frac{4 \cdot V}{\pi \cdot h}}$ $\quad h = \frac{4 \cdot V}{\pi \cdot d^2}$ $A_M = d \cdot \pi \cdot h$ $d = \frac{A_M}{\pi \cdot h}$ $\quad h = \frac{A_M}{d \cdot \pi}$ $A_O = A_M + \frac{2 \cdot d^2 \cdot \pi}{4}$ $A_O = d \cdot \pi \cdot h + 2 \cdot \frac{d^2 \cdot \pi}{4}$; $A_O = d \cdot \pi \cdot \left(h + \frac{d}{2}\right)$ $h = \frac{A_O}{\pi \cdot d} - \frac{d}{2}$ $d = \sqrt{\frac{2 \cdot A_O}{\pi} + h^2} - h$	V	Volumen	mm^3, cm^3, m^3
		d	Durchmesser	mm, cm, m
		h	Höhe	mm, cm, m
		A_M	Mantelfläche	mm^2, cm^2, m^2
		A_O	Oberfläche gesamt	mm^2, cm^2, m^2
		A	Deck- und Bodenfläche	mm^2, cm^2, m^2

Benennung/Abbildung	Formel/Formelumstellung	Formelzeichen	Einheiten
Hohlzylinder 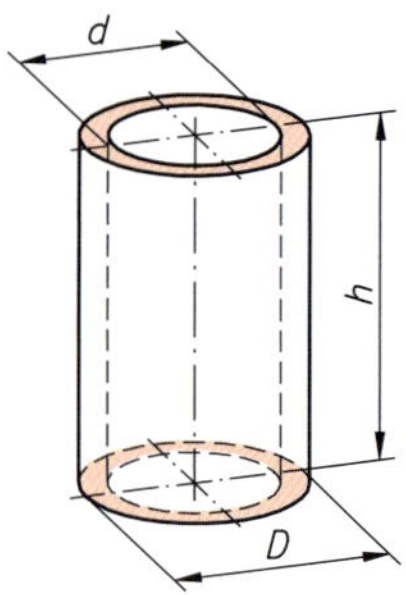	$V = \frac{(D^2 - d^2) \cdot \pi}{4} \cdot h$	V Volumen	mm³, cm³, m³
	$D = \sqrt{\frac{4 \cdot V}{\pi \cdot h} + d^2}$	D Außendurchmesser	mm, cm, m
	$d = \sqrt{D^2 - \frac{4 \cdot V}{\pi \cdot h}}$	d Innendurchmesser	mm, cm, m
	$h = \frac{4 \cdot V}{\pi \cdot (D^2 - d^2)}$	h Höhe	mm, cm, m
	$A_O = \pi \cdot (D + d) \cdot \left[\frac{1}{2}(D - d) + h\right]$	A_O Oberfläche (alle Flächen mit Innenfläche des Hohlzylinders)	mm², cm², m²
	$h = \frac{A_O}{\pi \cdot (D + d)} - \frac{1}{2} \cdot (D - d)$		
	$D = \sqrt{h^2 + \frac{2 \cdot A_O}{\pi} + d^2 - 2 \cdot h \cdot d} - h$		
	$d = h - \sqrt{h^2 - \frac{2 \cdot A_O}{\pi} + D^2 + 2 \cdot h \cdot D}$	gilt für $d < h$	
	$d = h + \sqrt{h^2 - \frac{2 \cdot A_O}{\pi} + D^2 + 2 \cdot h \cdot D}$	gilt für $d > h$	

Benennung/Abbildung	Formel/Formelumstellung	Formelzeichen	Einheiten
Kegel 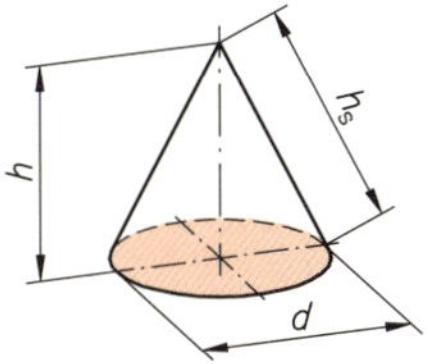 	$V = \frac{d^2 \cdot \pi}{4} \cdot \frac{h}{3}$ $\quad d = \sqrt{\frac{12 \cdot V}{\pi \cdot h}}$ $\quad h = \frac{12 \cdot V}{\pi \cdot d^2}$ $h_S = \sqrt{\left(\frac{d}{2}\right)^2 + h^2}$ $\quad d = 2 \cdot \sqrt{h_S^2 - h^2}$ $h = \sqrt{h_S^2 - \frac{d^2}{4}}$ $A_M = \frac{d \cdot \pi \cdot h_S}{2}$ $\quad d = \frac{2 \cdot A_M}{\pi \cdot h_S}$ $\quad h_S = \frac{2 \cdot A_M}{\pi \cdot d}$	**Kegel** V Volumen d Durchmesser h Höhe A_M Mantelfläche h_S Mantelhöhe	 mm^3, cm^3, m^3 mm, cm, m mm, cm, m mm^2, cm^2, m^2 mm, cm, m
Kegelabwicklung 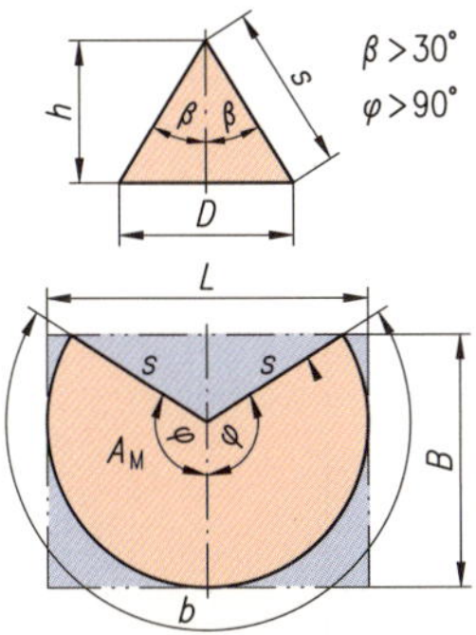 	**Kegelabwicklung** Für $\beta \geq 30°$ $\varphi \geq 90°$ $L = 2 \cdot s$ $B = s \cdot (1 - \cos\varphi)$ $b = \frac{s \cdot \pi \cdot \varphi}{90°}$ $A_M = \frac{\pi \cdot s^2 \cdot \varphi}{180°}$ $A_V = \frac{(A_{Ges} - A_M) \cdot 100\ \%}{A_{Ges}}$ $s = \frac{b \cdot 90°}{\pi \cdot \varphi}$ $\varphi = \frac{b \cdot 90°}{\pi \cdot s}$ vgl. S. 38	**Kegelabwicklung** s Länge der Mantellinie h Höhe des Kegels D Durchmesser des Kegels B Breite der Blechtafel β halber Kegelwinkel L Länge der Blechtafel φ halber Spitzenwinkel der Mantelflächenabwicklung A_M Mantelflächenabwicklung b Länge des Kreisbogens mit dem Mittelpunktswinkel 2 φ A_{Ges} Fläche der Blechtafel A_V Verschnitt	 mm, cm mm, cm mm, cm mm, cm in ° (Grad) mm, cm, m in ° (Grad) mm^2, cm^2, m^2 mm, cm, m mm^2, cm^2, m^2 %

Benennung/Abbildung	Formel/Formelumstellung	Formelzeichen	Einheiten
Kegelstumpf 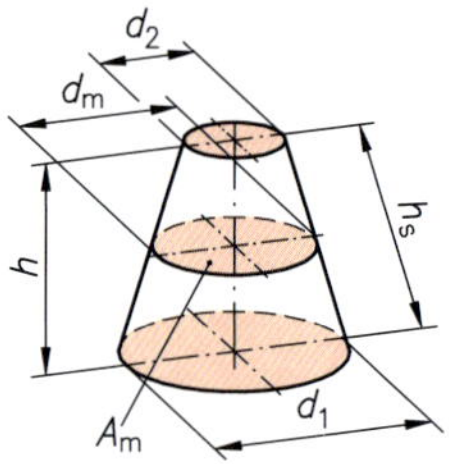	$V = \frac{\pi \cdot h}{12} \cdot (d_1^2 + d_2^2 + d_1 \cdot d_2)$ $V \approx A_m \cdot h$ $A_m = \frac{d_1^2 + d_2^2}{2} \cdot \frac{\pi}{4}$ $A_M = \frac{d_1 + d_2}{2} \cdot \pi \cdot h_S$ $d_1 = \frac{2 \cdot A_M}{\pi \cdot h_S} - d_2$; $d_2 = \frac{2 \cdot A_M}{\pi \cdot h_S} - d_1$ $A_O = A_M + \frac{\pi}{4} \cdot (d_1^2 + d_2^2)$ $h = \sqrt{h_S^2 - \left(\frac{d_1 - d_2}{2}\right)^2}$ $h_S = \sqrt{h^2 + \left(\frac{d_1 - d_2}{2}\right)^2}$	V Volumen h Höhe d_1 großer Durchmesser d_2 kleiner Durchmesser d_m mittlerer Durchmesser A_m Mittelfläche A_M Mantelfläche h_S Mantelhöhe A_O Oberfläche h Höhe	mm^3, cm^3, m^3 mm, cm, m mm, cm, m mm, cm, m mm, cm, m mm^2, cm^2, m^2 mm^2, cm^2, m^2 mm, cm, m mm^2, cm^2, m^2 mm, cm, m

Benennung/Abbildung	Formel/Formelumstellung	Formelzeichen	Einheiten
Pyramide 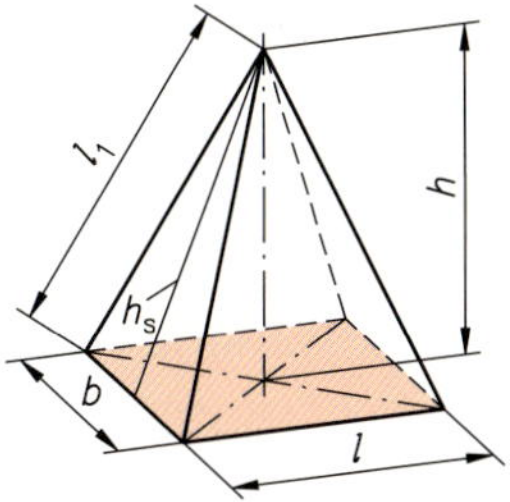	$V = l \cdot b \cdot \frac{h}{3}$ $l = \frac{3 \cdot V}{b \cdot h}$ $b = \frac{3 \cdot V}{l \cdot h}$ $h = \frac{3 \cdot V}{l \cdot b}$ $h_S = \sqrt{l_1^2 - \left(\frac{b}{2}\right)^2}$ $l_1 = \sqrt{h_S^2 + \frac{b^2}{4}}$ $b = 2 \cdot \sqrt{l_1^2 - h_S^2}$	V Volumen l Seitenlänge b Breite h Höhe l_1 Kantenlänge h_S Mantelhöhe	mm^3, cm^3, m^3 mm, cm, m mm, cm, m mm, cm, m mm, cm, m mm, cm, m

Benennung/Abbildung	Formel/Formelumstellung	Formelzeichen	Einheiten
Pyramidenstumpf 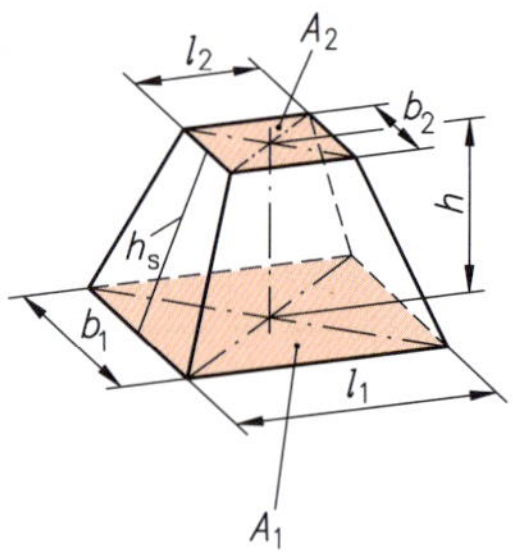	$V = \left(A_1 + A_2 + \sqrt{A_1 \cdot A_2}\right) \cdot \frac{h}{3}$ $h = \frac{3 \cdot V}{A_1 + A_2 + \sqrt{A_1 \cdot A_2}}$ $A_1 = b_1 \cdot l_1$ $b_1 = \frac{A_1}{l_1}$ $\quad l_1 = \frac{A_1}{b_1}$ $A_2 = b_2 \cdot l_2$ $b_2 = \frac{A_2}{l_2}$ $\quad l_2 = \frac{A_2}{b_2}$ $h_S = \sqrt{h^2 + \frac{1}{4} \cdot (l_1^2 - 2 \cdot l_1 \cdot l_2 + l_2^2)}$ $h = \sqrt{h_S^2 - \left(\frac{l_1 - l_2}{2}\right)^2}$ $A_1 = \frac{1}{2} \cdot \left(\frac{6 \cdot V}{h} - A_2\right) - \frac{1}{2} \cdot \sqrt{\frac{12 \cdot V \cdot A_2}{h} - 3 \cdot A_2^2}$ $A_2 = \frac{1}{2} \cdot \left(\frac{6 \cdot V}{h} - A_1\right) - \frac{1}{2} \cdot \sqrt{\frac{12 \cdot V \cdot A_1}{h} - 3 \cdot A_1^2}$	V Volumen A_1 Grundfläche A_2 Deckfläche l_1 Seitenlänge, gr. l_2 Seitenlänge, kl. b_1 Breite, gr. b_2 Breite, kl. h Höhe h_S Mantelhöhe	mm^3, cm^3, m^3 mm^2, cm^2, m^2 mm^2, cm^2, m^2 mm, cm, m mm, cm, m mm, cm, m mm, cm, m mm, cm, m mm, cm, m

Benennung/Abbildung	Formel/Formelumstellung	Formelzeichen	Einheiten
Guldin'sche Regel 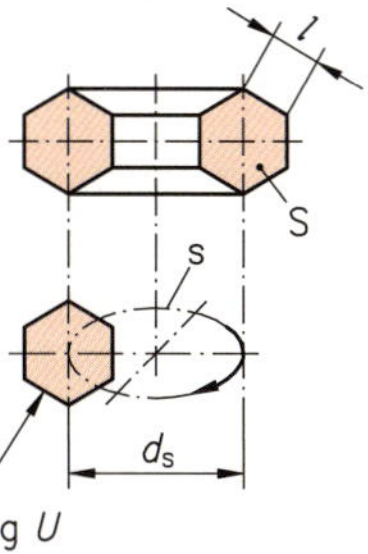	$V = S \cdot d_S \cdot \pi$ $S = \frac{V}{d_S \cdot \pi}$ $s = d_S \cdot \pi$ $d_S = \frac{V}{S \cdot \pi}$ $A_O = U \cdot d_S \cdot \pi$ $U = \frac{A_O}{d_S \cdot \pi}$ $s = d_S \cdot \pi$ $d_S = \frac{A_O}{U \cdot \pi}$	V Volumen S Querschnittsfläche d_S Schwerpunktsdurchmesser A_O Oberfläche U Umfang l Seitenlänge s Schwerpunktsweg	mm^3, cm^3, m mm^2, cm^2, m^2 mm, cm, m mm^2, cm^2, m^2 mm, cm, m mm, cm, m mm, cm, m
Kugel 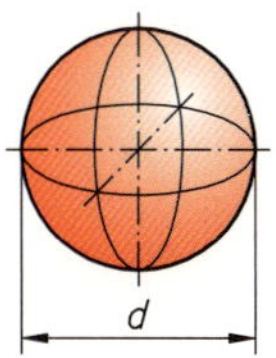	$V = \frac{d^3 \cdot \pi}{6}$ $d = \sqrt[3]{\frac{6 \cdot V}{\pi}}$ $A_O = d^2 \cdot \pi$ $d = \sqrt{\frac{A_O}{\pi}}$	V Volumen d Kugeldurchmesser A_O Oberfläche	mm^3, cm^3, m^3 mm, cm, m mm^2, cm^2, m^2

Benennung/Abbildung	Formel/Formelumstellung	Formelzeichen	Einheiten
Kugelabschnitt, Kalotte 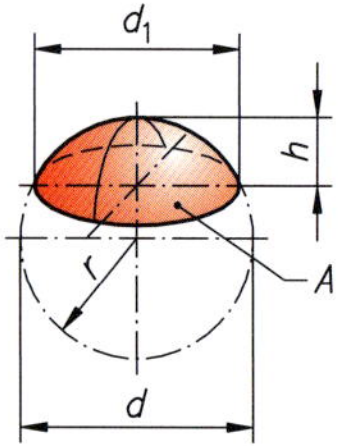 	$V = \pi \cdot h^2 \cdot \left(\frac{d}{2} - \frac{h}{3}\right)$ $d = 2 \cdot \left(\frac{V}{\pi \cdot h^2} + \frac{h}{3}\right)$ $A_M = d \cdot \pi \cdot h$ $h = \frac{A_M}{d \cdot \pi}$ $d = \frac{A_M}{\pi \cdot h}$ $A_O = \pi \cdot h \cdot (2 \cdot d - h)$ $d = \frac{A_O}{2 \cdot \pi \cdot h} + \frac{h}{2}$ $A = \frac{d_1^2 \cdot \pi}{4}$ $d_1 = 2 \cdot \sqrt{h \cdot (2 \cdot r - h)}$ $d = h + \frac{d_1^2}{4 \cdot h}$ $h = r - \sqrt{r^2 - \frac{d_1^2}{4}}$ $h = \frac{d - \sqrt{d^2 - d_1^2}}{2}$	V Volumen d Kugeldurchmesser h Höhe A_M Mantelfläche A_O Oberfläche d_1 Kugelabschnitt-durchmesser A Grundfläche r Kugelhalbmesser	mm^3, cm^3, m^3 mm, cm, m mm, cm, m mm^2, cm^2, m^2 mm^2, cm^2, m^2 mm, cm, m mm^2, cm^2, m^2 mm, cm, m

Benennung/Abbildung	Formel/Formelumstellung	Formelzeichen	Einheiten
Kugelausschnitt, Kugelsektor 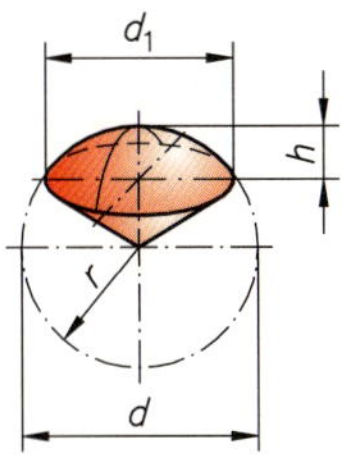	$V = \frac{\pi}{6} \cdot d^2 \cdot h$ $d = \sqrt{\frac{6 \cdot V}{\pi \cdot h}}$ $h = \frac{6 \cdot V}{\pi \cdot d^2}$ $A_O = \frac{\pi \cdot d}{4} \cdot (4 \cdot h + d_1)$ $d = \frac{4 \cdot A_O}{\pi \cdot (4 \cdot h + d_1)}$ $d_1 = \frac{4 \cdot A_O}{\pi \cdot d} - 4 \cdot h$ $h = \frac{A_O}{\pi \cdot d} - \frac{d_1}{4}$ $d_1 = 2 \cdot \sqrt{h \cdot (2 \cdot r - h)}$ $d = h + \frac{d_1^2}{4 \cdot h}$ $d_1 = \sqrt{4 \cdot h \cdot (d - h)}$ $h = r - \sqrt{r^2 - \frac{d_1^2}{4}}$ $h = \frac{d - \sqrt{d^2 - d_1^2}}{2}$	V Volumen d Kugeldurchmesser h Höhe A_O Oberfläche d_1 kleiner Durchmesser r Kugelhalbmesser	mm^3, cm^3, m^3 mm, cm, m mm, cm, m mm^2, cm^2, m^2 mm, cm, m mm, cm, m

<table>
<tr><th>Benennung/Abbildung</th><th>Formel/Formelumstellung</th><th>Formelzeichen</th><th>Einheiten</th></tr>
<tr>
<td>

Kugelzone, Kugelschicht

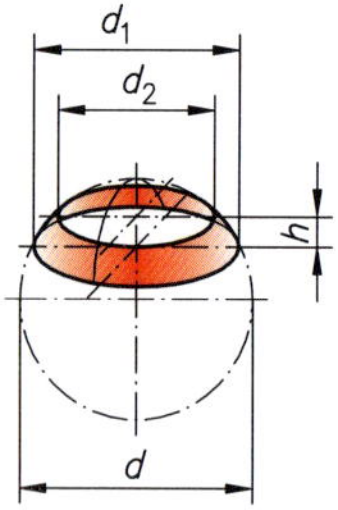

</td>
<td>

$$V = \frac{\pi}{24} \cdot h \cdot (3 \cdot d_1^2 + 3 \cdot d_2^2 + 4 \cdot h^2)$$

$$d_1 = \sqrt{\frac{8 \cdot V}{\pi \cdot h} - d_2^2 - \frac{4}{3} \cdot h^2}$$

$$d_2 = \sqrt{\frac{8 \cdot V}{\pi \cdot h} - d_1^2 - \frac{4}{3} \cdot h^2}$$

$$A_M = \pi \cdot d \cdot h \qquad d = \frac{A_M}{\pi \cdot h} \qquad h = \frac{A_M}{\pi \cdot d}$$

$$A_O = \frac{\pi}{4} \cdot (4 \cdot d \cdot h + d_1^2 + d_2^2)$$

$$d = \left(\frac{4 \cdot A_O}{\pi} - d_1^2 - d_2^2\right) \cdot \frac{1}{4 \cdot h}$$

$$d_1 = \sqrt{\frac{4 \cdot A_O}{\pi} - 4 \cdot d \cdot h - d_2^2}$$

$$d_2 = \sqrt{\frac{4 \cdot A_O}{\pi} - 4 \cdot d \cdot h - d_1^2}$$

$$h = \left(\frac{A_O}{\pi} - \frac{d_1^2}{4} - \frac{d_2^2}{4}\right) \cdot \frac{1}{d}$$

</td>
<td>

V Volumen
d Kugeldurchmesser
d_1 Durchmesser, gr.
d_2 Durchmesser, kl.
h Höhe
A_M Mantelfläche
A_O Oberfläche

</td>
<td>

mm^3, cm^3, m^3
mm, cm, m
mm, cm, m
mm, cm, m
mm, cm, m
mm^2, cm^2, m^2
mm^2, cm^2, m^2

</td>
</tr>
</table>

Benennung/Abbildung	Formel/Formelumstellung	Formelzeichen	Einheiten
Mantelflächenberechnung bei Formstählen	Die erforderlichen Größen der längenbezogenen Mantelflächen z. B. für das Anstreichen, Beschichten, Sandstrahlen u. a. entnimmt man den Profiltabellen.	U längenbezogene Mantelfläche	m^2/m; $U \triangleq A'_M$
	$A_M = u \cdot l$ $u = \frac{A_M}{l}$; $l = \frac{A_M}{U}$ oder	A'_M ängenbezogene Mantelfläche	m^2/m
	$A_M = A'_M \cdot l$ $A'_M = \frac{A_M}{l}$; $l = \frac{A_M}{A'_M}$	l Länge	m
		A_M Gesamtfläche	m^2

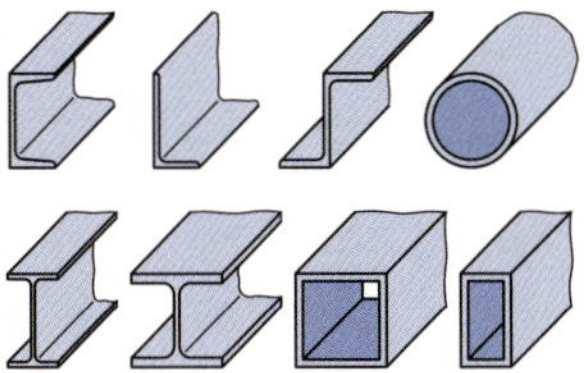

mittel-breiter I-Träger IPE-Reihe

breiter I-Träger IPB-Reihe (IPB = HE – B)

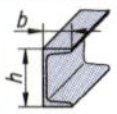 warmgewalzter U-Stahl	Mantelfläche A'_M in m^2/m	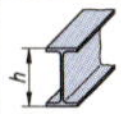 mittelbreiter I-Träger IPE-Reihe	Mantelfläche A'_M in m^2/m	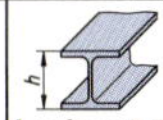 breiter I-Träger IPB-Reihe (HE-B)	Mantelfläche A'_M in m^2/m	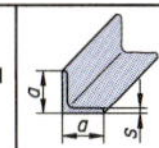 gleichschenkliger Winkelstahl rundkantig	Mantelfläche A'_M in m^2/m
U 30 × 15	0,103	IPE 80	0,328	IPB 100	0,567	L 80	0,311
U 30	0,174	IPE 100	0,400	IPB 120	0,686	L 90	0,351
U 40 × 20	0,142	IPE 120	0,475	IPB 140	0,805	L 100	0,390
U 50 × 25	0,181	IPE 140	0,551	IPB 160	0,918	L 110	0,430
U 50	0,232	IPE 180	0,698	IPB 180	1,040	L 120	0,469
U 60 × 30	0,215	IPE 200	0,768	IPB 200	1,150	L 130	0,508
U 65	0,273	IPE 220	0,848	IPB 220	1,270	L 140	0,547
U 80	0,312	IPE 240	0,922	IPB 240	1,380	L 150	0,586
U 100	0,372	IPE 270	1,040	IPB 260	1,500	L 160	0,625
U 140	0,489	IPE 300	1,160	IPB 280	1,620	L 180	0,705

Achtung: In einigen Tabellenbüchern oder Formelsammlungen wird die längenbezogene Mantelfläche mit U in m^2/m statt mit A'_M angegeben.

Beispiel: Ein breiter I-Träger aus der IPB-Reihe (HE-B) soll einen Oberflächenschutz erhalten. Dieser Träger IPB 220 ist $l = 7{,}4$ m lang. Berechnen Sie die Gesamtmantelfläche A_M in m^2.

Lösung: A'_M oder U nachTabelle = 1,27 m^2/m

$A_M = A'_M \cdot l$; $A_M = 1{,}27\ m^2/m \cdot 7{,}4\ m$; $\underline{\underline{A_M = 9{,}4\ m^2}}$ oder mit der anderen Formel:

$A_M = U \cdot l$; $A_M = 1{,}27\ m^2/m \cdot 7{,}4\ m$; $\underline{\underline{A_M = 9{,}4\ m^2}}$

Mantelflächen von Stabstählen

Benennung/Abbildung	Formel/Formelumstellung	Formelzeichen	Einheiten
Mantelflächen von **– Rundstählen,** **– Rohren** 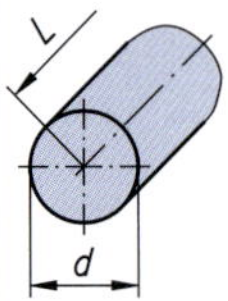 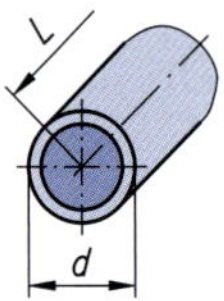 	Für die Mantelflächen-Berechnung benötigt man z. B. für Beschichtungen, Anstriche u. a.: $A_M = d \cdot \pi \cdot L$ $\quad d = \frac{A_M}{\pi \cdot L}$; $\quad L = \frac{A_M}{d \cdot \pi}$	A_M Mantelfläche d Durchmesser des – Rundstahls oder – Rohrs L Länge des – Rundstahls oder – Rohrs	mm^2, cm^2, m^2 mm, cm, m mm, cm, m mm, cm, m
Mantelflächen von **– Vierkantstählen** **– quadratischen Hohlprofilen** 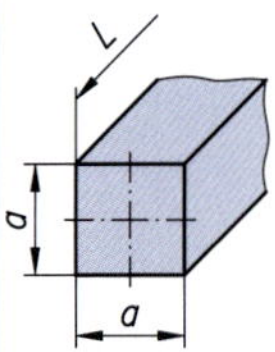 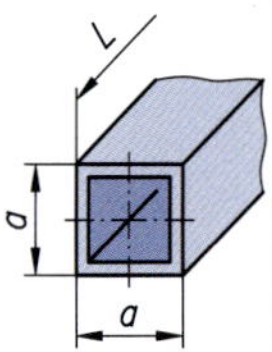 	$A_M = 4 \cdot a \cdot L$ $\quad a = \frac{A_M}{4 \cdot L}$; $\quad L = \frac{A_M}{4 \cdot a}$ Beispiel: Ein quadratisches Hohlprofil als Stabstahl hat eine Länge von $L = 12{,}5$ m. Die Seitenlänge beträgt $a = 50$ mm. Berechnen Sie die Mantelfläche in m^2. Lösung: $A_M = 4 \cdot a \cdot L$; $A_M = 0{,}05\ m \cdot 12{,}5\ m$ $\underline{\underline{A_M = 2{,}5\ m^2}}$	A_M Mantelfläche a Seitenlänge L Länge des – Vierkantstahls oder – Vierkant-Hohlprofils	mm^2, cm^2, m^2 mm, cm, m mm, cm, m mm, cm, m

Benennung/Abbildung	Formel/Formelumstellung	Formelzeichen	Einheiten
Mantelflächen von **– Flachstählen,** **– rechteckigen Hohlprofilen** 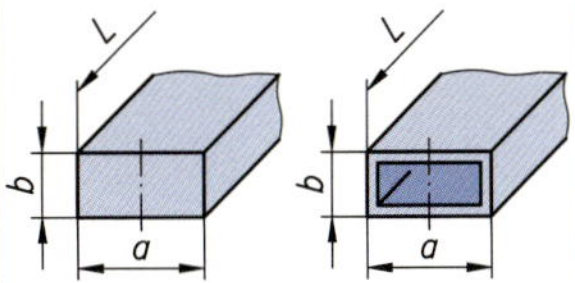	$A_M = 2 \cdot (a + b) \cdot L$ $a = \frac{A_M}{2 \cdot L} - b$ $b = \frac{A_M}{2 \cdot L} - a$ $L = \frac{A_M}{2 \cdot (a + b)}$	A_M Mantelfläche a Seitenlänge b Seitenhöhe L Länge	mm^2, cm^2, m^2 mm, cm, m mm, cm, m mm, cm, m
	Beispiel: Die Mantelfläche des rechteckigen Hohlprofils beträgt $A_M = 0{,}688\ m^2$. Die Seitenlänge beträgt $a = 50$ mm, die Seitenhöhe ist $b = 30$ mm. Berechnen Sie die Länge L in m. Lösung: $L = \frac{A_M}{2 \cdot (a + b)}$; $L = \frac{0{,}688\ m^2}{2 \cdot (0{,}05\ m + 0{,}03\ m)}$; $\underline{\underline{L = 4{,}3\ m}}$		
Mantelflächen von **– Sechskantstählen** **– Sechskant-Hohlprofilen** 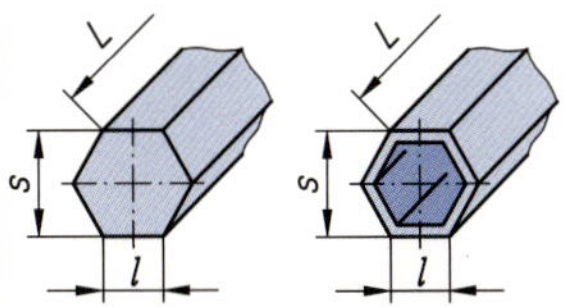	$A_M = 6 \cdot l \cdot L$ $\quad l = \frac{A_M}{6 \cdot L}$ $\quad L = \frac{A_M}{6 \cdot l}$ $A_M = 3{,}464 \cdot s \cdot L$ $s = \frac{A_M}{3{,}464 \cdot L}$ $\quad L = \frac{A_M}{3{,}464 \cdot s}$	A_M Mantelfläche l Länge einer Seite L Länge des Stabstahls als Sechskantstahl oder Sechskant-Hohlprofil s Schlüsselweite	mm^2, cm^2, m^2 mm, cm, m mm, cm, m mm, cm, m

Benennung/Abbildung	Formel/Formelumstellung	Formelzeichen	Einheiten
Rohlängen für Schmiede- und Pressteile 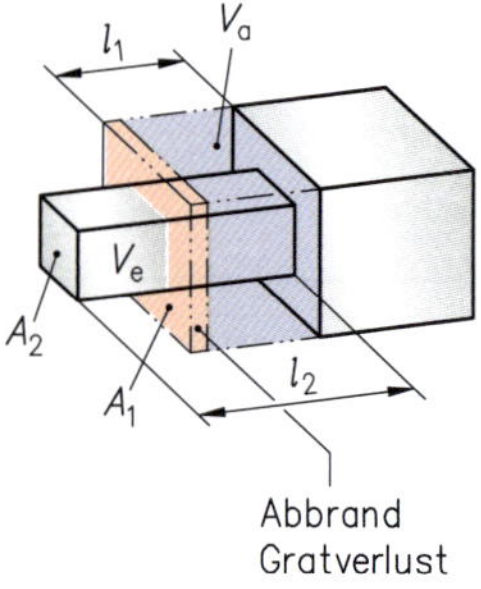 	Volumen ohne Abbrand, Grat $V_a = V_e$ Volumen mit Abbrand, Grat $V_a = V_e + V_e \cdot q$ $V_a = V_e \cdot (1 + q)$ $A_1 \cdot l_1 = A_2 \cdot l_2 \cdot (1 + q)$ $A_1 = \frac{A_2 \cdot l_2 \cdot (1+q)}{l_1}$ $\quad V_e = \frac{V_a}{1+q}$ $l_1 = \frac{A_2 \cdot l_2 \cdot (1+q)}{A_1}$ $\quad q = \frac{V_a}{V_e} - 1$ $A_2 = \frac{A_1 \cdot l_1}{l_2 \cdot (1+q)}$ $l_2 = \frac{A_1 \cdot l_1}{A_2 \cdot (1+q)}$ $q = \frac{A_1 \cdot l_1}{A_2 \cdot l_2} - 1$	V_a Volumen des Rohteils V_e Volumen des neu geschmiedeten Zapfens/Teils A_1 Ausgangsflächenquerschnitt l_1 Ausgangslänge der Zugabe A_2 Querschnittsfläche des Fertigteils l_2 Länge des neu angeschmiedeten Zapfens/Teils q Zuschlagsfaktor für Abbrand oder Gratverlust Zum Beispiel: Abbrand: 10 % → $q = 0{,}10$ 14 % → $q = 0{,}14$ 18 % → $q = 0{,}18$	mm^3, cm^3 mm^3, cm^3 mm^2, cm^2 mm, cm mm^2, cm^2 mm, cm

Benennung/Abbildung	Formel/Formelumstellung	Formelzeichen	Einheiten
Rohlängen für Schmiede- und Pressteile 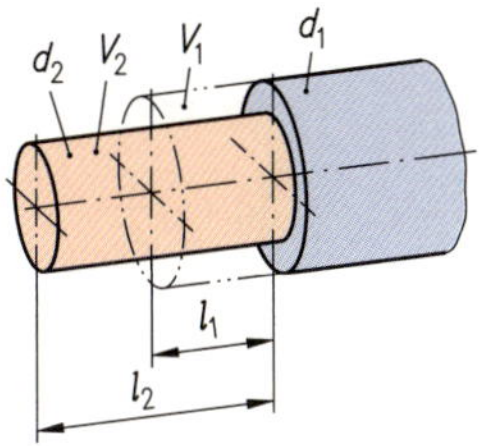	Volumen ohne Abbrand, Grat $V_1 = V_2$ $V_1 = \frac{d_1^2 \cdot \pi}{4} \cdot l_1$ $V_2 = \frac{d_2^2 \cdot \pi}{4} \cdot l_2$ $d_1^2 \cdot l_1 = d_2^2 \cdot l_2$ $d_1 = \sqrt{\frac{d_2^2 \cdot l_2}{l_1}}$ $l_1 = \frac{d_2^2 \cdot l_2}{d_1^2}$ $d_2 = \sqrt{\frac{d_1^2 \cdot l_1}{l_2}}$ $l_2 = \frac{d_1^2 \cdot l_1}{d_2^2}$ Berechnung mit Zuschlagsfaktor q für Abbrand oder Gratverlust $V_1 = V_2 + q \cdot V_2$ $V_1 = V_2 \cdot (1 + q)$ $V_2 = \frac{V_1}{1 + q}$ $q = \frac{V_1}{V_2} - 1$	V_1 Ausgangsvolumen V_2 Endvolumen des neu geschmiedeten Zapfens/Teils d_1 Ausgangsdurchmesser d_2 Enddurchmesser des geschmiedeten Zapfens/Teils l_1 Ausgangslänge der Zugabe l_2 Länge des neu geschmiedeten Zapfens/Teils q Zuschlagsfaktor für Abbrand oder Gratverlust Zum Beispiel: Abbrand: 10 % → $q = 0{,}10$ 14 % → $q = 0{,}14$ 18 % → $q = 0{,}18$	mm^3, cm^3 mm^3, cm^3 mm, cm mm, cm mm, cm mm, cm

Masseberechnung

Benennung/Abbildung	Formel/Formelumstellung	Formelzeichen	Einheiten
Dichte, Masse 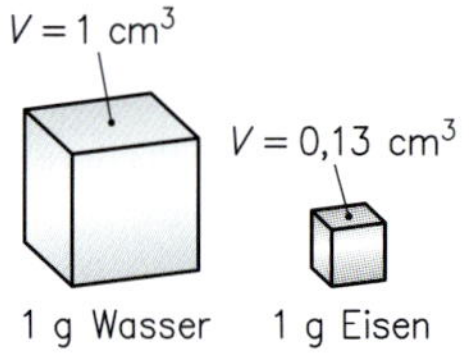	$m = \varrho \cdot V$ $V = \frac{m}{\varrho}$ $\varrho = \frac{m}{V}$	m Masse r Dichte V Volumen	g, kg, t $\frac{mg}{mm^3}, \frac{g}{cm^3}, \frac{kg}{dm^3}, \frac{t}{m^3}$ cm^3, dm^3, m^3 $1\ \frac{mg}{mm^3} = 1\ \frac{g}{cm^3} = 1\ \frac{kg}{dm^3} = 1\ \frac{t}{m^3}$
Zusammengesetzte Massen 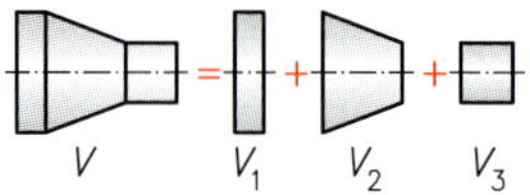	$m = (V_1 + V_2 + V_3 + ...) \cdot \varrho$ $\varrho = \frac{m}{V_1 + V_2 + V_3 + ...}$ $V_1 = \frac{m}{\varrho} - V_2 - V_3 - ...$	m Masse r Dichte V_1, V_2, V_3 Volumen	g, kg, t $\frac{mg}{mm^3}, \frac{g}{cm^3}, \frac{kg}{dm^3}, \frac{t}{m^3}$ cm^3, dm^3, m^3 $1\ \frac{mg}{mm^3} = 1\ \frac{g}{cm^3} = 1\ \frac{kg}{dm^3} = 1\ \frac{t}{m^3}$

Benennung/Abbildung	Formel/Formelumstellung	Formelzeichen	Einheiten
Längenbezogene Masse 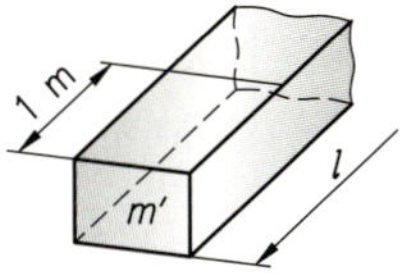 m' in kg/m	$m = m' \cdot l$ $l = \frac{m}{m'}$ $m' = \frac{m}{l}$	m Masse m' längenbezogene Masse l Länge des Werkstücks z Anzahl, Stückzahl Die längenbezogene Masse wird für eine Länge von 1 m des jeweils spezifischen Materials in Tabellenbüchern angegeben, z. B. für Formstähle, Stähle, Profile, Rohre, Drähte.	kg kg/m m
Flächenbezogene Masse 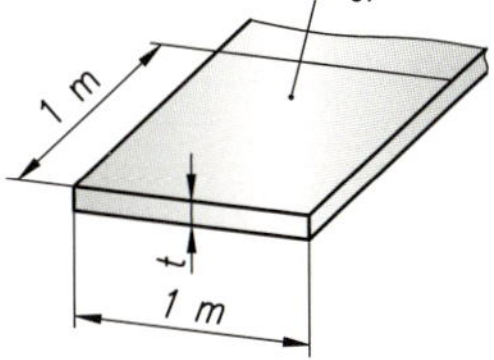	$m = m'' \cdot A$ $m'' = \frac{m}{A}$ $A = \frac{m}{m''}$	m Masse m'' flächenbezogene Masse A Fläche des Werkstücks z Anzahl, Stückzahl Die flächenbezogene Masse wird für eine Fläche von 1 m² des jeweils spezifischen Materials in Tabellenbüchern angegeben, z. B. für Konstruktionen aus Stahlblechen, Al, Cu, PVC u. a.	kg kg/m² m²

Masse von Profilkonstruktionen, Handelsgewichte

Benennung/Abbildung	Formel/Formelumstellung	Formelzeichen		Einheiten
Masseberechnung längenbezogener Profilmassen 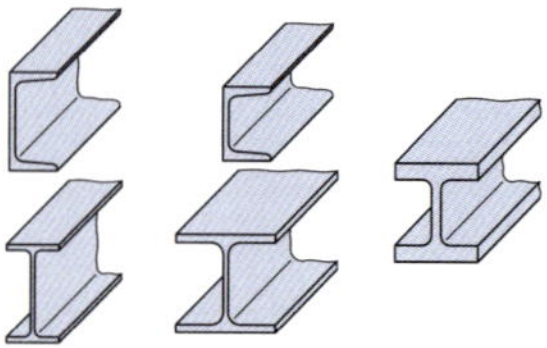	Im Stahl- und Metallbau wird die Gesamtmasse einer Konstruktion über die längenbezogene Profilmasse nach Handelsgewichten ermittelt. Handelsgewichte berücksichtigen Walztoleranzen und liegen über dem DIN-Gewicht Stahlbau. $m = m_H \cdot l$ $m_H = \frac{m}{l}$ $l = \frac{m}{m_H}$ $m_1 = m_1' \cdot l_1$ $m_2 = m_2' \cdot l_2$ $m = m_1 + m_2$	m	Masse	kg
		m_H	Handelsgewicht	kg/m
		l	Länge Formstahl	mm, cm, m
		m_1, m_2	Masse 1, Masse 2	kg
		m_1', m_2'	längenbezogene Masse	kg/m
		l_1, l_2	Länge der Profile	mm, cm, m

Handelsgewichte für Formstahl m_H in kg/m

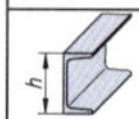 U-Stahl	Handelsgewicht in kg/m	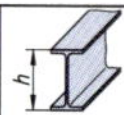 IPE	Handelsgewicht in kg/m	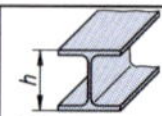 HE-A = IPBI	Handelsgewicht in kg/m	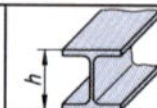 HE-B = IPB	Handelsgewicht in kg/m	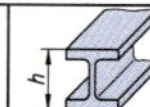 HE-M = IPBv	Handelsgewicht in kg/m
U 120	13,7	IPE 120	10,7	PBI 100	17,1	IPB 100	20,9	IPBv 140	64,8
U 140	16,4	IPE 180	19,3	PBI 120	20,4	IPB 120	27,4	IPBv 160	78,1
U 180	22,5	IPE 200	23	PBI 140	25,3	IPB 140	34,5	IPBv 180	91,1
U 200	26	IPE 220	26,9	PBI 160	31,2	IPB 160	43,7	IPBv 200	106
U 220	30	IPE 240	31,5	PBI 180	36,4	IPB 180	52,6	IPBv 220	120
U 240	34	IPE 300	43,3	PBI 200	43	IPB 200	63	IPBv 240	161
U 260	39	IPE 330	50,4	PBI 220	52	IPB 220	73	IPBv 260	176
U 280	43	IPE 360	58,6	PBI 240	62	IPB 240	85	IPBv 280	194
U 300	48	IPE 400	68	PBI 260	70	IPB 260	95	IPBv 300	244
U 320	61	IPE 450	80	PBI 280	78	IPB 280	106	IPBv 320	251

Beispiel: Für eine Stahlbaukonstruktion sind die Formstähle IPE 220 mit 36,7 m und der HE 180 B mit 18,4 m verarbeitet worden. Berechnen Sie für die Abrechnung die gesamte Masse in kg.

Lösung: Nach obiger Tabelle beträgt IPE 220: $m_1' = 26{,}9$ kg/m; HE 180 B: $m_2' = 52{,}6$ kg/m

$m_1 = 26{,}9$ kg/m · 36,7 m; $m_1 = 987{,}23$ kg. $m_2 = 52{,}6$ kg/m · 18,4 m; $m_2 = 967{,}84$ kg. $m = 987{,}23$ kg + 967,84 kg $\underline{\underline{m = 1\,955{,}07 \text{ kg}}}$

Benennung/Abbildung	Formel/Formelumstellung	Formelzeichen	Einheiten
Flächenbezogene Masse nach Tabellen 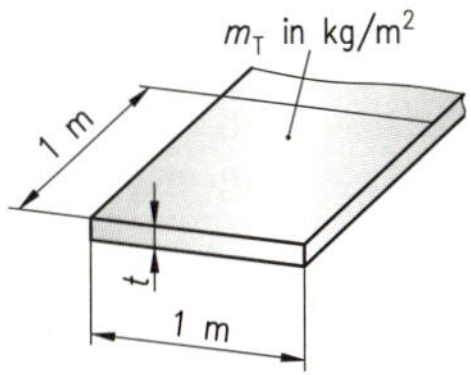	Für Metallbauarbeiten wird mit einer flächenbezogenen Masse von 8 kg/m² je mm Materialdicke gerechnet. Für Profile rechnet man für Walzwerkstoleranzen einen Zuschlag Z_1 von 2 % und für Verbindungselemente wie Schrauben, Nieten, Schweißnähte einen Zuschlag Z_2 von 2 % hinzu. $m = m_T \cdot Z_1 \cdot Z_2$ $m = m_T \cdot 1{,}02 \cdot 1{,}02$	m Masse m_T flächenbezogene Masse nach Tabellen Z_1 Zuschlag Walzwerkstoleranz Faktor 1,02 Z_2 Zuschlag Verbindungselemente Faktor 1,02	kg kg/m² 2 % = 0,02 2 % = 0,02

Lage von Flächenschwerpunkten zur Berechnung gestreckter Längen und Zuschnittlängen gebogener Profile

Schwerpunkt S in Profilmitte

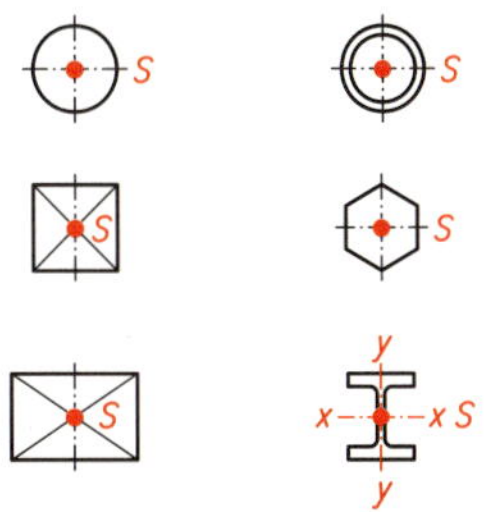

Schwerpunkt S nicht in Profilmitte

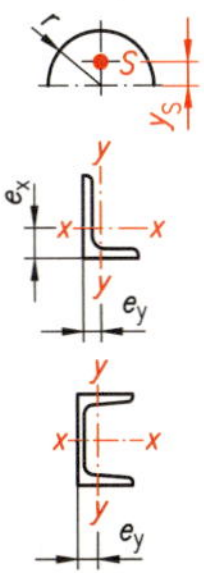

$$e = \frac{4 \cdot r}{3 \cdot \pi} \qquad e = y_s \,^*$$

$$r = \frac{3 \cdot \pi \cdot e}{4}$$

* Werte für e siehe Profiltabelle

Symmetrische Profile werden mithilfe der neutralen Faser berechnet, vgl. gestreckte Längen S. 191–193. Bei unsymmetrischen Formstählen muss die Schwerelinie erst berechnet werden. Es ist wichtig darauf zu achten, um welche Achse das Profil oder Rohr gebogen wird. Achsabstände werden Tabellen entnommen.

$x - x$	Biegeachse x	
$y - y$	Biegeachse y	
e_x	Abstand der Biegeachse x	mm, cm
e_y	Abstand der Biegeachse y	mm, cm
y_S	Abstand des Schwerpunkts in y-Richtung	mm, cm
S	Schwerpunkt	

Zuschnittlängen gebogener Profile nach Tabelle

Benennung/Abbildung	Formel/Formelumstellung	Formelzeichen	Einheiten

Zuschnittlängen gebogener Profile: ungleichschenkliger Winkelstahl

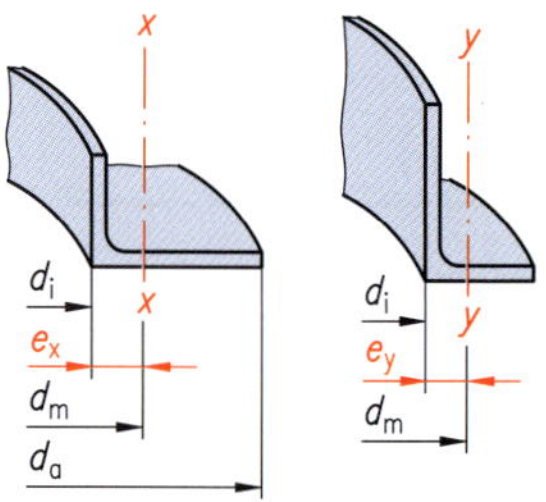

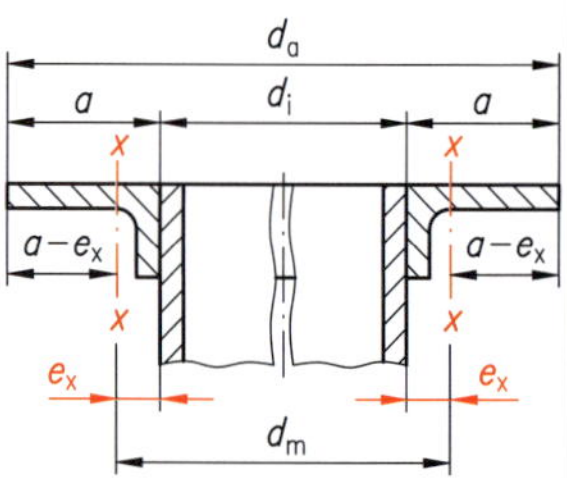

$$d_m = d_i + 2 \cdot e$$ *e*: siehe Profiltabellen

$$d_i = d_m \cdot 2 \cdot e$$

$$e = \frac{d_m - d_i}{2}$$

$$d_m = d_a - 2 \cdot (a - e)$$

$$d_a = d_m + 2 \cdot (a - e)$$

$$d_a = d_i + 2a$$

$$d_i = d_a - 2a$$

$$l = d_m \cdot \pi$$

$$l_K = d_M \cdot \pi \cdot \frac{\alpha}{360°}$$ für Kreisausschnitt

Formelzeichen		Einheiten
e_x	Abstand Biegeachse x	mm
$x - x$	Biegeachse x	
e_y	Abstand Biegeachse y	mm
$y - y$	Biegeachse y	
d_m	mittlerer Durchmesser	mm, cm, m
d_i	Innendurchmesse	mm, cm, m
d_a	Außendurchmesser	mm, cm, m
a, b	Profilabmessungen, Profilmaße	mm, cm, m
l	gestreckte Länge, Zuschnittlänge	mm, cm, m
l_K	gestreckte Länge als Zuschnittlänge, Kreisausschnitt	mm, cm, m
α	Winkel des gebogenen Teils, Kreisausschnitt	in ° (Grad)

Beispiel:
Ein kreisförmiger Rahmen aus Winkelstahl L 80 × 40 × 8 ist nach der nebenstehenden Zeichnung anzufertigen. Der Innendurchmesser ist mit $d_i = 1\,900$ mm gegeben.
Zu berechnen sind: d_m in mm, d_a in mm und die Zuschnittlänge l in mm.

Lösung: $x - x$ Biegeachse
Nach Tabelle: $e_x = 29{,}4$ mm

$d_m = d_i + 2 \cdot e$; $d_m = 1\,900 \text{ mm} + 2 \cdot 29{,}4 \text{ mm}$; $d_m = \underline{\underline{1\,958{,}8 \text{ mm}}}$

$d_a = d_i + 2 \cdot a$; $d_a = 1\,900 \text{ mm} + 2 \cdot 80 \text{ mm}$; $d_a = \underline{\underline{2\,060 \text{ mm}}}$

$l = d_m \cdot \pi$; $l = 1\,958{,}8 \text{ mm} \cdot \pi$; $l = \underline{\underline{6\,153{,}75 \text{ mm}}}$

Benennung/Abbildung	Formel/Formelumstellung	Formelzeichen	Einheiten
Zuschnittlängen für Fenster Flügelrahmen/Überschlag 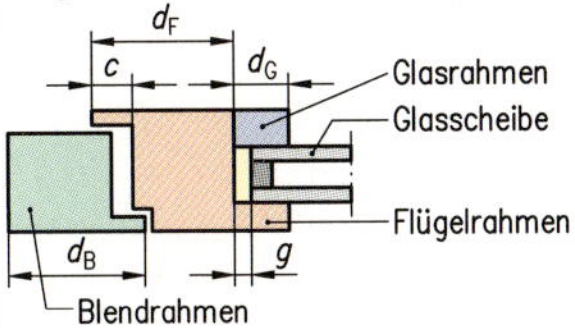 Flügelrahmen flächenbündig 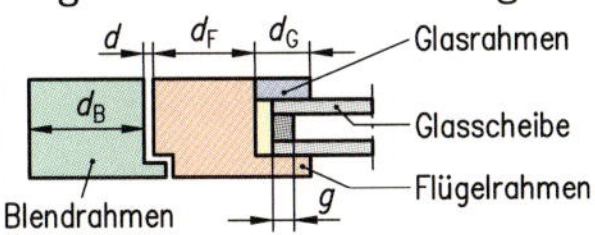 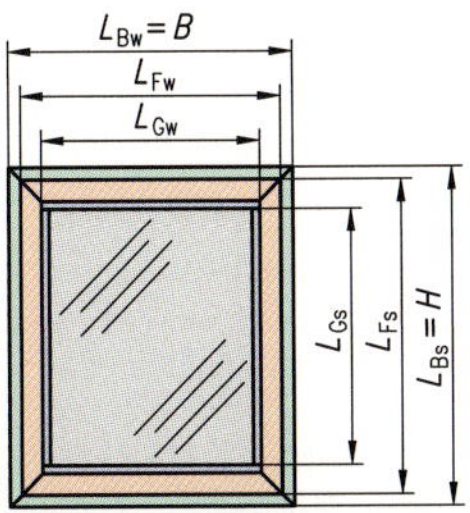 	$L_{Bw} = B$ $L_{Bs} = H$ Flügelrahmen Überschlag $L_{Fw} = B - 2 \cdot (d_B - c)$ $L_{Fs} = H - 2 \cdot (d_B - c)$ Flügelrahmen flächenbündig $L_{Fw} = B - 2 \cdot (d_B + d)$ $L_{Fs} = H - 2 \cdot (d_B + d)$ Glasleistenprofile $L_{Gw} = L_{Fw} - 2 \cdot d_F$ $L_{Gs} = L_{Fs} \cdot 2 \cdot (d_F + d_G)$ Glasbreite, -höhe $G_B = L_{Fw} - 2 \cdot (d_F + g)$ $G_H = L_{Fs} - 2 \cdot (d_F + g)$	B Fensterbreite L_{Bw} Zuschnittlänge Blendrahmen, waagerecht H Fensterhöhe L_{Bs} Zuschnittlänge Blendrahmen, senkrecht c Überschlag d Schattenfuge g Falzgrund d_B Profilmaß Blendrahmen d_F Profilmaß Flügelrahmen d_G Profilmaß Glasleiste G_B Glasbreite G_H Glashöhe L_{Fw} Zuschnittlänge Flügelrahmen, waagerecht L_{Fs} Zuschnittlänge Flügelrahmen, senkrecht L_{Gw} Zuschnittlänge Glasleiste, waagerecht L_{Gs} Zuschnittlänge Glasleiste, senkrecht	mm, cm mm, cm mm, cm mm, cm mm, cm mm, cm mm, cm mm, cm mm, cm mm, cm mm, cm mm, cm mm, cm mm, cm mm, cm mm, cm

Benennung/Abbildung	Formel/Formelumstellung	Formelzeichen	Einheiten

Zuschnittlängen Türen aus Stahlprofilen

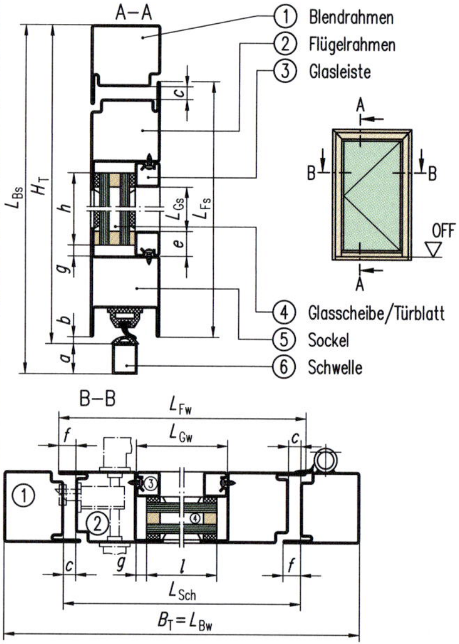

Blendrahmen

$$L_{Bw} = B_T$$

$$L_{Bs} = H_T + a$$

Schwelle

$$L_{Sch} = B_T - 2 \cdot d_B$$

Flügelrahmen

$$L_{Fw} = B_T + 2 \cdot f - 2 \cdot d_B - 2 \cdot c$$

$$L_{Fs} = H_T + f \cdot (d_B + c + b)$$

Glasleiste

$$L_{Gw} = L_{Fw} - 2 \cdot d_F$$

$$L_{Gs} = L_{Fs} - (2 \cdot e + d_F + d_S)$$

Glasscheibe

$$G_B = L_{Fw} - 2 \cdot (d_F + g)$$

$$G_H = L_{Fs} - (2 \cdot g + d_F + d_S)$$

Formelzeichen		Einheiten
B_T	Breite der Tür	mm, cm
H_T	Höhe der Tür	mm, cm
a	Bodeneinstand	mm, cm
b	Bodenfreiheit	mm, cm
c	Zwischenraum	mm, cm
d_B	Profilmaß Blendrahmen	mm, cm
d_F	Profilmaß Flügelrahmen	mm, cm
d_S	Profilmaß Sockel	mm, cm
e	Profilmaß Glasleiste	mm, cm
f	Anschlag	mm, cm
g	Falzgrund	mm, cm
L_{Bw}	Zuschnittlänge Blendrahmen, waagerecht	mm, cm
L_{Bs}	Zuschnittlänge Blendrahmen, senkrecht	mm, cm
L_{Fw}	Zuschnittlänge Flügelrahmen,waagerecht	mm, cm
L_{Fs}	Zuschnittlänge Flügelrahmen, senkrecht	mm, cm
L_{Gw}	Zuschnittlänge Glasleiste, waagerecht	mm, cm
L_{Gs}	Zuschnittlänge Glasleiste, senkrecht	mm, cm
G_B	Glasbreite, Breite Glasscheibe	mm, cm
G_H	Glashöhe, Höhe Glasscheibe	mm, cm
OFF	Oberkante fertiger Fußboden	mm, cm

Quelle: Schüco Stahlsysteme Jansen, Bielefeld

Benennung/Abbildung	Formel/Formelumstellung	Formelzeichen	Einheiten

Treppenberechnung

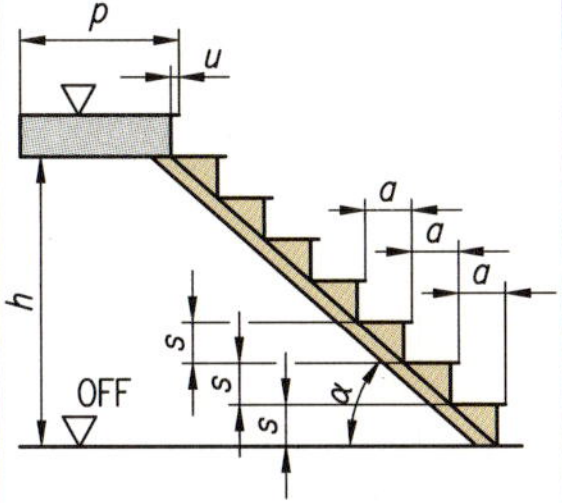

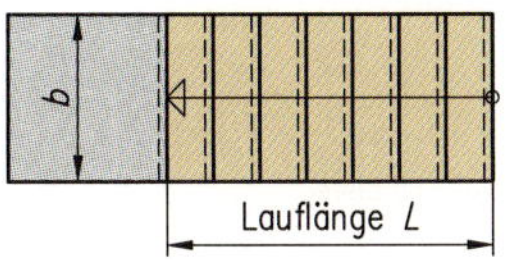

Schrittmaßformel

$$2 \cdot s + a = 590 \text{ mm bis } 650 \text{ mm}$$

Vereinfachte Schrittmaßformel (Ideales Schrittmaß eines Menschen)

$$2 \cdot s + a = 630 \text{ mm}$$

$$n_s = \frac{h}{s} \qquad s = \frac{h}{n_s} \qquad h = s \cdot n_s$$

$$n_a = n_s - 1 \qquad n_s = n_a + 1$$

$$L = a \cdot (n_s - 1) \qquad a = \frac{L}{n_s - 1} \qquad n_s = \frac{L}{a} + 1$$

$$L = a \cdot n_a \qquad a = \frac{L}{n_a} \qquad n_a = \frac{L}{a}$$

$$\alpha = \frac{h}{L} \qquad h = \alpha \cdot L \qquad L = \frac{h}{\alpha}$$

Bequemlichkeitsformel

$$a - s = 120 \text{ mm}$$

Sicherheitsformel

$$a + s = 460 \text{ mm} \pm 10 \text{ mm}$$

Formelzeichen		Einheiten
s	Treppensteigung	mm, cm
a	Auftrittsbreite, Treppenauftritt	mm, cm
b	nutzbare Laufbreite	mm, cm
n_a	Anzahl der Auftritte	
n_s	Anzahl der Steigungen	
h	Treppenhöhe, Stockwerkshöhe zwischen den Fertigfußböden	mm, cm
L	Lauflänge, Treppenlänge in der Draufsicht	mm, cm
α	Steigungswinkel	in ° (Grad)
p	Podesttiefe, Podestlänge	mm, cm
u	Unterschneidung	mm, cm

Anforderungen beim Treppenbau nach Sonderbauordnungen

Gebäudeart	**Treppenart**	**Treppensteigung *s* in cm**	**Auftrittsbreite *a* in cm**	**nutzbare Treppenlaufbreite *b* in cm**
Wohngebäude mit ≤ zwei Wohnungen	zu Wohnräumen	17 ± 3	28^{+9}_{-5}	≥ 80
	zu Kellern	≤ 21	≥ 21	≥ 80
sonstige Gebäude		17^{+2}_{-3}	28^{+9}_{-2}	≥ 100
Geschäftshäuser		≤ 17	≥ 28	≥ 100
Versammlungsstätten		≤ 17	≥ 28	≥ 100
Schulen		17	28	≥ 120

Benennung/Abbildung	Formel/Formelumstellung		Formelzeichen	Einheiten
Geradlinige Bewegung 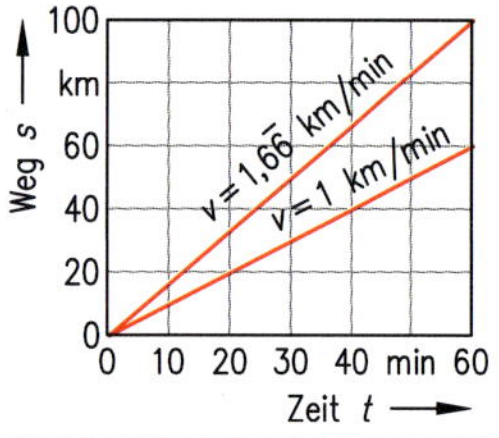	$v = \frac{s}{t}$ $t = \frac{s}{v}$ $s = v \cdot t$		v Geschwindigkeit s Weg t Zeit $1\,\frac{m}{s} = 60\,\frac{m}{min} = 3{,}6\,\frac{km}{h}$ $1\,\frac{km}{h} = 16{,}67\,\frac{m}{min} = 0{,}278\,\frac{m}{s}$	$\frac{m}{s}, \frac{m}{min}, \frac{km}{h}$ m, km s, min, h
Gleichmäßig beschleunigte Bewegung mit Anfangsgeschwindigkeit 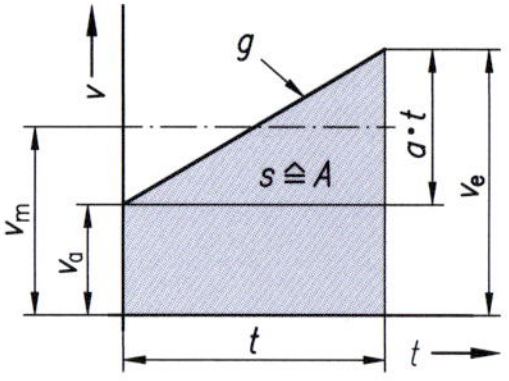	$v_m = \frac{v_a + v_e}{2}$ $a = \frac{v_e - v_a}{t}$ $v_a = v_e - a \cdot t$ $v_e = a \cdot t + v_a$ $s = \frac{v_a + v_e}{2} \cdot t$	$t = \frac{v_e - v_a}{a}$ $v_e = \sqrt{v_a^2 + 2 \cdot a \cdot s}$ $s = \frac{a}{2} \cdot t^2 + v_a \cdot t$	v_a Anfangsgeschwindigkeit v_m mittlere Geschwindigkeit v_e Endgeschwindigkeit a Beschleunigung t Zeit s Weg A Fläche Die Fläche $A \triangleq s$ unter der Geraden g entspricht genau wie bei der gleichförmigen Bewegung dem zurückgelegten Weg $A \triangleq s$.	$\frac{m}{s}, \frac{m}{min}, \frac{km}{h}$ $\frac{m}{s}, \frac{m}{min}, \frac{km}{h}$ $\frac{m}{s}, \frac{m}{min}, \frac{km}{h}$ $\frac{m}{s^2}$ s, min, h mm, cm, m mm^2, cm^2, m^2

Benennung/Abbildung	Formel/Formelumstellung	Formelzeichen	Einheiten
Geschwindigkeit, geradlinige, gleichförmige Bewegung 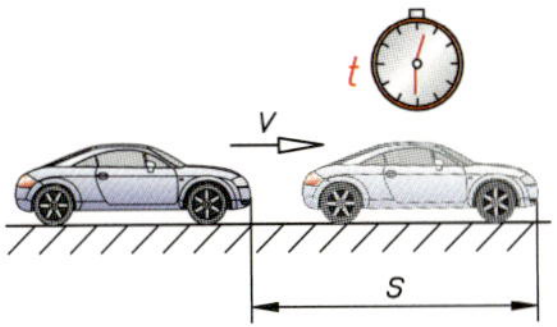 	$v = \frac{s}{t}$ $s = v \cdot t$ $t = \frac{s}{v}$	v Geschwindigkeit s Weg t Zeit $1\,\frac{m}{s} = 60\,\frac{m}{min} = 3600\,\frac{m}{h} = 3{,}6\,\frac{km}{h}$ $1\,\frac{km}{h} = 16{,}67\,\frac{m}{min} = 0{,}278\,\frac{m}{s}$	$\frac{m}{s}$, $\frac{km}{h}$ m, km s, min, h
Gleichförmige Kreisbewegung, Umfangsgeschwindigkeit 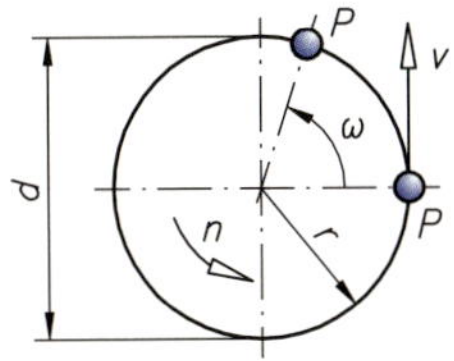 	$v = \frac{d \cdot \pi \cdot n}{1\,000 \cdot 60}$ (zugeschnittene Größengleichung) $d = \frac{v \cdot 1\,000 \cdot 60}{\pi \cdot n}$ $n = \frac{v \cdot 1\,000 \cdot 60}{d \cdot \pi}$	v Umfangsgeschwindigkeit d Durchmesser n Umdrehungsfrequenz (Drehzahl) ω Winkelgeschwindigkeit r Halbmesser	$\frac{m}{s}$ mm $min^{-1} = \frac{1}{min}$ $\frac{1}{s} = s^{-1}$ mm *Fortsetzung*

Benennung/Abbildung	Formel/Formelumstellung	Formelzeichen	Einheiten
Fortsetzung **Gleichförmige Kreisbewegung, Umfangsgeschwindigkeit** 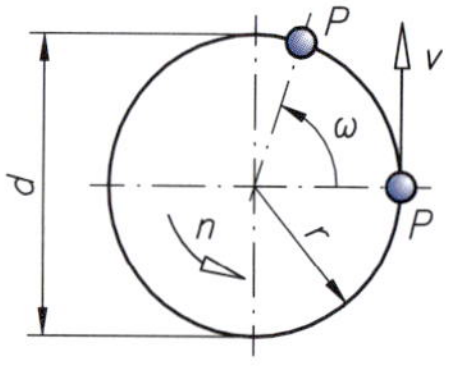	$v = r \cdot \omega$ $r = \frac{v}{\omega}$ $\omega = \frac{v}{r}$	v Umfangsgeschwindigkeit d Durchmesser n Umdrehungsfrequenz (Drehzahl) ω Winkelgeschwindigkeit r Halbmesser	$\frac{\text{m}}{\text{s}}$ m $\text{min}^{-1} = \frac{1}{\text{min}}$ $\frac{1}{\text{s}} = \text{s}^{-1}$ m
Winkelgeschwindigkeit 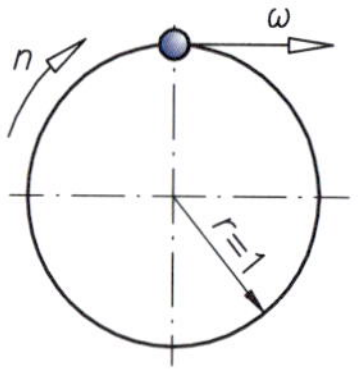	$\omega = \frac{2 \cdot \pi \cdot n}{60} = \frac{\pi \cdot n}{30}$ (zugeschnittene Größengleichung) $n = \frac{60 \cdot \omega}{2 \cdot \pi} = \frac{30 \cdot \omega}{\pi}$	ω Winkelgeschwindigkeit n Umdrehungsfrequenz (Drehzahl) r Halbmesser	$\frac{1}{\text{s}} = \text{s}^{-1}$ $\frac{1}{\text{min}} = \text{min}^{-1}$ m

Benennung/Abbildung	Formel/Formelumstellung	Formelzeichen	Einheiten
Mittlere Kurbelgeschwindigkeit 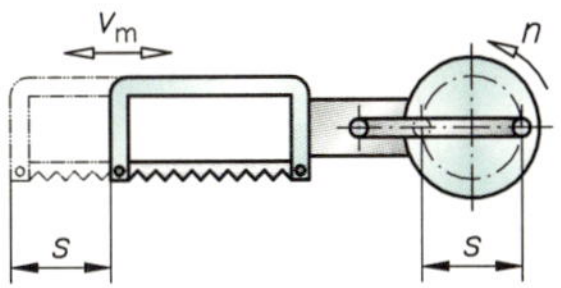	$v_m = 2 \cdot s \cdot n$ $s = \frac{v_m}{2 \cdot n}$ $n = \frac{v_m}{2 \cdot s}$	v_m mittlere Geschwindigkeit s Hublänge n Kurbeldrehzahl, Anzahl der Doppelhübe	$\frac{m}{min}$ m $\frac{1}{min} = min^{-1}$
Mittlere Kolbengeschwindigkeit 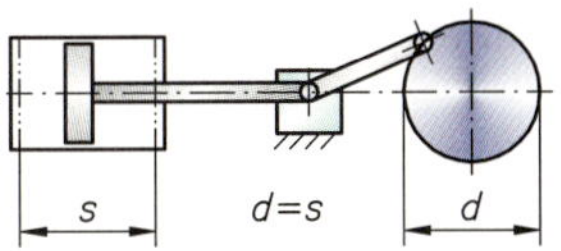 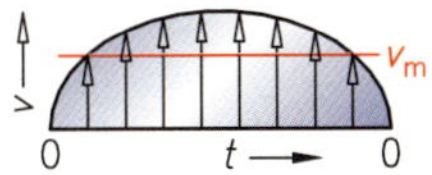	$v_m = 2 \cdot s \cdot n$ $s = \frac{v_m}{2 \cdot n}$ $n = \frac{v_m}{2 \cdot s}$	v_m mittlere Kolbengeschwindigkeit s Kolbenhub n Umdrehungsfrequenz (Drehzahl)	$\frac{m}{min}$ m $\frac{1}{min} = min^{-1}$

Benennung/Abbildung	Formel/Formelumstellung	Formelzeichen	Einheiten
Gleichmäßig beschleunigte und verzögerte Bewegung 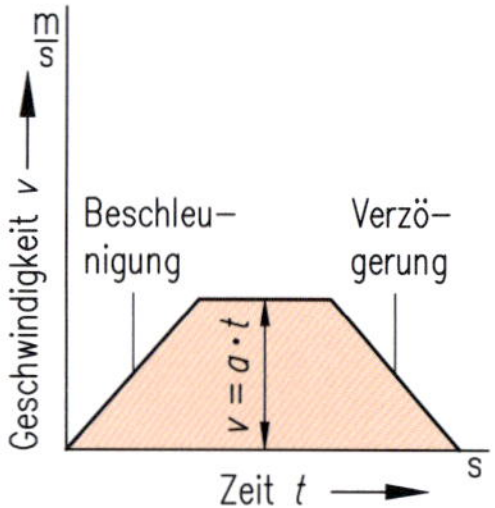	$v = a \cdot t$ $v = \frac{2 \cdot s}{t}$ $v = \sqrt{2 \cdot a \cdot s}$ $t = \frac{v}{a}$ $t = \frac{2 \cdot s}{v}$ $t = \sqrt{\frac{2 \cdot s}{a}}$ $a = \frac{v}{t}$ $a = \frac{v^2}{2 \cdot s}$ $a = \frac{2 \cdot s}{t^2}$ $s = \frac{v \cdot t}{2}$ $s = \frac{v^2}{2 \cdot a}$ $s = \frac{a \cdot t^2}{2}$	v Endgeschwindigkeit a Beschleunigung, Verzögerung s Weg t Zeit v Anfangsgeschwindigkeit bei Verzögerung a, bis zum Stillstand	$\frac{m}{s}$ $\frac{m}{s^2}$ m s $\frac{m}{s}$
Freier Fall 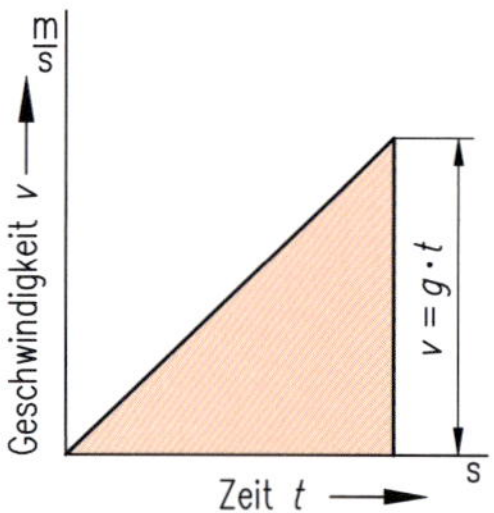	$v = g \cdot t$ $v = \frac{2 \cdot h}{t}$ $v = \sqrt{2 \cdot g \cdot h}$ $t = \frac{v}{g}$ $t = \frac{2 \cdot h}{v}$ $t = \sqrt{\frac{2 \cdot h}{g}}$ $h = \frac{v \cdot t}{2}$ $h = \frac{v^2}{2 \cdot g}$ $h = \frac{g \cdot t^2}{2}$	v Geschwindigkeit g Fallbeschleunigung h Fallhöhe, Wurfhöhe t Zeit	$\frac{m}{s}$ $9{,}81\ \frac{m}{s^2}$ m s

Benennung/Abbildung	Formel/Formelumstellung	Formelzeichen	Einheiten
Gewichtskraft 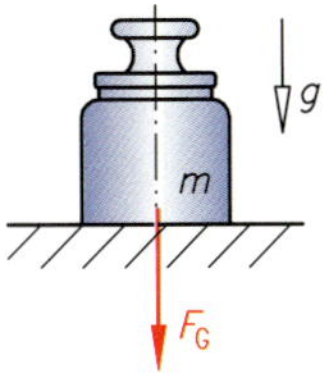 	$F_G = m \cdot g$ $m = \frac{F_G}{g}$ $g = \frac{F_G}{m}$	F_G Gewichtskraft m Masse g Erdbeschleunigung, Fallbeschleunigung $9{,}81\ \text{m/s}^2 \approx 10\ \frac{\text{m}}{\text{s}^2}$ $1\ \text{N} = 1\ \text{kg} \cdot 1\ \frac{\text{m}}{\text{s}} \cdot \frac{1}{\text{s}} = 1\ \frac{\text{kg} \cdot \text{m}}{\text{s}^2}$	N kg $\frac{\text{m}}{\text{s}^2}$
Kraft, Beschleunigung, Verzögerung  	$F = m \cdot a$ $m = \frac{F}{a}$ $a = \frac{F}{m}$	F Kraft m Masse a Beschleunigung, Verzögerung	N kg $\frac{\text{m}}{\text{s}^2}$ $a = \frac{\text{m}}{\text{s}} \cdot \frac{1}{\text{s}} = \frac{\text{m}}{\text{s}^2}$

Benennung/Abbildung	Formel/Formelumstellung	Formelzeichen	Einheiten
Drahtlängen von Zug- und Druckfeder 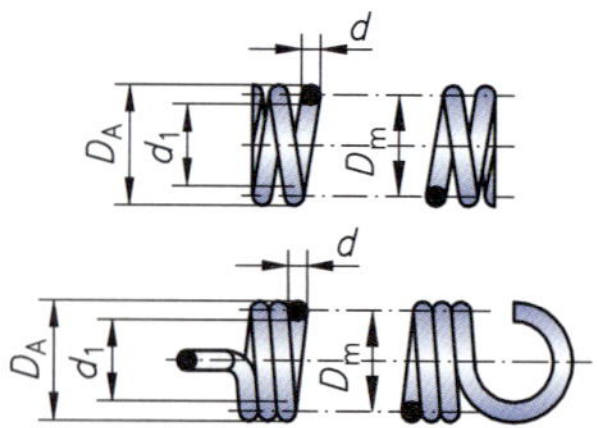	$l = D_m \cdot \pi \cdot (W + 2)$ $D_m = \frac{l}{\pi \cdot (W + 2)}$ $W = \frac{l}{D_m \cdot \pi} - 2$ $D_A = D_m + d$	l Länge der federnden Windungen plus zwei Windungen für die Enden D_m mittlerer Federdurchmesser D_A Außendurchmesser W Windungszahl	mm mm mm
Federkraft 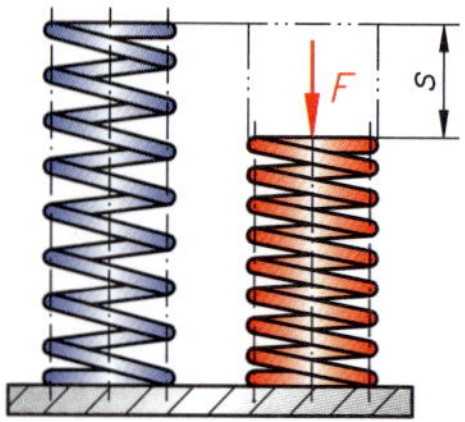	$F = R \cdot s$ $R = \frac{F}{s}$ $s = \frac{F}{R}$	F Federkraft, Hooke'sches Gesetz R Federkonstante, Federrate s Federweg	N $\frac{\text{N}}{\text{mm}}$ mm

Benennung/Abbildung	Formel/Formelumstellung	Formelzeichen	Einheiten
Fliehkraft 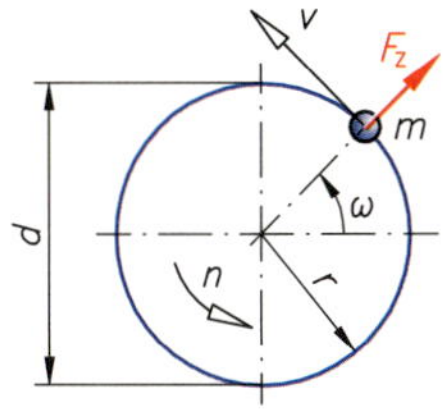	$F_Z = \frac{m \cdot v^2}{r}$ $m = \frac{F_Z \cdot r}{v^2}$ $r = \frac{m \cdot v^2}{F_Z}$ $v = \sqrt{\frac{F_Z \cdot r}{m}}$ $F_Z = m \cdot r \cdot \omega^2$ $m = \frac{F_Z}{r \cdot \omega^2}$ $r = \frac{F_Z}{m \cdot \omega^2}$ $\omega = \sqrt{\frac{F_Z}{m \cdot r}}$	F_Z Fliehkraft m Masse r Halbmesser ω Winkelgeschwindigkeit v Umfangsgeschwindigkeit	N kg m $\frac{1}{s}$ $\frac{m}{s}$
Darstellen von Kräften 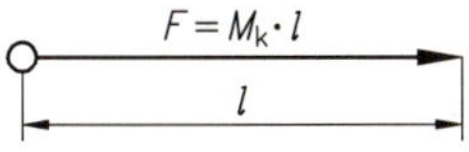	$l = \frac{F}{M_k}$ $F = M_k \cdot l$ $M_k = \frac{F}{l}$	F Kraft l Pfeillänge M_k Kräftemaßstab	N mm N/mm
Addieren von Kräften auf gleicher Wirkungslinie 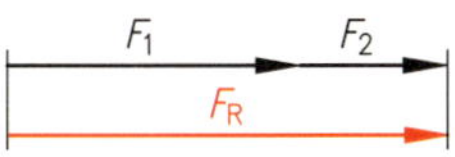	$F_R = F_1 + F_2$ $F_1 = F_R - F_2$ $F_2 = F_R - F_1$	F_1 Einzelkraft F_2 Einzelkraft F_R resultierende Kraft	N N N

Benennung/Abbildung	Formel/Formelumstellung	Formelzeichen	Einheiten
Subtrahieren von Kräften auf gleicher Wirkungslinie 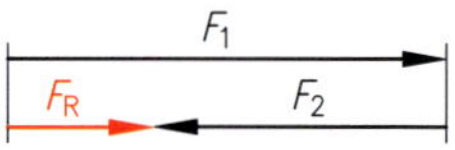 	$F_R = F_1 - F_2$ $F_1 = F_R + F_2$ $F_2 = F_1 - F_R$	F_1 Einzelkraft F_2 Einzelkraft F_R resultierende Kraft	N N N
Kräfte auf verschiedener Wirkungslinie 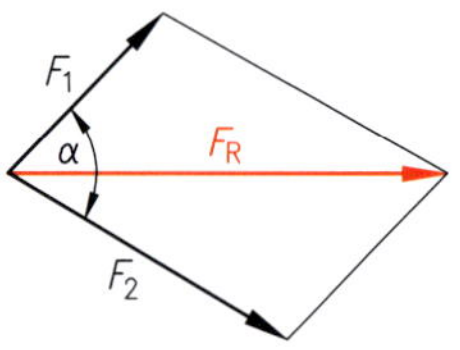 	**Zeichnerisches Ermitteln der resultierenden Kraft** a) Geeigneten Kräftemaßstab M_k wählen, z. B. 1 mm = 100 N: b) Einzelkräfte unter Winkel α im Maßstab und Kräfteparallelogramm zeichnen. c) Diagonale ergibt Richtung und Größe der resultierenden Kraft.	F_1, F_2 Einzelkräfte F_R resultierende Kraft α Winkel zwischen F_1 und F_2	N N in ° (Grad)

Benennung/Abbildung	Formel/Formelumstellung	Formelzeichen	Einheiten
Hebelgesetz Einseitiger Hebel 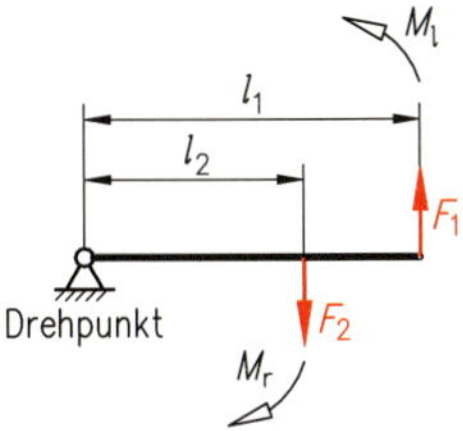 	$F_1 \cdot l_1 = F_2 \cdot l_2$ $F_1 = \frac{F_2 \cdot l_2}{l_1}$ $l_1 = \frac{F_2 \cdot l_2}{F_1}$ $F_2 = \frac{F_1 \cdot l_1}{l_2}$ $l_2 = \frac{F_1 \cdot l_1}{F_2}$ Drehmoment $M = F \cdot l$ $F = \frac{M}{l}$ $l = \frac{M}{F}$ $\sum M_r = \sum M_l$	$F_1, F_2, \ldots$ Kräfte am Hebel $l_1, l_2, \ldots$ wirksame Hebellängen M Drehmoment F Kraft l wirksame Hebellänge $\sum M_r$ Summe aller rechtsdrehenden Momente $\sum M_l$ Summe aller linksdrehenden Momente	N mm, cm, m N · m N m N · m N · m
Zweiseitiger Hebel 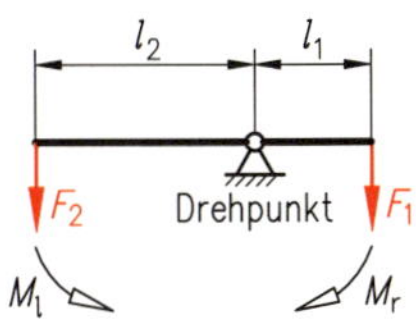 	$F_1 \cdot l_1 = F_2 \cdot l_2$ siehe oben $M_r = M_l$ $M_r = F_1 \cdot l_1$ $M_l = F_2 \cdot l_2$	$F_1, F_2, \ldots$ Kräfte am Hebel $l_1, l_2, \ldots$ wirksame Hebellängen M_r rechtsdrehendes Moment M_l linksdrehendes Moment	N mm, cm, m N · m N · m

Winkelhebel, Drehmoment, mehrfacher Hebel

Benennung/Abbildung	Formel/Formelumstellung	Formelzeichen	Einheiten
Winkelhebel 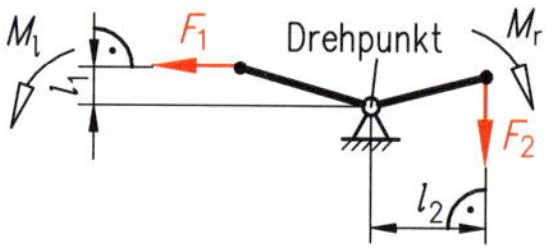 	$F_1 \cdot l_1 = F_2 \cdot l_2$ siehe vorherige Seite $M_l = M_r$ $M_l = F_1 \cdot l_1$ $M_r = F_2 \cdot l_2$	$F_1, F_2, \ldots$ Kräfte am Hebel $l_1, l_2, \ldots$ wirksame Hebellängen M_r rechtsdrehendes Momente M_l linksdrehendes Moment	N mm, cm, m N · m N · m
Mehrfacher Hebel Drehmoment 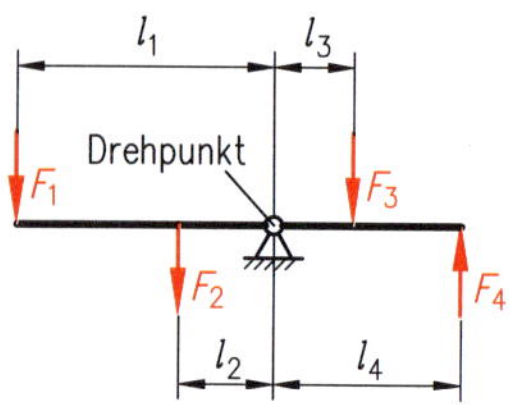 	$\sum M_l = \sum M_r$ $F_1 \cdot l_1 + F_2 \cdot l_2 + F_4 \cdot l_4 = F_3 \cdot l_3$ $F_1 = \frac{F_3 \cdot l_3 - F_2 \cdot l_2 - F_4 \cdot l_4}{l_1}$ $F_2 = \frac{F_3 \cdot l_3 - F_1 \cdot l_1 - F_4 \cdot l_4}{l_2}$ $F_3 = \frac{F_1 \cdot l_1 + F_2 \cdot l_2 + F_4 \cdot l_4}{l_3}$ $F_4 = \frac{F_3 \cdot l_3 - F_1 \cdot l_1 - F_2 \cdot l_2}{l_4}$ $l_1 = \frac{F_3 \cdot l_3 - F_2 \cdot l_2 - F_4 \cdot l_4}{F_1}$	$F_1, \ldots F_4$ Kräfte am Hebel $l_1, \ldots l_4$ wirksame Hebellängen $\sum M_l$ Summe aller linksdrehenden Momente $\sum M_r$ Summe aller rechtsdrehenden Momente	N mm, cm, m N · m N · m

Benennung/Abbildung	Formel/Formelumstellung	Formelzeichen	Einheiten
Auflagerkräfte 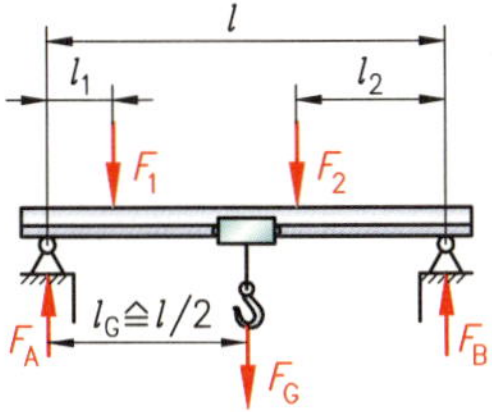 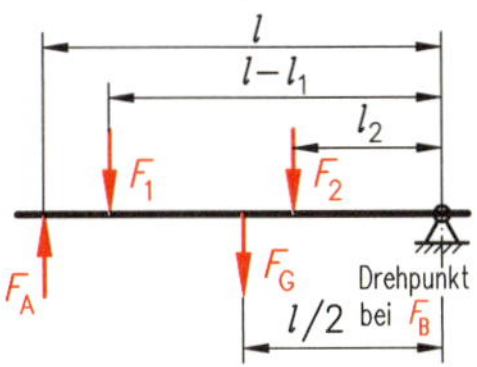 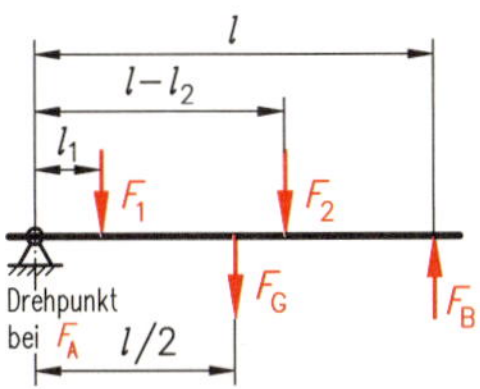 	$\sum M_l = \sum M_r$ $F_A = \dfrac{F_1 \cdot (l - l_1) + F_G \cdot \dfrac{l}{2} + F_2 \cdot l_2}{l}$ $F_B = \dfrac{F_1 \cdot l_1 + F_G \cdot \dfrac{l}{2} + F_2 \cdot (l - l_2)}{l}$ $F_A + F_B = F_1 + F_2 + F_G$ $F_A = F_1 + F_2 + F_G - F_B$ $F_B = F_1 + F_2 + F_G - F_A$ $F_A \cdot l = F_1 \cdot (l - l_1) + F_G \cdot \dfrac{l}{2} + F_2 \cdot l_2$ $F_B \cdot l = F_1 \cdot l_1 + F_G \cdot \dfrac{l}{2} + F_2 \cdot (l - l_2)$ $l = \dfrac{F_1 \cdot (l - l_1) + F_G \cdot \dfrac{l}{2} + F_2 \cdot l_2}{F_A}$	F_1, F_G, F_2 Kräfte F_A, F_B Auflagerkräfte l, l_1, l_2, l_G Abstände der Kräfte (wirksame Hebellängen) $\sum M_r$ Summe aller rechtsdrehenden Momente $\sum M_l$ Summe aller linksdrehenden Momente Zur Berechnung von Auflagerkräften wird jeweils ein Lagerpunkt F_A oder F_B festgelegt.	N N mm, cm, m N · m N · m

Drehmomente bei Zahnradtrieben

Benennung/Abbildung	Formel/Formelumstellung	Formelzeichen	Einheiten
Drehmoment bei Zahnradtrieben 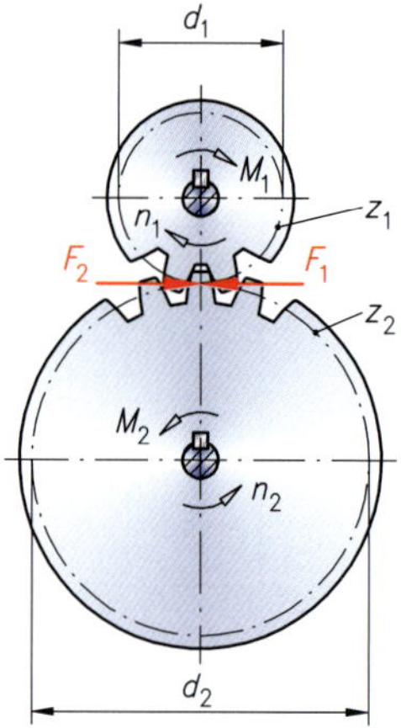	$M_1 = \frac{F_1 \cdot d_1}{2}$ $d_1 = m \cdot z_1$ $M_2 = \frac{F_2 \cdot d_2}{2}$ $d_2 = m \cdot z_2$ $F_1 = \frac{2 \cdot M_1}{d_1}$ $d_1 = \frac{2 \cdot M_1}{F_1}$ $F_2 = \frac{2 \cdot M_2}{d_2}$ $d_2 = \frac{2 \cdot M_2}{F_2}$ $M_2 = i \cdot M_1$ $M_1 = \frac{M_2}{i}$ $i = \frac{M_2}{M_1}$ $\frac{M_2}{M_1} = \frac{n_1}{n_2}$ $M_2 = \frac{M_1 \cdot n_1}{n_2}$ $M_1 = \frac{M_2 \cdot n_2}{n_1}$ $n_1 = \frac{M_2 \cdot n_2}{M_1}$ $\frac{M_2}{M_1} = \frac{z_2}{z_1}$ $M_2 = \frac{M_1 \cdot z_2}{z_1}$ $M_1 = \frac{M_2 \cdot z_1}{z_2}$ $M_2 = i \cdot M_1 \cdot \eta$ $\eta = \frac{M_2}{i \cdot M_1}$ $i = \frac{M_2}{M_1 \cdot \eta}$ $M_1 = \frac{M_2}{i \cdot \eta}$	**Treibendes Rad:** M_1 Drehmoment F_1 Zahnkraft d_1 Teilkreisdurchmesser n_1 Umdrehungsfrequenz (Drehzahl) z_1 Zähnezahl **Getriebenes Rad:** M_2 Drehmoment F_2 Zahnkraft d_2 Teilkreisdurchmesser n_2 Umdrehungsfrequenz (Drehzahl) z_2 Zähnezahl **Für beide Räder:** i Übersetzungsverhältnis h Wirkungsgrad m Modul	 N · m N m $\frac{1}{min} = min^{-1}$ N · m N m $\frac{1}{min} = min^{-1}$ m, cm, mm

<table>
<tr><th>Benennung/Abbildung</th><th>Formel/Formelumstellung</th><th>Formelzeichen</th><th>Einheiten</th></tr>
<tr><td>Haftreibung
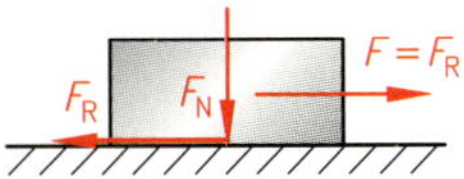
</td><td>$F_R = \mu \cdot F_N$ $F_R = F$
$\mu = \frac{F_R}{F_N}$
$F_N = \frac{F_R}{\mu}$</td><td>F_R Haftreibungskraft
μ Haftreibungszahl
F_N Normalkraft
F Zugkraft</td><td>N

N
N</td></tr>
<tr><td>Gleitreibung
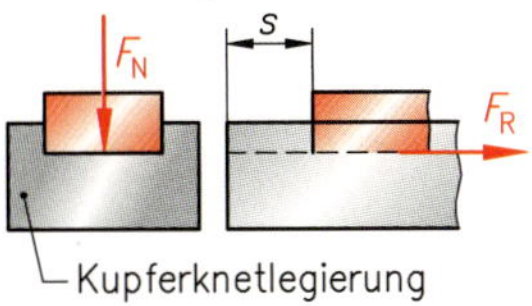
</td><td>$F_R = \mu \cdot F_N$ $\mu = \frac{F_R}{F_N}$ $F_N = \frac{F_R}{\mu}$
$W = F_R \cdot s$ $F_R = \frac{W}{s}$ $s = \frac{W}{F_R}$</td><td>F_R Gleitreibungskraft
μ Gleitreibungszahl
F_N Normalkraft
W Reibungsarbeit
s Kraftweg, Reibweg</td><td>N

N
N · m
m</td></tr>
<tr><td>Rollreibung
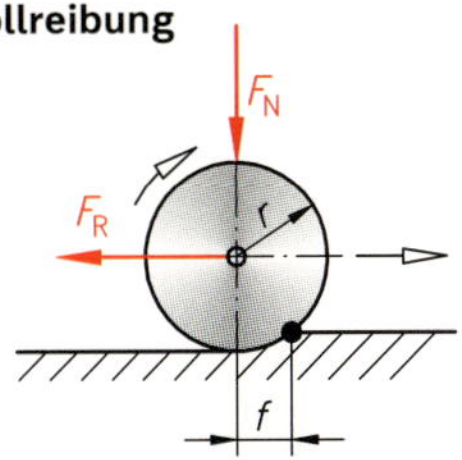
</td><td>$F_R = \frac{f \cdot F_N}{r}$
$f = \frac{F_R \cdot r}{F_N}$ $F_N = \frac{F_R \cdot r}{f}$
$r = \frac{f \cdot F_N}{F_R}$</td><td>$F_R$ Rollreibungskraft
f Rollreibungszahl
F_N Normalkraft
r Radius</td><td>N
mm
N
mm</td></tr>
</table>

Reibungskraft, Reibungsmoment, Reibungsleistung

Benennung/Abbildung	Formel/Formelumstellung	Formelzeichen	Einheiten
Reibung am Zapfen/Lager Reibungsmoment, Reibungsleistung 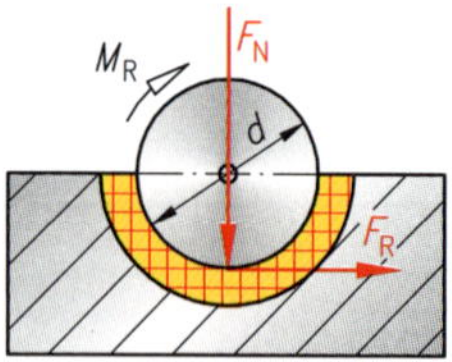 	$F_R = \mu \cdot F_N$ $\mu = \frac{F_R}{F_N}$ $\quad F_N = \frac{F_R}{\mu}$ $M_R = \mu \cdot F_N \cdot \frac{d}{2}$ $\quad \mu = \frac{2 \cdot M_R}{F_N \cdot d}$ $F_N = \frac{2 \cdot M_R}{\mu \cdot d}$ $\quad d = \frac{2 \cdot M_R}{\mu \cdot F_N}$ $P_R = F_R \cdot v$ $F_R = \frac{P_R}{v}$ $\quad v = \frac{P_R}{F_R}$ $P_R = M_R \cdot \omega$ $M_R = \frac{P_R}{\omega}$ $\quad \omega = \frac{P_R}{M_R}$ $P_R = F_R \cdot d \cdot \pi \cdot n$ $\quad F_R = \frac{P_R}{d \cdot \pi \cdot n}$ $d = \frac{P_R}{F_R \cdot \pi \cdot n}$ $\quad n = \frac{P_R}{F_R \cdot d \cdot \pi}$	F_R Reibungskraft F_N Normalkraft μ Reibungszahl M_R Reibungsmoment d Durchmesser P_R Reibungsleistung v Geschwindigkeit ω Winkelgeschwindigkeit n Umdrehungsfrequenz (Drehzahl)	N N N · m m W m/s 1/s 1/s $1\ \text{W} = \frac{1\ \text{N} \cdot \text{m}}{\text{s}} = \frac{1\ \text{J}}{\text{s}}$

Benennung/Abbildung	Formel/Formelumstellung	Formelzeichen	Einheiten
Reibung am Ringzapfen 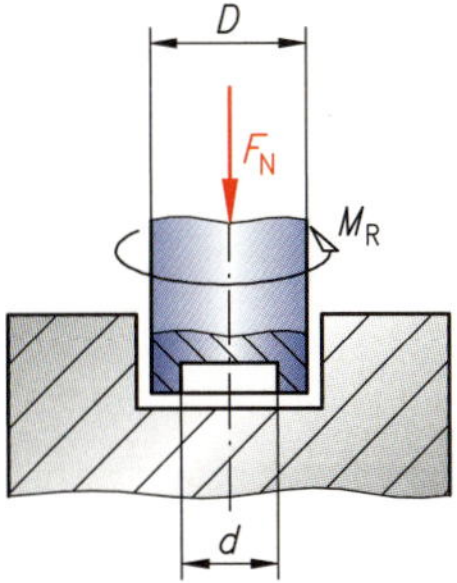	$M_R = F_N \cdot \mu \cdot \frac{D+d}{4}$ $F_N = \frac{4 \cdot M_R}{\mu \cdot (D+d)}$ $\mu = \frac{4 \cdot M_R}{F_N \cdot (D+d)}$ $D = \frac{4 \cdot M_R}{F_N \cdot \mu} - d$ $d = \frac{4 \cdot M_R}{F_N \cdot \mu} - D$ Reibungsleistung S. 90	M_R Reibungsmoment F_N Normalkraft μ Reibungszahl D Außendurchmesser d Innendurchmesser	N · m N m m
Reibungsarbeit 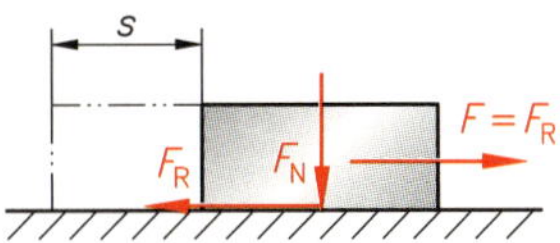	$W = \mu \cdot F_N \cdot s$ $\mu = \frac{W}{F_N \cdot s}$ $F_N = \frac{W}{\mu \cdot s}$ $s = \frac{W}{\mu \cdot F_N}$ $F_R = \mu \cdot F_N$ $\mu = \frac{F_R}{F_N}$ $F_N = \frac{F_R}{\mu}$	W Reibungsarbeit F_N Normalkraft s Weg in Kraftrichtung F_R Reibungskraft F Kraft in Wegrichtung μ Reibungszahl bei Haft- oder Gleitreibung	N · m, J, W · s N m N N 1 J = 1 N · 1 m $1\ J = \frac{1\ kg \cdot m \cdot m}{s^2}$ 1 J = 1W · s

Feste Rolle, lose Rolle

Benennung/Abbildung	Formel/Formelumstellung	Formelzeichen	Einheiten
Feste Rolle 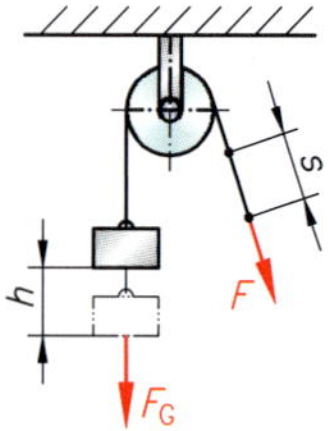	$F = F_G$ $s = h$ $W_2 = F_G \cdot h$ $F_G = \frac{W_2}{h}$ $h = \frac{W_2}{F_G}$	F aufgewendete Zugkraft F_G Gewichtskraft s Kraftweg h Hubhöhe W_2 abgegebene Arbeit	N N m m $N \cdot m = J$
Lose Rolle 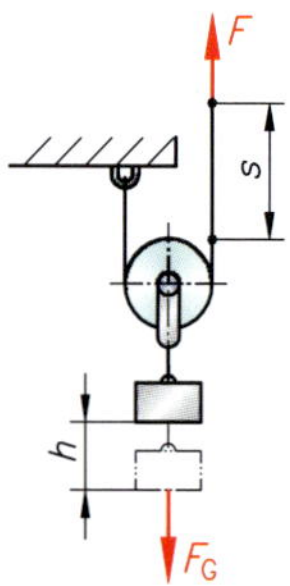	$F = \frac{F_G}{2}$ $F_G = 2 \cdot F$ $s = 2 \cdot h$ $h = \frac{s}{2}$ $W_2 = F_G \cdot h$ $F_G = \frac{W_2}{h}$ $h = \frac{W_2}{F_G}$	F aufgewendete Zugkraft F_G Gewichtskraft s Kraftweg h Hubhöhe W_2 abgegebene Arbeit Reibung wird vernachlässigt. Damit ist die aufgewendete Arbeit W_1 gleich der abgegebenen Arbeit W_2.	N N m m $N \cdot m = J$

Benennung/Abbildung	Formel/Formelumstellung	Formelzeichen	Einheiten
Flaschenzug	$F \cdot s = F_G \cdot h$	F Zugkraft	N
	$F = \frac{F_G \cdot h}{s}$	F_G Gewichtskraft	N
	$s = \frac{F_G \cdot h}{F}$	s Kraftweg	m
	$F_G = \frac{F \cdot s}{h}$	h Hubhöhe	m
	$h = \frac{F \cdot s}{F_G}$	n Anzahl der Rollen	
	$s = h \cdot n$ $W_2 = F_G \cdot h$	n Anzahl der tragenden Seilstränge	
	$h = \frac{s}{n}$ $F_G = \frac{W_2}{h}$	W_2 abgegebene Arbeit	$N \cdot m = J$
	$n = \frac{s}{h}$ $h = \frac{W_2}{F_G}$		
		Die Anzahl der tragenden Seile entspricht meist der Anzahl der Rollen. Reibung wird vernachlässigt. Damit ist die aufgewendete Arbeit W_1 gleich der abgegebenen Arbeit W_2.	

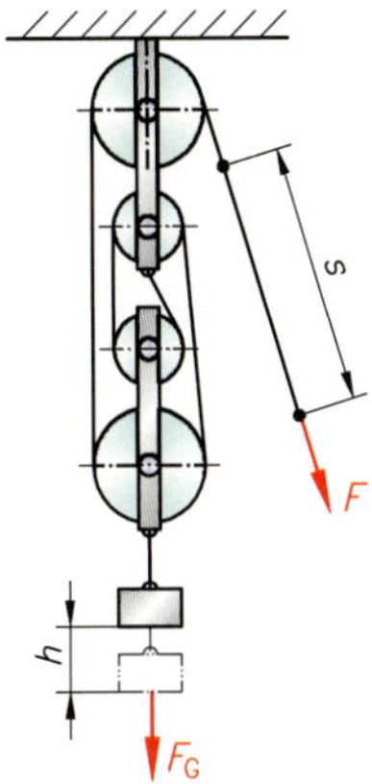

Benennung/Abbildung	Formel/Formelumstellung	Formelzeichen	Einheiten
Seilwinde 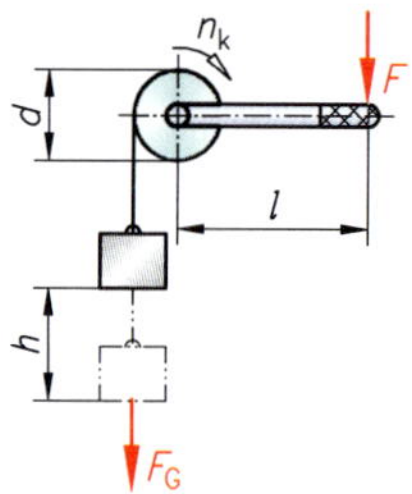	$F \cdot l = F_G \cdot \frac{d}{2}$ $F = \frac{F_G \cdot d}{2 \cdot l}$ $l = \frac{F_G \cdot d}{2 \cdot F}$ $F_G = \frac{2 \cdot F \cdot l}{d}$ $d = \frac{2 \cdot F \cdot l}{F_G}$ $h = d \cdot \pi \cdot n_k$ $d = \frac{h}{\pi \cdot n_k}$ $n_k = \frac{h}{d \cdot \pi}$ $W_2 = F_G \cdot h$ $F_G = \frac{W_2}{h}$ $h = \frac{W_2}{F_G}$	F Kurbelkraft l Kurbellänge F_G Gewichtskraft d Trommeldurchmesser h Hubhöhe n_k Anzahl der Kurbelumdrehungen W_2 abgegebene Arbeit Reibung wird vernachlässigt. Damit ist die aufgewendete Arbeit W_1 gleich der abgegebenen Arbeit W_2.	N mm, cm, m N mm, cm, m mm, cm, m $N \cdot m = J$

Benennung/Abbildung	Formel/Formelumstellung	Formelzeichen	Einheiten
Räderwinde 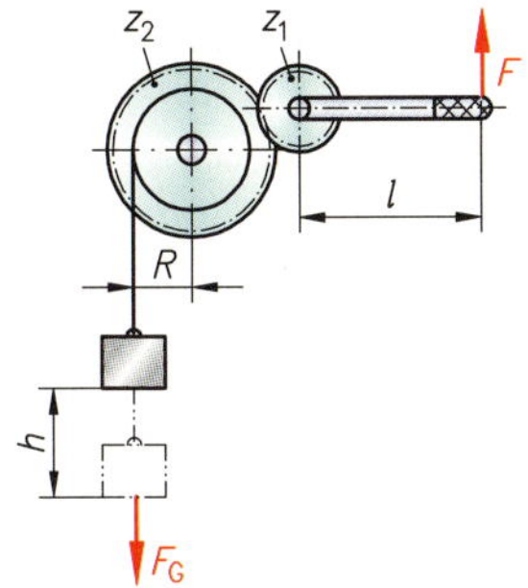 	$F \cdot l \cdot i = F_G \cdot R$ $i = \frac{z_2}{z_1}$ $F = \frac{F_G \cdot R}{l \cdot i}$ $l = \frac{F_G \cdot R}{F \cdot i}$ $\quad F_G = \frac{F \cdot l \cdot i}{R}$ $i = \frac{F_G \cdot R}{F \cdot l}$ $\quad R = \frac{F \cdot l \cdot i}{F_G}$ $W_2 = F_G \cdot h$ $\quad F_G = \frac{W_2}{h}$ $\quad h = \frac{W_2}{F_G}$	F Kurbelkraft l Kurbellänge i Übersetzung z_1 treibendes Zahnrad z_2 getriebenes Zahnrad F_G Gewichtskraft R Radius der Seiltrommel h Hubhöhe W_2 abgegebene Arbeit Reibung wird vernachlässigt. Somit ist $W_1 = W_2$; d. h., die aufgewendete Arbeit ist gleich der abgegebenen Arbeit.	N mm, cm, m N mm, cm, m mm, cm, m N · m = J
Hangabtriebskraft **Normalkraft** 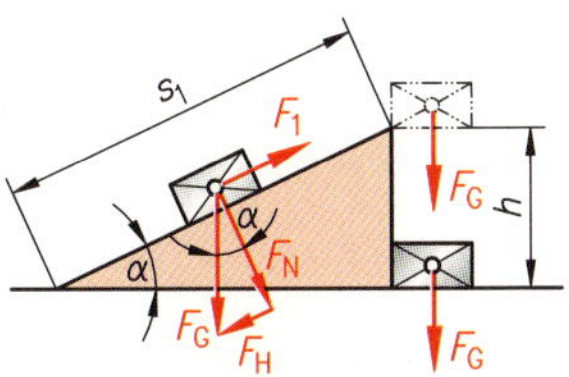 	$W = F_1 \cdot s_1$ $\quad F_1 = \frac{W}{s_1}$ $\quad s_1 = \frac{W}{F_1}$ $W = F_G \cdot h$ $\quad F_G = \frac{W}{h}$ $\quad h = \frac{W}{F_G}$ $F_G \cdot h = F_1 \cdot s_1$ vgl. S. 94 $F_H = F_G \cdot \sin\alpha$ $\quad F_G = \frac{F_H}{\sin\alpha}$ $\quad \sin\alpha = \frac{F_H}{F_G}$ $F_N = F_G \cdot \cos\alpha$ $\quad F_G = \frac{F_N}{\cos\alpha}$ $\quad \cos\alpha = \frac{F_N}{F_G}$ $W = F_H \cdot s_1$ $\quad F_H = \frac{W}{s_1}$ $\quad s_1 = \frac{W}{F_H}$	W mechanische Arbeit F_1 aufgewendete Kraft s_1 Weg der Kraft F_1 F_G Gewichtskraft h Höhe, Hubhöhe F_H Hangabtriebskraft α Neigungswinkel F_N Normalkraft	N · m = J N mm, cm, m N mm, cm, m N ° (Grad) N

Benennung/Abbildung	Formel/Formelumstellung	Formelzeichen	Einheiten
Schiefe Ebene 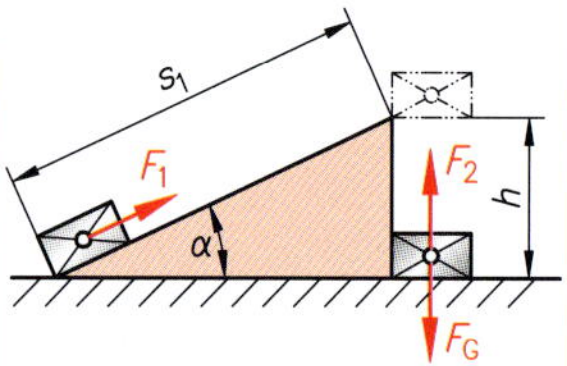 	$F_1 \cdot s_1 = F_2 \cdot h$ $F_1 = \frac{F_2 \cdot h}{s_1}$ $F_2 = \frac{F_1 \cdot s_1}{h}$ $F_1 = F_2 \cdot \sin\alpha$ $F_2 = \frac{F_1}{\sin\alpha}$ $W_2 = F_2 \cdot h$ $F_2 = F_G$ $s_1 = \frac{F_2 \cdot h}{F_1}$ $h = \frac{F_1 \cdot s_1}{F_2}$ $\sin\alpha = \frac{F_1}{F_2}$ $F_2 = \frac{W_2}{h};\ h = \frac{W_2}{F_2}$	F_1 aufgewendete Kraft s_1 Weg der Kraft F_1 F_2 Hebekraft F_G Gewichtskraft h Hubhöhe α Neigungswinkel W_2 abgegebene Arbeit*	N mm, cm, m N N mm, cm, m ° (Grad) N · m = J
Keil, Treibkeil 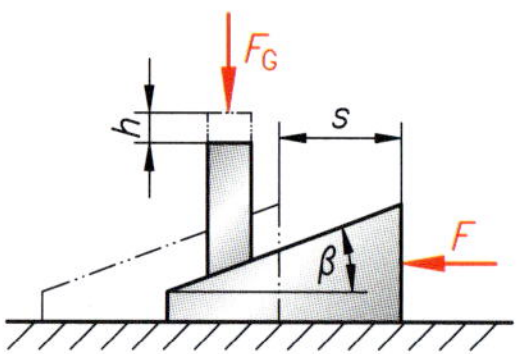 	$F \cdot s = F_G \cdot h$ $F = \frac{F_G \cdot h}{s}$ $s = \frac{F_G \cdot h}{F}$ $F_G = \frac{F \cdot s}{h}$ $h = \frac{F \cdot s}{F_G}$ $W_1 = W_2$ $W_1 = F \cdot s$ $W_2 = F_G \cdot h$ $F = F_G \cdot \tan\beta$ $F_G = \frac{F}{\tan\beta}$ $\tan\beta = \frac{F}{F_G}$ $\tan\beta = \frac{h}{s}$ $h = \tan\beta \cdot s$ $s = \frac{h}{\tan\beta}$	F aufgewendete Kraft s Weg der Kraft F, Eintreibweg F_G Last h Lastweg, Hubweg β Neigungswinkel W_1 aufgewendete Arbeit W_2 abgegebene Arbeit * * Reibung wird vernachlässigt. Somit ist $W_1 = W_2$; d. h., die aufgewendete Arbeit ist gleich der abgegebenen Arbeit.	N mm N mm ° (Grad) N · mm N · mm 1 000 N · mm = 1 N · m = 1 J = 1 W · s

Benennung/Abbildung	Formel/Formelumstellung	Formelzeichen	Einheiten
Kräfte an der Schraube 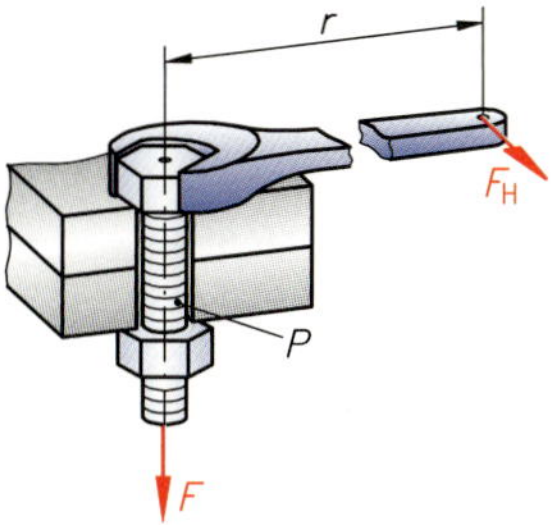 	$F_H \cdot 2 \cdot r \cdot \pi = F \cdot P$ * $F_H = \frac{F \cdot P}{2 \cdot r \cdot \pi}$ $r = \frac{F \cdot P}{2 \cdot F_H \cdot \pi}$ $F = \frac{F_H \cdot 2 \cdot r \cdot \pi}{P}$ $P = \frac{F_H \cdot 2 \cdot r \cdot \pi}{F}$ $W_1 = W_2$ $W_1 = F_H \cdot 2 \cdot r \cdot \pi$ $W_2 = F \cdot P$	F_H Handkraft r Radius, Hebellänge F Schraubenkraft P Gewindesteigung W_1 aufgewendete Arbeit W_2 abgegebene Arbeit Reibung wird vernachlässigt. Damit gilt: Die aufgewendete Arbeit W_1 ist gleich der abgegebenen Arbeit W_2. * Die Berechnung erfolgt immer für eine ganze Umdrehung (360°), z. B. der Schraube.	N mm N mm N · mm N · mm 1 000 N · mm = 1 N · m = 1 J = 1 W · s
Vorschubgeschwindigkeit beim Gewindetrieb 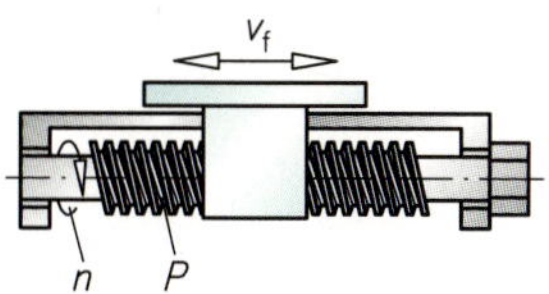 	$v_f = P \cdot n$ $P = \frac{v_f}{n}$ $n = \frac{v_f}{P}$	v_f Vorschubgeschwindigkeit P Steigung n Umdrehungsfrequenz (Drehzahl) der Kugelgewindespindel	$\frac{mm}{min}$ mm min^{-1}

Mechanische Arbeit, Hubarbeit, potenzielle Energie (Lageenergie)

Benennung/Abbildung	Formel/Formelumstellung	Formelzeichen	Einheiten
Mechanische Arbeit 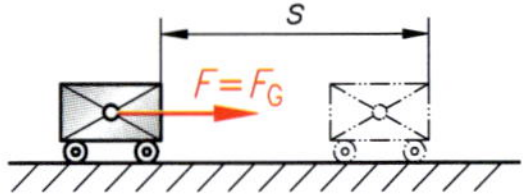 	$W = F \cdot s$ $F = F_G$ $F = \frac{W}{s}$ $s = \frac{W}{F}$	W Arbeit F Kraft F_G Gewichtskraft s Kraftweg	N · m, J, W · s N N m $1\,J = 1\,N \cdot 1\,m$ $1\,J = \frac{1\,kg \cdot m \cdot m}{s^2}$ $1\,J = 1\,W \cdot s$
Hubarbeit 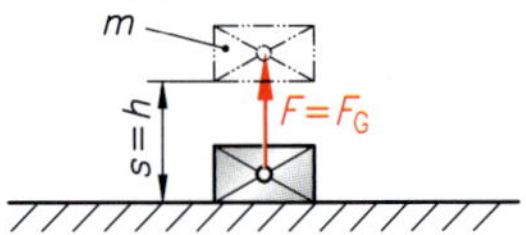 	$W = F_G \cdot s$ $W = F_G \cdot h$ $F_G = m \cdot g$ $F_G = \frac{W}{h}$ $h = \frac{W}{F_G}$ $W = m \cdot g \cdot h$ $m = \frac{W}{g \cdot h}$ $h = \frac{W}{m \cdot g}$ Reibungsarbeit s. S. 91	W Hubarbeit F_G Gewichtskraft s, h Hubhöhe, Weg m Masse des gehobenen Körpers g Erdbeschleunigung	N · m, J, W · s N m kg $9{,}81\,\frac{m}{s^2}$
Potenzielle Energie Lageenergie 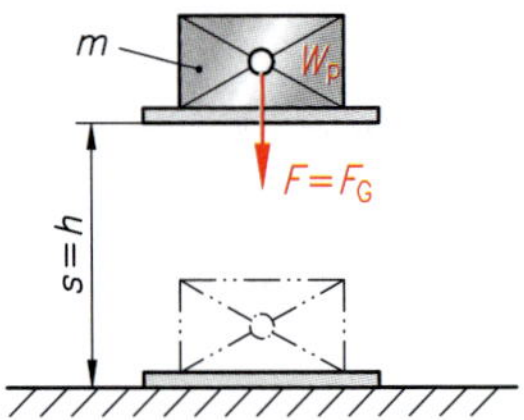 	$W_P = F_G \cdot s$ $F = F_G$ $F_G = \frac{W_P}{s}$ $s = \frac{W_P}{F_G}$ $W_P = m \cdot g \cdot s$ $F = m \cdot g$ $m = \frac{W_P}{s \cdot g}$ $s = \frac{W_P}{m \cdot g}$	W_P potenzielle Energie F_G Gewichtskraft s, h Weg, Hub- oder Fallhöhe m Masse g Erdbeschleunigung F Kraft	N · m, J, W · s N m kg $9{,}81\,\frac{m}{s^2}$ N

Benennung/Abbildung	Formel/Formelumstellung	Formelzeichen	Einheiten
Potenzielle Energie Federenergie 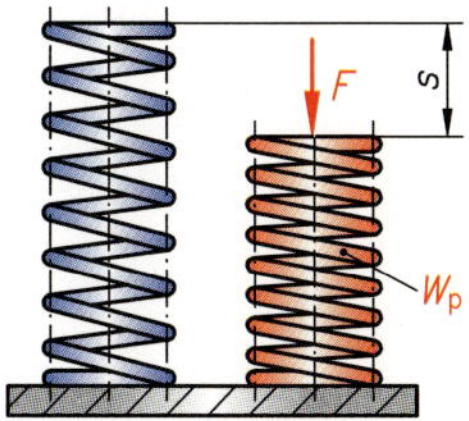 	$W_P = \frac{R \cdot s^2}{2}$ $R = \frac{2 \cdot W_P}{s^2}$ $s = \sqrt{\frac{2 \cdot W_P}{R}}$	W_P potenzielle Energie R Federrate s Federweg	J, N · m $\frac{\text{N}}{\text{m}}$ m $1\,\frac{\text{N}}{\text{mm}} = 1\,000\,\frac{\text{N}}{\text{m}}$
Kinetische Energie, Energie der Bewegung  	$W_K = \frac{m \cdot v^2}{2}$ $m = \frac{2 \cdot W_K}{v^2}$ $v = \sqrt{\frac{2 \cdot W_K}{m}}$	W_K kinetische Energie m Masse v Geschwindigkeit	N · m, J, W · s kg $\frac{\text{m}}{\text{s}}$

Mechanische Leistung bei geradliniger Bewegung

Benennung/Abbildung	Formel/Formelumstellung	Formelzeichen	Einheiten
Mechanische Leistung 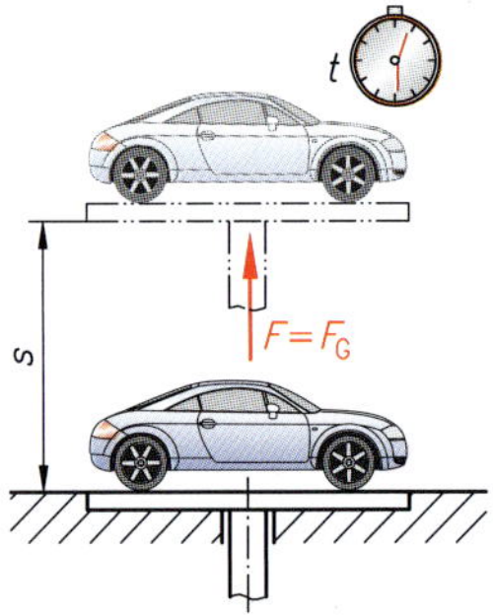	$P = \frac{W}{t}$ $W = P \cdot t$ $t = \frac{W}{P}$ $P = \frac{F \cdot s}{t}$ $F = \frac{P \cdot t}{s}$ $s = \frac{P \cdot t}{F}$ $t = \frac{F \cdot s}{P}$	*P* Leistung *W* Arbeit *t* Zeit $F = F_G$ Kraft, Gewichtskraft *s* Weg in Kraftrichtung *v* Geschwindigkeit	W N · m, J, W · s s N m $\frac{m}{s}$
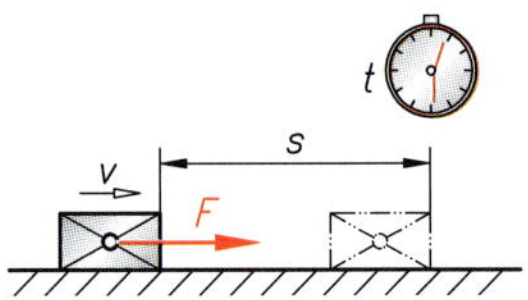	$P = F \cdot v$ $F = \frac{P}{v}$ $v = \frac{P}{F}$ $v = \frac{s}{t}$ $s = v \cdot t$ $t = \frac{s}{v}$	*P* Leistung *F* Kraft *v* Geschwindigkeit *t* Zeit $1\,W = 1\,\frac{N \cdot m}{s} = 1\,\frac{J}{s}$	W N $\frac{m}{s}$ s 1 PS ≈ 0,735 kW 1 kW ≈ 1,36 PS PS: veraltete Einheit 1 kW = 1 000 W = 1,36 PS

Benennung/Abbildung	Formel/Formelumstellung	Formelzeichen	Einheiten
Pumpenleistung 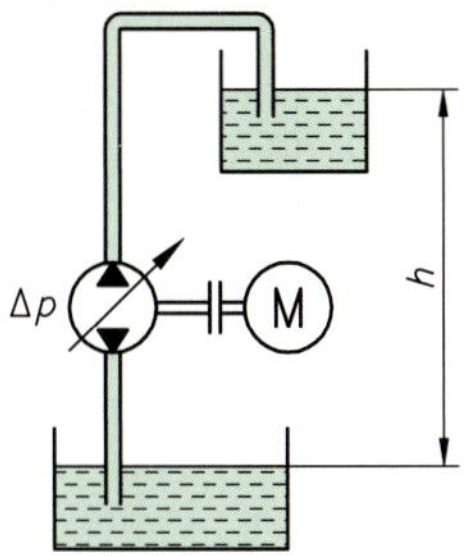	$P = \frac{V \cdot \Delta p}{t}$	P Pumpenleistung	W
		V Fördervolumen	m^3
	$V = \frac{P \cdot t}{\Delta p}$ $\Delta p = \frac{P \cdot t}{V}$	Δp Druckdifferenz	$\frac{N}{m^2}$
	$t = \frac{V \cdot \Delta p}{P}$	t Förderzeit	s
		q Massenstrom	$\frac{kg}{s}$
	$P = q \cdot g \cdot h$	h Förderhöhe	m
	$q = \frac{P}{g \cdot h}$ $h = \frac{P}{q \cdot g}$	Q Volumenstrom	$\frac{dm^3}{s}$
	$P = Q \cdot \varrho \cdot g \cdot h$	ϱ Dichte	$\frac{kg}{dm^3}$
	$Q = \frac{P}{\varrho \cdot g \cdot h}$ $\varrho = \frac{P}{Q \cdot g \cdot h}$	g Fallbeschleunigung	$\frac{m}{s^2}$
	$h = \frac{P}{Q \cdot \varrho \cdot g}$		

Mechanische Leistung bei Drehbewegung

Benennung/Abbildung	Formel/Formelumstellung	Formelzeichen	Einheiten
Mechanische Leistung bei Drehbewegung 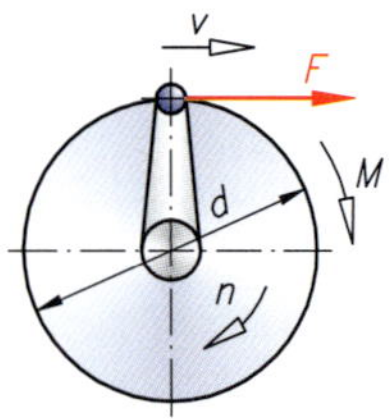	$P = F \cdot v$ $F = \frac{P}{v}$ $\quad v = \frac{P}{F}$ $P = F \cdot d \cdot \pi \cdot n$ $F = \frac{P}{d \cdot \pi \cdot n}$ $\quad d = \frac{P}{F \cdot \pi \cdot n}$ $n = \frac{P}{F \cdot d \cdot \pi}$ $P = 2 \cdot \pi \cdot n \cdot M$ $\quad M = \frac{P}{2 \cdot \pi \cdot n}$ $n = \frac{P}{2 \cdot \pi \cdot M}$ $\quad M = \frac{P}{\omega}$ $P = M \cdot \omega$ $\quad \omega = \frac{P}{M}$	P Leistung F Kraft v Umfangs-geschwindigkeit d Durchmesser n Umdrehungsfrequenz (Drehzahl) M Drehmoment ω Winkelgeschwindigkeit	W N $\frac{m}{s}$ m $s^{-1}; \frac{1}{s}$ $N \cdot m$ $s^{-1}; \frac{1}{s}$ $\frac{1}{min} = 1\ min^{-1} = \frac{1}{60\ s} = 0{,}01667\ s^{-1}$ $1\ W = 1\ \frac{J}{s} = 1\ \frac{N \cdot m}{s}$
Zahlenwertgleichung	$P = \frac{M \cdot n}{9550}$ $M = \frac{9550 \cdot P}{n}$ $n = \frac{9550 \cdot P}{M}$	**In Zahlenwertgleichung einsetzen:** M in $N \cdot m$ n in 1/min, min^{-1} Das Ergebnis für P ergibt als Einheit kW.	

<table>
<tr><th>Benennung/Abbildung</th><th>Formel/Formelumstellung</th><th>Formelzeichen</th><th>Einheiten</th></tr>
<tr><td>

Wirkungsgrad

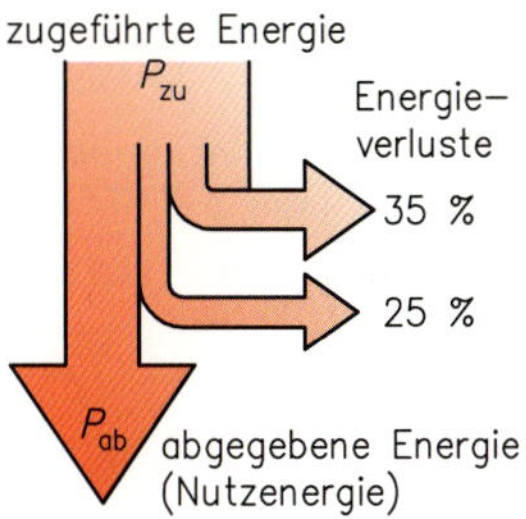

</td><td>

$\eta = \frac{P_{ab}}{P_{zu}}$ $P_{ab} = \eta \cdot P_{zu}$ $P_{zu} = \frac{P_{ab}}{\eta}$

$\eta = \frac{W_{ab}}{W_{zu}}$ $W_{ab} = \eta \cdot W_{zu}$ $W_{zu} = \frac{W_{ab}}{\eta}$

$\eta = \frac{M_{ab}}{i \cdot M_{zu}}$ $M_{ab} = \eta \cdot i \cdot M_{zu}$

$i = \frac{M_{ab}}{\eta \cdot M_{zu}}$ $M_{zu} = \frac{M_{ab}}{i \cdot \eta}$

</td><td>

η Wirkungsgrad
P_{ab} abgegebene Leistung
P_{zu} zugeführte Leistung
W_{ab} abgegebene Arbeit
W_{zu} zugeführte Arbeit
M_{ab} abgegebenes Drehmoment
M_{zu} zugeführtes Drehmoment
i Übersetzungsverhältnis

</td><td>

W, kW
W, kW
N · m, J, W · s
N · m, J, W · s
N · m
N · m

</td></tr>
<tr><td>

Gesamtwirkungsgrad

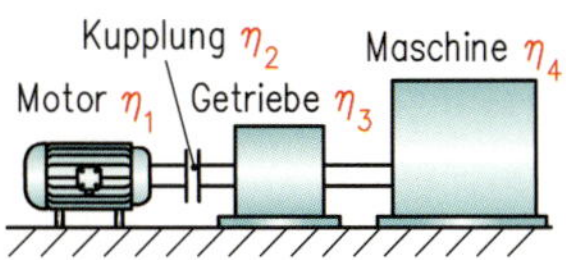

</td><td>

$\eta = \eta_1 \cdot \eta_2 \cdot \eta_3 \cdot \eta_4$

$\eta_1 = \frac{\eta}{\eta_2 \cdot \eta_3 \cdot \eta_4}$ $\eta_2 = \frac{\eta}{\eta_1 \cdot \eta_3 \cdot \eta_4}$

$\eta_3 = \frac{\eta}{\eta_1 \cdot \eta_2 \cdot \eta_4}$ $\eta_4 = \frac{\eta}{\eta_1 \cdot \eta_2 \cdot \eta_3}$

</td><td>

η Gesamtwirkungsgrad, η stets ≤ 1
$\eta_1, \eta_2, \eta_3, \eta_4$ Einzelwirkungsgrade

</td><td></td></tr>
</table>

Benennung/Abbildung	Formel/Formelumstellung	Formelzeichen	Einheiten
Zugbeanspruchung Spannungs-Dehnungs-Diagramm mit ausgeprägter Streckgrenze, z. B. bei weichem Stahl 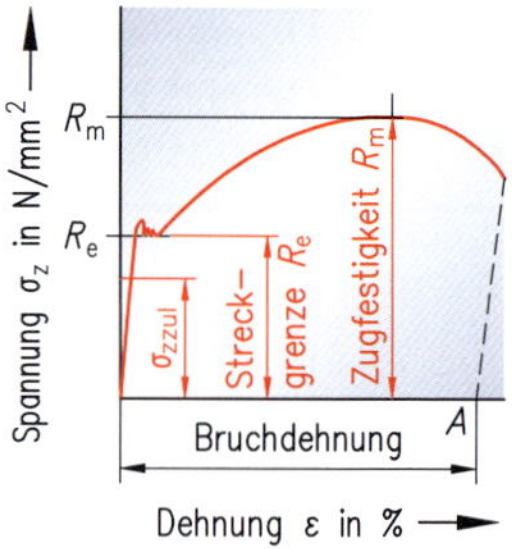 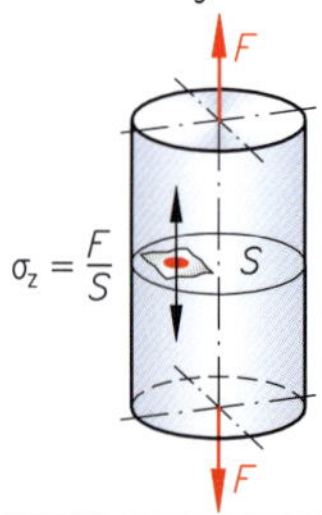 	$\sigma_z = \frac{F}{S}$ $F = \sigma_z \cdot S$ $S = \frac{F}{\sigma_z}$ für Stahl u. zähe Werkstoffe: $\sigma_{zzul} = \frac{R_e}{\nu}$ $R_e = \sigma_{zzul} \cdot \nu$ $\nu = \frac{R_e}{\sigma_{zzul}}$ für Gusseisen u. a.: $\sigma_{zzul} = \frac{R_m}{\nu}$ $R_m = \sigma_{zzul} \cdot \nu$ $\nu = \frac{R_m}{\sigma_{zzul}}$ $F_{zul} = \sigma_{zzul} \cdot S$ $\sigma_{zzul} = \frac{F_{zul}}{S}$ $S = \frac{F_{zul}}{\sigma_{zzul}}$ $\varepsilon = \frac{L - L_0}{L_0} \cdot 100\ \%$	σ_z Zugspannung F Zugkraft S Querschnittsfläche σ_{zzul} zulässige Zugspannung R_e Streckgrenze ν Sicherheitszahl R_m Zugfestigkeit F_{zul} zulässige Zugkraft $R_{p\,0,2}$ Dehngrenze bei 0,2 % bleibender Dehnung ε Dehnung L_o Anfangslänge L Messlänge nach Zugversuch **Merke:** An die Stelle von R_e können auch R_m, $R_{p\,0,2}$ oder die Dauerfestigkeit σ_D treten.	$\frac{N}{mm^2}$ N mm² $\frac{N}{mm^2}$ $\frac{N}{mm^2}$ $\frac{N}{mm^2}$ N $\frac{N}{mm^2}$ s. S. 106, 107 % mm mm

Benennung/Abbildung	Formel/Formelumstellung		Formelzeichen		Einheiten
Zugversuch	$\sigma_B = \frac{F_{max}}{S_0}$	$F_{max} = \sigma_B \cdot S_0$	σ_B	Zugfestigkeit bei F_{max}	$\frac{N}{mm^2}$
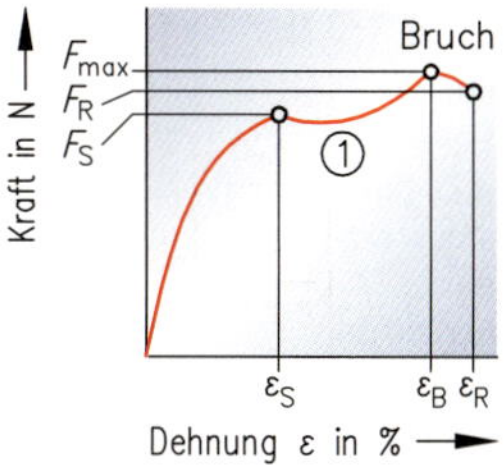	$S_0 = \frac{F_{max}}{\sigma_B}$		F_{max}	größte Zugkraft	N
			S_0	Anfangsquerschnitt	mm^2
	$\sigma_S = \frac{F_S}{S_0}$	$F_S = \sigma_S \cdot S_0$	σ_S	Streckspannung	$\frac{N}{mm^2}$
	$S_0 = \frac{F_S}{\sigma_S}$		F_S	Kraft bei Streckspannung	N
	$\sigma_R = \frac{F_R}{S_0}$	$F_R = \sigma_R \cdot S_0$	σ_R	Reißfestigkeit bei F_R	$\frac{N}{mm^2}$
			F_R	Reißkraft	N
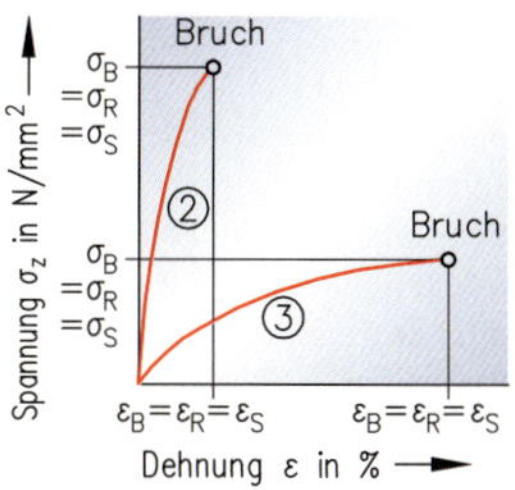	$\varepsilon_B = \frac{\Delta L_{F_{max}}}{L_0} = \cdot 100\,\%$	$\Delta L_{F_{max}} = \frac{\varepsilon_B \cdot L_0}{100\,\%}$	ε_B	Dehnung bei F_{max}	%
	$L_0 = \frac{\Delta L_{F_{max}}}{\varepsilon_B} \cdot 100\,\%$		ε_R	Reißdehnung bei F_R	%
	$\varepsilon_R = \frac{\Delta L_R}{L_0} \cdot 100\,\%$	$\Delta L_R = \frac{\varepsilon_R \cdot L_0}{100\,\%}$	$\Delta L_{F_{max}}$	Längenänderung bei F_{max}	mm
	$L_0 = \frac{\Delta L_R}{\varepsilon_R} \cdot 100\,\%$	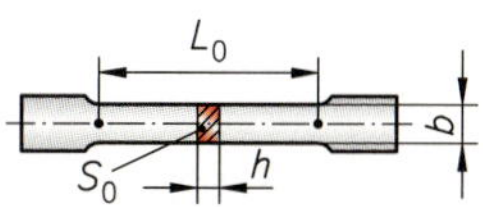	ΔL_R	Längenänderung bei F_R	mm
			ΔL_S	Längenänderung bei F_S	mm
① zäh-elastische Kurve			L_0	Anfangsmesslänge der Probe	mm
② hartspröde Kurve			b	Breite der Probe	mm
③ weich-elastische Kurve			h	Dicke der Probe	mm

Zugversuch, Spannungs-Dehnungs-Diagramm, Hooke'sches Gesetz

Benennung/Abbildung	Formel/Formelumstellung		Formelzeichen		Einheiten
Zugversuch	$\sigma_z = \frac{F}{S_0}$	$F = \sigma_z \cdot S_0$ $S_0 = \frac{F}{\sigma_z}$	σ_z	Zugspannung	N/mm²
			F	Zugkraft	N
			S_0	Ausgangsquerschnitt der Probe	mm²
	$R_m = \frac{F_m}{S_0}$	$F_m = R_m \cdot S_0$ $S_0 = \frac{F_m}{R_m}$	R_m	Zugfestigkeit	N/mm²
			F_m	höchste Zugkraft	N
			d_0	Anfangsdurchmesser der Probe	mm
	gilt nur um elast. Bereich		d_u	Durchmesser der Probe nach dem Bruch	mm
	$E = \frac{\sigma_z}{\varepsilon} \cdot 100\ \%$ *	$\sigma_z = \frac{E \cdot \varepsilon}{100\ \%}$ * $\varepsilon = \frac{\sigma_z}{E} \cdot 100\ \%$	E	Elastizitätsmodul $2{,}1 \cdot 10^5$	N/mm²
	$\varepsilon = \frac{L - L_0}{L_0} \cdot 100\ \%$	$L = L_0 + \frac{\varepsilon \cdot L_0}{100\ \%}$ $L_0 = \frac{100\% \cdot L}{100\ \% + \varepsilon}$	ε	Dehnung	%
			L	Länge nach der Dehnung der Probe	mm
			L_0	Anfangslänge vor dem Zugversuch	mm
	$A = \frac{L_u - L_0}{L_0} \cdot 100\ \%$	$L_u = L_0 \cdot \left(1 + \frac{A}{100\ \%}\right)$ $L_0 = \frac{100\ \% \cdot L_u}{100\ \% + A}$	A	Bruchdehnung	%
			L_u	Länge nach dem Bruch	mm
			R_e	Streckgrenze	N/mm²
			$R_{p0,2}$	Dehngrenze bei 0,2 % bleibender Dehnung	N/mm²
	$Z = \frac{S_0 - S_u}{S_0} \cdot 100\ \%$	$S_0 = \frac{Z \cdot S_0}{100\ \%} + S_u$ $S_u = S_0 - \frac{Z \cdot S_0}{100\ \%}$	S_u	kleinster Flächenquerschnitt der Probe nach dem Bruch	mm²
	* Hooke'sches Gesetz		Z	Brucheinschnürung	%

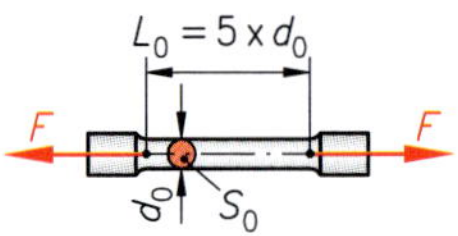

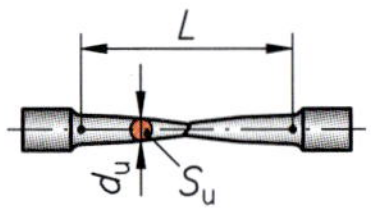

Spannungs-Dehnungs-Diagramm z. B. für vergüteten Stahl, R_e nicht ausgeprägt

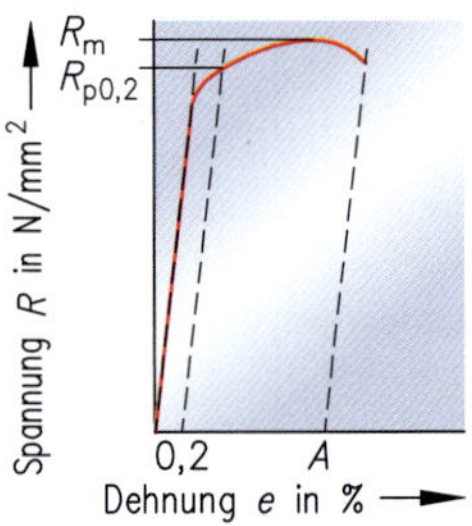

Benennung/Abbildung	Formel/Formelumstellung	Formelzeichen	Einheiten
Druckbeanspruchung	$\sigma_d = \frac{F}{S}$ $\quad F = \sigma_d \cdot S \quad$ $S = \frac{F}{\sigma_d}$	σ_d Druckspannung	$\frac{N}{mm^2}$
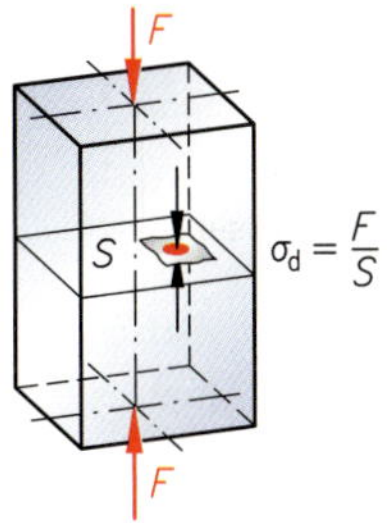		F Druckkraft	N
	$\sigma_{d_{zul}} = \frac{R_e}{\nu}$ $\quad R_e = \sigma_{d_{zul}} \cdot \nu \quad$ $\nu = \frac{R_e}{\sigma_{d_{zul}}}$	S Querschnittsfläche	mm^2
		σ_{dB} Druckfestigkeit	$\frac{N}{mm^2}$
	$\sigma_{d_{zul}} = \frac{\sigma_{dF}}{\nu}$ $\quad \nu = \frac{\sigma_{dF}}{\sigma_{d_{zul}}}$	$\sigma_{d_{zul}}$ zulässige Druckspannung	$\frac{N}{mm^2}$
	$\sigma_{dF} = \sigma_{d_{zul}} \cdot \nu$	ν Sicherheitszahl	
	$\sigma_{d_{zul}} = \frac{F_{zul}}{S}$ $\quad F_{zul} = \sigma_{d_{zul}} \cdot S$	F_{zul} zulässige Druckkraft	N
bei Stahl: $\sigma_{dF} \approx R_e$	$S = \frac{F_{zul}}{\sigma_{d_{zul}}}$	σ_{dF} Quetschgrenze	$\frac{N}{mm^2}$
	$\sigma_{d_{zul}} = \frac{\sigma_{dB}}{\nu}$ $\quad \sigma_{dB} = \sigma_{d_{zul}} \cdot \nu$	$\sigma_{d0,2}$ Stauchgrenze	$\frac{N}{mm^2}$
	$\nu = \frac{\sigma_{dB}}{\sigma_{d_{zul}}}$	R_e Streckgrenze	$\frac{N}{mm^2}$
	für Gusseisen $\sigma_{d_{zul}} \approx \frac{4 \cdot R_m}{\nu}$	R_m Zugfestigkeit	$\frac{N}{mm^2}$
	$R_m \approx \frac{\sigma_{d_{zul}} \cdot \nu}{4}$ $\quad \nu \approx \frac{4 \cdot R_m}{\sigma_{d_{zul}}}$	An die Stelle der Druckfestigkeit σ_{dB} können auch die Quetschgrenze σ_{dF}, die Stauchgrenze $\sigma_{d_{0,2}}$ oder die Dauerfestigkeit σ_D treten.	

Benennung/Abbildung	Formel/Formelumstellung	Formelzeichen	Einheiten
Flächenpressung 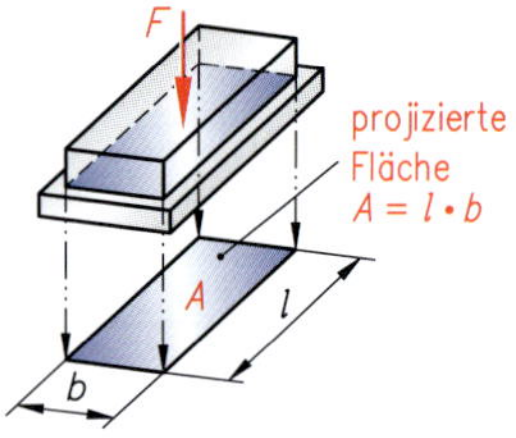 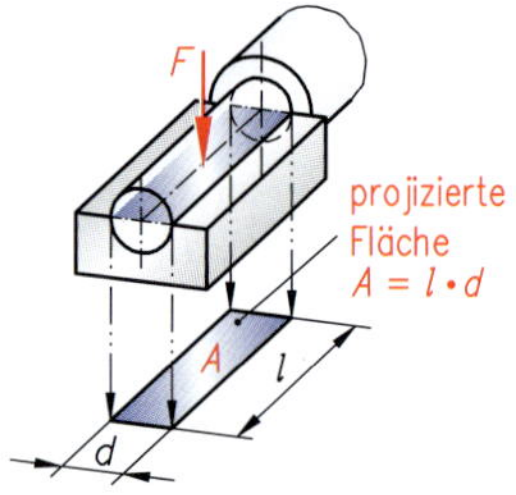	$p = \frac{F}{A}$ $F = p \cdot A$ $\quad A = \frac{F}{p}$ $A = l \cdot b$ $b = \frac{A}{l}$ $\quad l = \frac{A}{b}$ $A = l \cdot d$ $l = \frac{A}{d}$ $\quad d = \frac{A}{l}$	p Flächenpressung F Druckkraft A Berührungsfläche (projizierte Fläche) l Länge der gepressten Fläche b Breite der Pressfläche d Durchmesser des Zapfens	$\frac{N}{mm^2}$, $\frac{N}{cm^2}$ N mm^2, cm^2 mm, cm mm, cm mm, cm

Benennung/Abbildung	Formel/Formelumstellung			Formelzeichen		Einheiten
Scherbeanspruchung, Scherfestigkeit	$\tau_a = \frac{F}{S \cdot c}$	$F = \tau_a \cdot S \cdot c$	$S = \frac{F}{\tau_a \cdot c}$	τ_a	Scherspannung	N/mm²
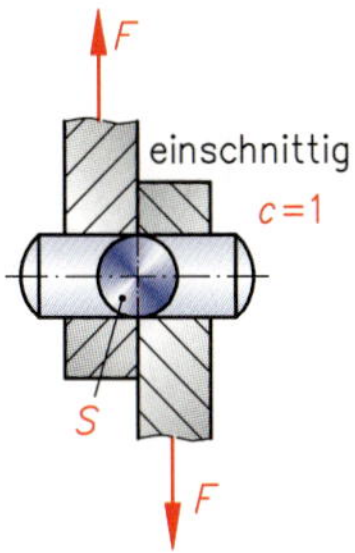	$c = \frac{F}{\tau_a \cdot S}$			F	Scherkraft	N
				S	Querschnittsfläche für einen Flächenquerschnitt	mm²
	$S_{erf} = \frac{F}{\tau_{azul}}$	$F = \tau_{azul} \cdot S_{erf}$	$\tau_{azul} = \frac{F}{S_{erf}}$	c	Anzahl der Querschnittsflächen, Schnittigkeit	
	$\tau_{azul} = \frac{\tau_{aB}}{\nu}$	$\tau_{aB} = \tau_{azul} \cdot \nu$	$\nu = \frac{\tau_{aB}}{\tau_{azul}}$	S_{erf}	erforderliche Querschnittsfläche	mm²
	$\tau_{azul} = \frac{F_{zul}}{S \cdot c}$	$F_{zul} = \tau_{azul} \cdot S \cdot c$		τ_{azul}	zulässige Scherspannung	N/mm²
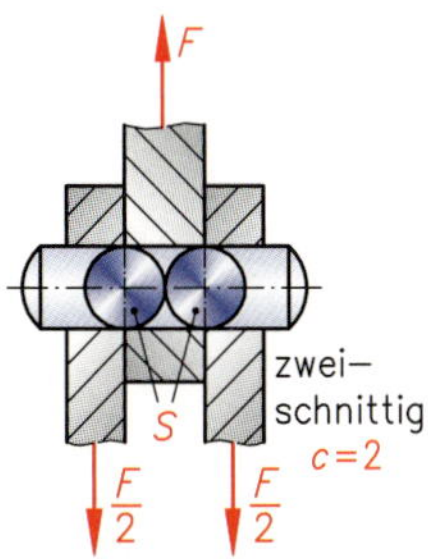	$\tau_{azul} = \frac{R_e}{\nu}$	$R_e = \tau_{azul} \cdot \nu$	$\nu = \frac{R_e}{\tau_{azul}}$	τ_{aF}	Scherfließgrenze (bei Stahl $\tau_{aF} \approx 0{,}6\, R_e$)	N/mm²
	$\tau_{azul} = \frac{\tau_{aF}}{\nu}$	* $\tau_{aF} = \tau_{azul} \cdot \nu$	$\nu = \frac{\tau_{aF}}{\tau_{azul}}$	R_e	Streckgrenze	N/mm²
				R_m	Zugfestigkeit	N/mm²
				ν	Sicherheitszahl	
				τ_{aB}	Scherfestigkeit	N/mm²
				F_{zul}	zulässige Scherkraft	N
				$\tau_{aB} \approx 0{,}8\, R_m$		
	* gilt nur für die statische Belastung, z. B. für Stahl			$\tau_{aF} \approx 0{,}6\, R_m$	bei Stahl	

Benennung/Abbildung	Formel/Formelumstellung	Formelzeichen	Einheiten

Bemessungswerte, Kräfte, Beanspruchbarkeit

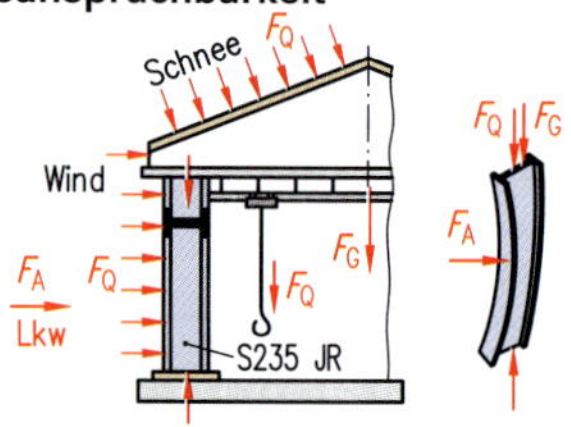

F_G ständige Einwirkungen, z. B. Eigenlast
F_Q veränderliche Einwirkungen, z. B. Windlast, Schneelast
F_A außergewöhnliche Einwirkungen, z. B. Lkw rammt Stütze, Stahlträger

$$F_{G,d} = F_k \cdot \gamma_F \cdot \psi \qquad F_k = \frac{F_{G,d}}{\gamma_F \cdot \psi}$$

$$F_{Q,d} = F_k \cdot \gamma_F \cdot \psi \qquad F_k = \frac{F_{Q,d}}{\gamma_F \cdot \psi}$$

$$F_{S,d} = F_{G,d} + F_{Q,d}$$

$$\sigma_{S,d} = \frac{F_{S,d}}{A} \qquad F_{S,d} = \sigma_{S,d} \cdot A \qquad A = \frac{F_{S,d}}{\sigma_{S,d}}$$

Beanspruchbarkeiten (bezieht sich auf die Materialseite)

$$F_{R,d} = \sigma_{R,d} \cdot A \qquad \sigma_{R,d} = \frac{F_{R,d}}{A} \qquad A = \frac{F_{R,d}}{\sigma_{R,d}}$$

$$\sigma_{R,d} = \frac{f_{y,k}}{\gamma_M} \qquad f_{y,k} = s_{R,d} \cdot \gamma_M$$

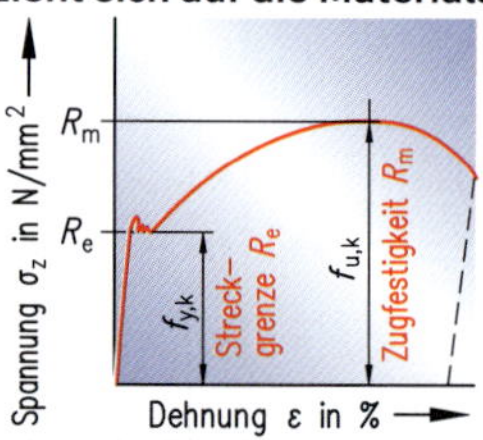

Formelzeichen		Einheiten
$F_{G,d}$	Bemessungswert der Kraft bei ständigen Einwirkungen	N
F_k	charakteristische Kraft	N
γ_F	Teilsicherheitsbeiwert für Einwirkungen	
ψ	Kombinationsbeiwert	
$F_{Q,d}$	Bemessungswert der Kraft bei veränderlichen Einwirkungen	N
$F_{S,d}$	Bemessungswert der Kraft	N
$\sigma_{S,d}$	Bemessungswert der Spannung	N/mm²
A	Querschnittsfläche	mm²
k	charakteristischer Beiwert	
γ_M	Teilsicherheitsbeiwert für Widerstände (= 1,1)	
M	Widerstand des Bauteils gegen Einwirkungen; z. B. Festigkeit	N/mm²
$F_{R,d}$	Grenzwert der Kraft	N
$\sigma_{R,d}$	Grenzwert der Spannung	N/mm²
$f_{y,k}$	charakteristischer Wert der Streckgrenze R_e	
$f_{u,k}$	charakteristischer Wert der Zugfestigkeit R_m	

Charakteristische Werte

Werkstoff	t in mm	$f_{y,k}$ in N/mm²	$f_{u,k}$ in N/mm²
S235JR	$t \leq 40$	240	360
	$40 \leq t \leq 80$	215	
S355JO	$t \leq 40$	360	510
	$40 \leq t \leq 80$	325	
S355N	$t \leq 40$	360	510
	$40 \leq t \leq 80$	325	

Kombinationsbeiwert:	ψ
ständige Einwirkung = E.	1
nur eine veränderliche E.	1
mehr als eine veränderliche E.	0,9

Teilsicherheitswerte

Einwirkungen (E)	γ_F	Widerstand γ_M
ständige E.	1,35	1,1
veränderliche E.	1,50	

Index:
d Bemessungswert;
k charakteristischer Wert;
d designe; S Abk. f. Stress;
R Abk. f. resistance.

Fortsetzung

Benennung/Abbildung	Formel/Formelumstellung	Formelzeichen	Einheiten
Fortsetzung **Tragsicherheitsnachweis** **Spannungsnachweis** 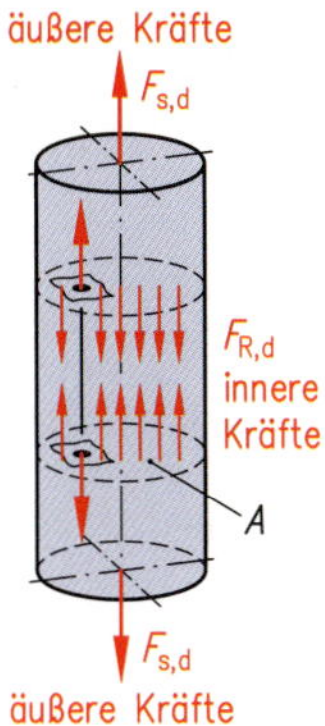	Tragsicherheitsnachweis $S_d \leq R_d$ $F_{S,d} \leq F_{R,d}$ Spannungsnachweis $\sigma_{S,d} = \frac{F_{S,d}}{A}$ $F_{S,d} = \sigma_{S,d} \cdot A$ $A = \frac{F_{S,d}}{\sigma_{S,d}}$ $\sigma_{R,d} = \frac{f_{y,k}}{\gamma_M}$ $f_{y,k} = \sigma_{R,d} \cdot \gamma_M$ $\sigma_{S,d} \leq \sigma_{R,d}$ Index: d Bemessungswert; k charakteristischer Wert; d designe; S Abk. f. Stress; R Abk. f. resistance.	S_d Beanspruchungen R_d Beanspruchbarkeiten $F_{R,d}$ Grenzwert der Kraft $F_{S,d}$ Bemessungswert der Kraft A Flächenquerschnitt, Querschnittsfläche $\sigma_{R,d}$ Grenzwert der Spannung $\sigma_{S,d}$ Bemessungswert der Spannung γ_F Teilsicherheitsbeiwert für die Einwirkungen (s. Tab. S. 110) γ_M Teilsicherheitsbeiwert für den Widerstand (= 1,1) (s. Tab. S. 110) $f_{y,k}$ charakteristischer Wert der Streckgrenze	N N N N mm² N/mm² N/mm²

Benennung/Abbildung	Formel/Formelumstellung
Knickfestigkeit	

Belastungsfall

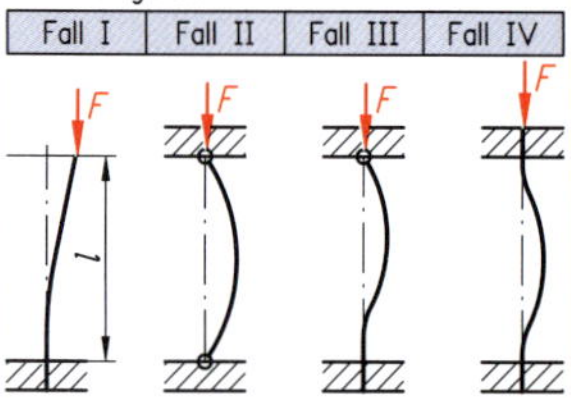

$\beta_k = 2$ $\beta_k = 1$ $\beta_k = 0{,}7$ $\beta_k = 0{,}5$

$s_k = 2 \cdot l$ $s_k = l$ $s_k = 0{,}7 \cdot l$ $s_k = 0{,}5 \cdot l$

β_k Knicklängenbeiwert
s_k freie Knicklänge

Stahlgüte	Bezugsschlankheitsgrad λ_a
S235JR	92,9
S275	86,8
S355JO	75,9
S420	70,2
S460	67,1

Formel/Formelumstellung

$$s_k = \beta_k \cdot l$$

$$\lambda_k = \frac{s_k}{i_{min}}$$

$$\overline{\lambda_k} = \frac{\lambda_k}{\lambda_a}$$

$$F_{pl,\,d} = A \cdot \frac{f_{y,\,k}}{\gamma_M} \qquad f_{y,\,k} = \frac{F_{pl,\,d} \cdot \gamma_M}{A} \qquad A = \frac{F_{pl,\,d} \cdot \gamma_M}{f_{y,\,k}}$$

$$F_{N,\,d} \leq \kappa \cdot F_{pl,\,d}$$

$$i = \sqrt{\frac{I}{A}}$$

(Werte für I, A: Tabellenbuch schwache Achse)

$$\lambda_a = \pi \cdot \sqrt{\frac{E}{f_{y,\,k}}}$$

$E = 210\,000\ \text{N/mm}^2$ für Stahl

$$f_{y,\,k} = \frac{\pi^2 \cdot E}{\lambda_a^2}$$

Index: d Bemessungswert; k charakteristischer Wert

Formelzeichen		Einheiten
$F_{pl,\,d}$	Grenzkraft im plastischen Zustand	N
$F_{N,\,d}$	Bemessungswert der Kraft	N
A	Flächenquerschnitt, Querschnittsfläche	mm^2, cm^2
s_k	freie Knicklänge	m
β_k	Knicklängenbeiwert	m
l	Systemlänge	m
λ_k	Schlankheitsgrad	
i_{min}	kleinster Trägheitsradius	cm
$\overline{\lambda_k}$	bezogener Schlankheitsgrad	
λ_a	Bezugsschlankheitsgrad	N/mm^2
$f_{y,\,k}$	Streckgrenze	(s. S. 110)
γ_M	Teilsicherheitsbeiwert (= 1,1)	
κ	Abminderungsfaktor entsprechend der maßgebenden Knicklinie	
I	Flächenmoment 2. Grades	cm^4
i	Trägheitsradius	cm
E	Elastizitätsmodul	N/mm^2

Fortsetzung

Fortsetzung

Biegeknicknachweis

1. Bemessungswert der Kraft $F_{S,d}$ berechnen:
   $F_{G,d} = F_G \cdot \gamma_F \cdot \psi$ (s. S. 110)
   $F_{Q,d} = F_Q \cdot \gamma_F \cdot \psi$
   $F_{S,d} = F_{G,d} + F_{Q,d}$
2. Freie Knicklänge s_k ermitteln.
3. Trägheitsradius i_{min} aus Tabellen und Schlankheitsgrad λ_k berechnen.
4. Bezogenen Schlankheitsgrad $\bar{\lambda}_k$ berechnen. (λ_a s. S. 112)
5. Knickspannungslinie für Querschnitt zuordnen (a, b, c oder d nach Tabelle 1).
6. Bestimmen des Abminderungsfaktors κ in Abhängigkeit vom bezogenen Schlankheitsgrad $\bar{\lambda}_k$ und der Knickspannungslinie nach Bild 1 und Tabelle 2.
7. Grenzkraft $F_{pl,d}$ mit $f_{y,k}$, γ_M und A berechnen.
8. Bemessungswert der Kraft $F_{S,d}$ mit der durch κ verkleinerten Grenzkraft $F_{pl,d}$ vergleichen. Nachweis der Biegeknicksicherheit:
   $F_{S,d} \leq \kappa \cdot F_{pl,d}$ (s. S. 112)

Bild 1

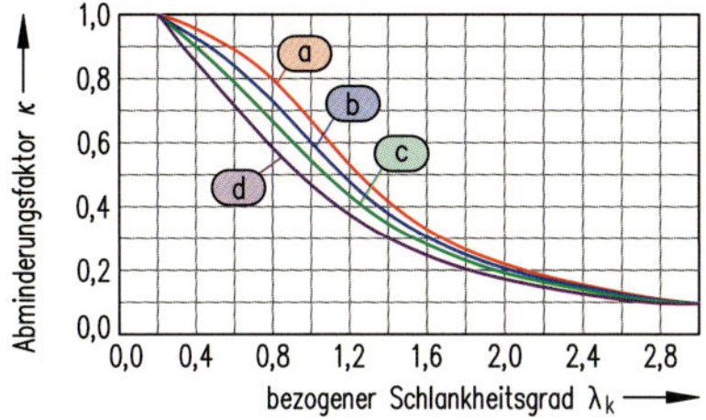

Tabelle 1

Zuordnung der Querschnitte zu den Knickspannungslinien			
Querschnitte	**Begrenzungen**	**Ausweichen rechtwinklig zur Achse**	**Knickspannungslinie**
I-Profile, gewalzt 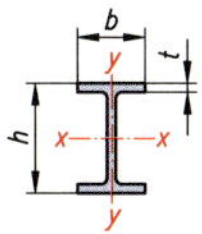	$h/b > 1{,}2$ $t \leq 40$ mm	$x-x$ $y-y$	a b
	$h/b > 1{,}2$ $40 < t \leq 80$ mm	$x-x$	b
	$h/b \leq 1{,}2$ $t \leq 80$ mm	$y-y$	c
	$t > 80$ mm	$x-x$ $y-y$	d
Hohlprofile 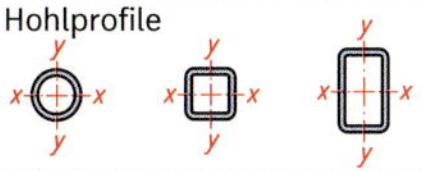	warm gefertigt	$x-x$ $y-y$	a
	kalt gefertigt	$x-x$ $y-y$	c
U- T- und Vollquerschnitt 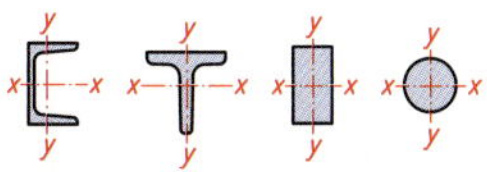	L-Querschnitt 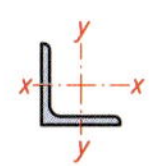	$x-x$ $y-y$	c ¦ b 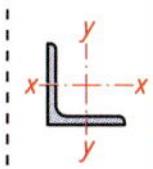

Tabelle 2

$\bar{\lambda}_k$	Abminderungsfaktor κ für Knickspannungslinien			
	a	**b**	**c**	**d**
0,2	1,000	1,000	1,000	1,000
0,3	0,978	0,964	0,949	0,923
0,4	0,953	0,926	0,897	0,850
0,5	0,924	0,884	0,843	0,779
0,6	0,890	0,837	0,785	0,710
0,7	0,848	0,784	0,725	0,643
0,8	0,796	0,724	0,662	0,580
0,9	0,734	0,661	0,600	0,521
1,0	0,666	0,597	0,540	0,467
1,1	0,596	0,535	0,484	0,419
1,2	0,530	0,478	0,434	0,376
1,3	0,470	0,427	0,389	0,339
1,4	0,418	0,382	0,349	0,306
1,5	0,372	0,342	0,315	0,277
1,6	0,333	0,308	0,284	0,251
1,7	0,299	0,278	0,258	0,229
1,8	0,270	0,252	0,235	0,209
1,9	0,245	0,229	0,214	0,192
2,0	0,223	0,209	0,196	0,177
2,1	0,204	0,192	0,180	0,163
2,2	0,187	0,176	0,166	0,151
2,3	0,172	0,163	0,154	0,140
2,4	0,159	0,151	0,142	0,130
2,5	0,147	0,140	0,132	0,121
2,6	0,136	0,130	0,123	0,113
2,7	0,127	0,121	0,115	0,106
2,8	0,118	0,113	0,108	0,100
2,9	0,111	0,106	0,101	0,094
3,0	0,104	0,099	0,095	0,088

Benennung/Abbildung	Formel/Formelumstellung	Formelzeichen	Einheiten

Zugbeanspruchung

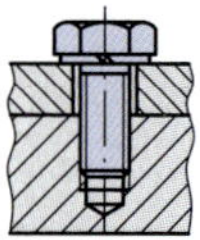

$F_{S,d} = \gamma_F \cdot \psi \cdot F$ $\quad F = \dfrac{F_{S,d}}{\gamma_F \cdot \psi}$

$F_{S,d} \leq F_{R,d}$

Festigkeitsklasse

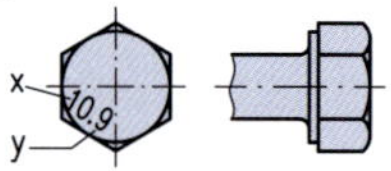

$f_{u,b,k} = x \cdot 100$

$f_{y,b,k} = x \cdot y \cdot 10$

Beanspruchung auf Abscherung, einschnittig

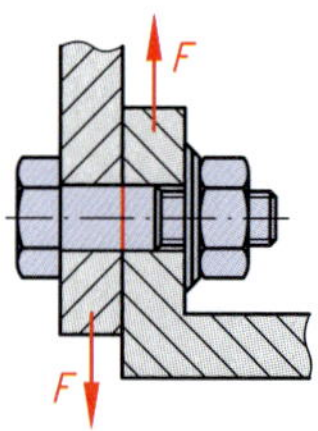

$F_{a,R,d} = n \cdot m \cdot F_a$ $\quad m = \dfrac{F_{a,R,d}}{n \cdot F_a}$ $\quad n = \dfrac{F_{a,R,d}}{m \cdot F_a}$

$F_{S,d} \leq F_{a,R,d}$ $\quad$ (F_a siehe Tab.)

$F_{S,d} = \gamma_F \cdot \psi \cdot F$

Formelzeichen		Einheiten
F	Kraft, Zugkraft, Scherkraft	N
$F_{S,d}$	Bemessungswert der Kraft	N
$F_{R,d}$	Grenzwert der Kraft	N
$F_{a,R,d}$	Grenzwert der Abscherkraft	N
$F_{l,R,d}$	Grenzwert der Lochleibungskraft	N
F_a	Abscherkonstante (s. Tab. S. 114)	N
F_l	Lochleibungskonstante	N
t_{min}	Werkstoffdicke	mm
γ_F	Teilsicherheitsbeiwert der Einwirkungen	(s. Tab. S. 110)
ψ	Kombinationsbeiwert	(s. Tab. S. 110)
$f_{u,b,k}$	Zugfestigkeit des Werkstoffs der Schraube	N/mm²
$f_{y,b,k}$	Streckgrenze des Werkstoffs der Schraube	N/mm²
m	Anzahl der Scherfugen	
n	Anzahl der Schrauben	

Verbindung*	Festigkeitsklasse	M12	M16	M22	M27	M30
Grenzwert der Kraft $F_{R,d}$ in kN						
SL	4.6	22,4	39,9	75,4	114	140
SL	5.6	28,0	49,8	94,2	142	175
SL, GV	8.8	49,0	91,3	176	267	326
SL, GV	10.9	61,3	114	220	334	408

* SL Scher-Lochleibungsverbindung;
GV gleitfeste Verbindung mit Vorspannung.

Abscherkonstante F_a in kN (eine Schraube, einschnittige Verbindung)**

	Festigkeitsklasse	M12	M16	M22	M27	M30
SLP	5.6	36,3	61,9	113	168	206
SLP, SLVP	8.8	58	99,1	181	269	329
SLP, SLVP	10.9	66,5	114	208	308	378

** SLP Scher-Lochleibung mit Passschrauben;
SLVP Scher-Lochleibungsverbindung mit Passschrauben.

Fortsetzung

Benennung/Abbildung	Formel/Formelumstellung	Formelzeichen	Einheiten

Fortsetzung

Beanspruchung auf Lochleibung

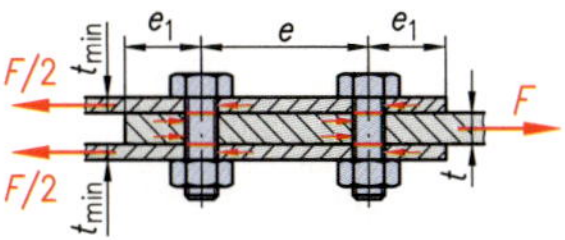

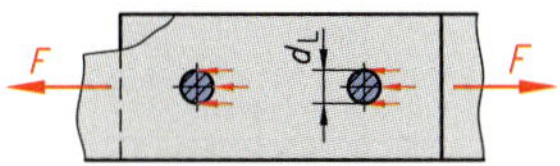

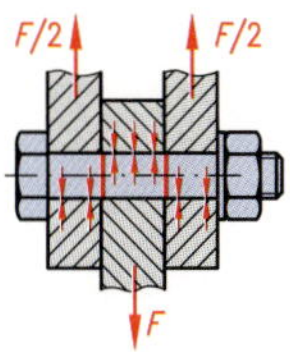

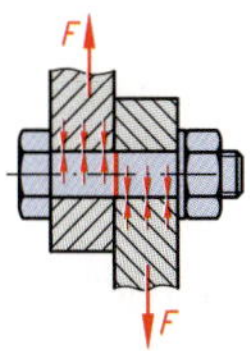

$$F_{S,d} = \gamma_F \cdot \psi \cdot F$$

$$F_{l,R,d} = n \cdot t_{min} \cdot F_l \qquad n = \frac{F_{l,R,d}}{t_{min} \cdot F_l} \qquad t_{min} = \frac{F_{l,R,d}}{n \cdot F_l}$$

$$F_{S,d} \leq F_{l,R,d}$$

Formelzeichen	Bedeutung	Einheiten
$F_{S,d}$	Bemessungswert der Kraft	N
γ_F	Teilsicherheitsbeiwert der Einwirkungen	(s. Tab. S. 110)
ψ	Kombinationsbeiwert	(s. Tab. S. 110)
F	Kraft, Zugkraft, Scherkraft	N
F_l	Konstante der Lochleibung	N (s. Tab. S. 115)
$F_{l,R,d}$	Grenzwert der Lochleibungskraft	N
n	Anzahl der Schrauben	
t	Werkstoffdicke, Materialstärke	mm
t_{min}	Werkstoffdicke, Materialstärke, dünnstes Material	cm
d_L	Lochdurchmesser	mm

Konstante der Lochleibung F_l in kN/cm pro 1 cm Bauteildicke

Verbindungsarten*	**Werkstoff** des Bauteils	**Lochdurchmesser d_L für Passschrauben, Bolzen, Nieten in mm** **Ø13**	**Ø17**	**Ø21**	**Ø25**
		Schrauben M12	**M16**	**M20**	**M24**
SL, GV	S235 JR	49,75	66,33	82,91	99,49
SLP, GVP	S235 JR	53,87	70,47	87,05	103,6
SL, GV	S355 JO	74,62	99,49	124,4	149,2
SLP, GVP	S355 JO	80,84	105,7	130,6	155,5

* SL Scher-Lochreibung; SLP Scher-Lochleibung mit Passschrauben;
GV gleitfeste vorgespannte Verbindung; GVP gleitfeste vorgespannte Verbindung mit Passschrauben.

Abstand der Schrauben vom Rand: $e_1/d_L \geq 2{,}0$
Abstand von Schraube zu Schraube: $e/d_L \geq 2{,}5$

Rand- und Lochabstände für Schrauben, Nieten, Wurzelmaße bei Profilen

Benennung/Abbildung

Fortsetzung

Rand- und Lochabstände von Schrauben und Nieten

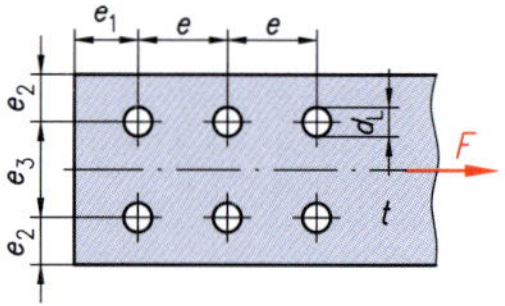

F Kraftrichtung
d_L Lochdurchmesser
t Dicke des dünnsten Blechs der Verbindung

Randabstände				
Randabstände	**kleinster Randabstand**	in Kraftrichtung	e_1	$1{,}2 \cdot d_L$
		⊥ [1] zur Kraftrichtung	e_2	$1{,}2 \cdot d_L$
	größter Randabstand	in und ⊥ zur Kraftrichtung	e_1 bzw. e_2	$3 \cdot d_L$ oder $6 \cdot t$

Lochabstände				
Lochabstände	**kleinster Lochabstand**	in Kraftrichtung	e	$2{,}2 \cdot d_L$
		⊥ zur Kraftrichtung	e_3	$2{,}4 \cdot d_L$
	größter Lochabstand *e* bzw. e_3	zur Sicherung gegen lokales Beulen		$6 \cdot d_L$ oder $12 \cdot t$
		wenn keine Beulgefahr besteht	e bzw. e_3	

Gestanzte Löcher

kleinste Randabstände e_1 bzw. e_2	$1{,}5 \cdot d_L$
kleinste Lochabstände e bzw. e_3	$3 \cdot d_L$

⊥ [1] senkrecht

Nennlochspiel, Vorspannung von Schrauben
Festigkeitsklasse der Schrauben

$$\Delta d = d_L - d_{Sch}$$

Δd	Nennlochspiel	mm
d_L	Lochdurchmesser	mm
d_{Sch}	Schaftdurchmesser	mm

Nennlochspiel	**ohne Vorspannung**	**mit Vorspannung ohne gleitfester Reibfläche**	**mit Vorspannung mit gleitfester Reibfläche**
$0{,}3 < \Delta d \leq 2{,}0$	SL	SLV	GV
$\Delta d \leq 0{,}3$	SLP	SLVP	GVP
Festigkeitsklasse	4.6; 5.6; 8.8; 10.9	8.8; 10.9	8.8; 10.9

Ausführungsformen von Schraubenverbindungen

SL	Scher-Lochleibungsverbindung
SLP	Scher-Lochleibungsverbindung mit Passschrauben
SLV	Scher-Lochleibungsverbindung mit Vorspannung
SLVP	Scher-Lochleibungsverbindung mit Vorspannung und Passschrauben
GV	gleitfeste vorgespannte Verbindung
GVP	gleitfeste vorgespannte Verbindung mit Passschrauben

Wurzelmaße bei Profilen

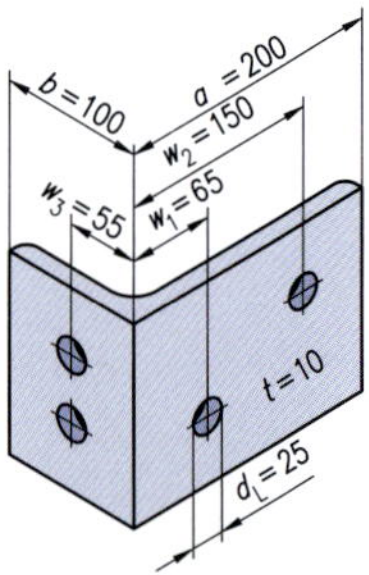

Bei Profilverbindungen werden die Wurzelmaße (Anreißmaße) sowie weitere Maße mit Tabellenbüchern bestimmt. Für den ungleichschenkligen Winkelstahl mit der Bezeichnung L DIN EN 10056-1-200 × 100 × 10 findet man die Wurzelmaße w_1, w_2, w_3 sowie Lochdurchmesser $d_{1\,max} = 28$ mm, $d_{2\,max} = 25$ mm, vgl. nebenstehende Zeichnung.
Die für die Verbindung erforderlichen Rand- und Lochabstände sind bei Beachtung der Kraftrichtung nach den oberen Tabellen zu berechnen.

Benennung/Abbildung	Formel/Formelumstellung	Formelzeichen	Einheiten
Einfacher Riementrieb 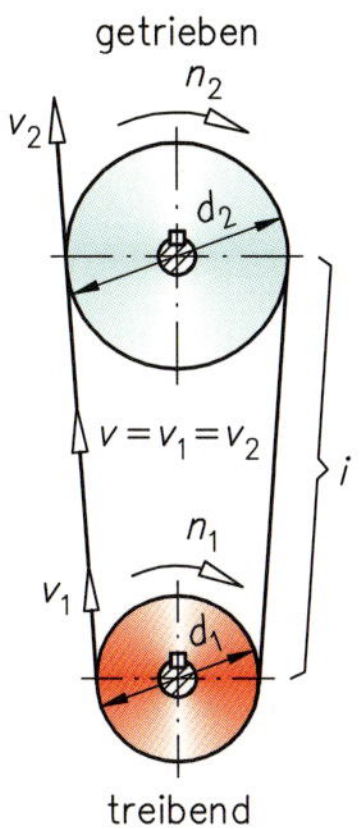 	$v = v_1 = v_2$ $d_1 \cdot n_1 = d_2 \cdot n_2$ $d_1 = \frac{d_2 \cdot n_2}{n_1}$ $n_1 = \frac{d_2 \cdot n_2}{d_1}$ $d_2 = \frac{d_1 \cdot n_1}{n_2}$ $n_2 = \frac{d_1 \cdot n_1}{d_2}$ $i = \frac{n_1}{n_2}$ $n_1 = i \cdot n_2;\ n_2 = \frac{n_1}{i}$ $v = \frac{d \cdot \pi \cdot n}{1\,000}$ zugeschnittene Größengleichung $d = \frac{v \cdot 1\,000}{\pi \cdot n}$ $n = \frac{v \cdot 1\,000}{d \cdot \pi}$ $i = \frac{d_2}{d_1}$ $d_2 = d_1 \cdot i;\ d_1 = \frac{d_2}{i}$	**treibende Scheibe:** d_1 Durchmesser n_1 Umdrehungsfrequenz (Drehzahl) **getriebe Scheibe:** d_2 Durchmesser n_2 Umdrehungsfrequenz (Drehzahl) i Übersetzungsverhältnis v, v_1, v_2 Umfangsgeschwindigkeit $i > 1$: Übersetzung ins Langsame $i < 1$: Übersetzung ins Schnelle $i = 1$: direkte Übersetzung Berechnung der Umfangsgeschwindigkeit S. 77, 78	 mm min^{-1} mm min^{-1} m/min

Benennung/Abbildung	Formel/Formelumstellung	Formelzeichen	Einheiten
Mehrfacher Riementrieb	$d_1 \cdot d_3 \cdot n_1 = d_2 \cdot d_4 \cdot n_4$	**treibende Scheiben:**	
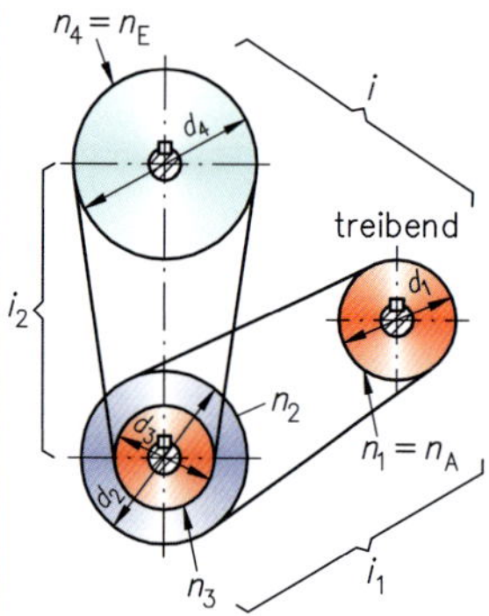 	$n_1 = \frac{d_2 \cdot d_4}{d_1 \cdot d_3} \cdot n_4$	$d_1, d_3, \ldots$ Durchmesser	mm, cm, m
	$n_4 = \frac{d_1 \cdot d_3}{d_2 \cdot d_4} \cdot n_1$	$n_1, n_3, \ldots$ Umdrehungsfrequenzen (Drehzahlen)	min^{-1}
	$d_1 = \frac{d_2 \cdot d_4}{d_3 \cdot n_1} \cdot n_4$	**getriebene Scheiben:**	
	$d_2 = \frac{d_1 \cdot d_3}{d_4 \cdot n_4} \cdot n_1$	$d_2, d_4, \ldots$ Durchmesser	mm, cm, m
	$d_3 = \frac{d_2 \cdot d_4}{d_1 \cdot n_1} \cdot n_4$	$n_2, n_4, \ldots$ Umdrehungsfrequenzen (Drehzahlen)	min^{-1}
	$d_4 = \frac{d_1 \cdot d_3}{d_2 \cdot n_4} \cdot n_1$	$i_1, i_2, \ldots$ Einzelübersetzungen	
		i Gesamtübersetzung	
		n_A Anfangsdrehzahl	min^{-1}
		n_E Enddrehzahl	min^{-1}
		$n_2 = n_3$ Umdrehungsfrequenzen (Drehzahlen)	min^{-1}
			Fortsetzung

Riementrieb, Übersetzungen

Benennung/Abbildung	Formel/Formelumstellung	Formelzeichen	Einheiten
Fortsetzung **Mehrfacher Riementrieb**	$i_1 = \frac{d_2}{d_1}$ $i_1 = \frac{n_1}{n_2}$	**treibende Scheiben:**	
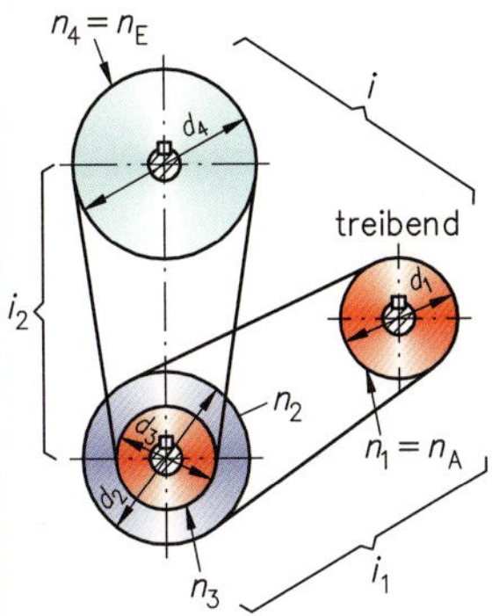	$i_2 = \frac{d_4}{d_3}$ $i_2 = \frac{n_3}{n_4}$	$d_1, d_3, \ldots$ Durchmesser	mm, cm, m
		$n_1, n_3, \ldots$ Umdrehungs-frequenzen (Drehzahlen)	min^{-1}
	$i = i_1 \cdot i_2$	**getriebene Scheiben:**	
	$i = \frac{n_1}{n_2} \cdot \frac{n_3}{n_4} \cdot \frac{\ldots}{\ldots}$	$d_2, d_4, \ldots$ Durchmesser	mm, cm, m
	$i = \frac{d_2}{d_1} \cdot \frac{d_4}{d_3} \cdot \frac{\ldots}{\ldots}$	$n_2, n_4, \ldots$ Umdrehungs-frequenazen (Drehzahlen)	min^{-1}
		$i_1, i_2, \ldots$ Einzelübersetzungen	
	$i = \frac{n_A}{n_E}$	i Gesamtübersetzung	
		n_A Anfangsdrehzahl	min^{-1}
	$n_A = i \cdot n_E$	n_E Enddrehzahl	min^{-1}
	$n_E = \frac{n_A}{i}$	$n_2 = n_3$	
		$i > 1$: Übersetzung ins Langsame	
		$i < 1$: Übersetzung ins Schnelle	
		$i = 1$: direkte Übersetzung	

Benennung/Abbildung	Formel/Formelumstellung	Formelzeichen	Einheiten
Einfacher Zahntrieb 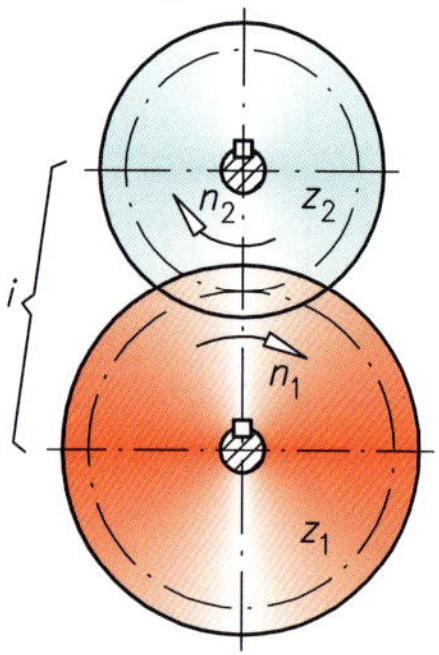 	$z_1 \cdot n_1 = z_2 \cdot n_2$ $n_1 = \frac{z_2 \cdot n_2}{z_1}$ $z_1 = \frac{z_2 \cdot n_2}{n_1}$ $i = \frac{z_2}{z_1}$ $z_2 = i \cdot z_1$ $z_1 = \frac{z_2}{i}$ $i = \frac{n_1}{n_2}$ $n_1 = i \cdot n_2$ $n_2 = \frac{n_1}{i}$	z_1 Zähnezahl treibendes Rad n_1 Umdrehungsfrequenz (Drehzahl) treibendes Rad z_2 Zähnezahl getriebenes Rad n_2 Umdrehungsfrequenz (Drehzahl) getriebenes Rad $i > 1$: Übersetzung ins Langsame $i < 1$: Übersetzung ins Schnelle $i = 1$: direkte Übersetzung	 min^{-1} min^{-1}

Benennung/Abbildung	Formel/Formelumstellung	Formelzeichen	Einheiten
Mehrfacher Zahntrieb 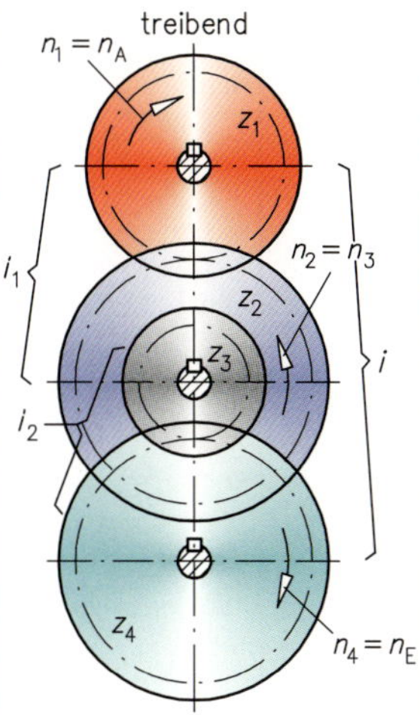	$z_1 \cdot z_3 \cdot n_1 = z_2 \cdot z_4 \cdot n_4$ $n_1 = \frac{z_2 \cdot z_4}{z_1 \cdot z_3} \cdot n_4$ $n_4 = \frac{z_1 \cdot z_3}{z_2 \cdot z_4} \cdot n_1$ $z_1 = \frac{z_2 \cdot z_4}{z_3 \cdot n_1} \cdot n_4$ $z_2 = \frac{z_1 \cdot z_3}{z_4 \cdot n_4} \cdot n_1$ $z_3 = \frac{z_2 \cdot z_4}{z_1 \cdot n_1} \cdot n_4$ $z_4 = \frac{z_1 \cdot z_3}{z_2 \cdot n_4} \cdot n_1$	**treibende Räder:** $z_1, z_3, \ldots$ Zähnezahl $n_1, n_3, \ldots$ Umdrehungsfrequenzen (Drehzahlen) **getriebene Räder:** $z_2, z_4, \ldots$ Zähnezahl $n_2, n_4, \ldots$ Umdrehungsfrequenzen (Drehzahlen) $i_1, i_2, \ldots$ Einzelübersetzungen i Gesamtübersetzung n_A Anfangsdrehzahl n_E Enddrehzahl $n_2 = n_3$	 min^{-1} min^{-1} min^{-1} min^{-1} *Fortsetzung*

Benennung/Abbildung	Formel/Formelumstellung	Formelzeichen	Einheiten
Fortsetzung **Mehrfacher Zahntrieb** 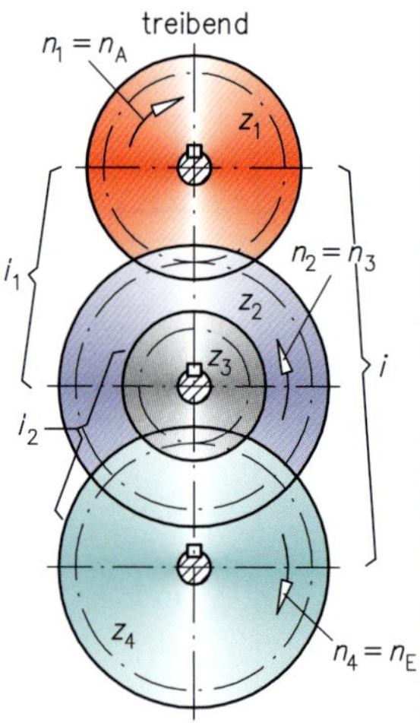 	$i_1 = \frac{z_2}{z_1}$ $\quad i_1 = \frac{n_1}{n_2}$ $i_2 = \frac{z_4}{z_3}$ $\quad i_2 = \frac{n_3}{n_4}$ $i = i_1 \cdot i_2$ $i = \frac{n_1}{n_2} \cdot \frac{n_3}{n_4} \cdot \frac{...}{...}$ $i = \frac{z_2}{z_1} \cdot \frac{z_4}{z_3} \cdot \frac{...}{...}$ $i = \frac{n_A}{n_E}$ $n_A = i \cdot n_E$ $n_E = \frac{n_A}{i}$	**treibende Räder:**	
		$z_1, z_3, ...$ Zähnezahl	
		$n_1, n_3, ...$ Umdrehungsfrequenzen (Drehzahlen)	min^{-1}
		getriebene Räder:	
		$z_2, z_4, ...$ Zähnezahl	
		$n_2, n_4, ...$ Umdrehungsfrequenzen (Drehzahlen)	min^{-1}
		$i_1, i_2, ...$ Einzelübersetzungen	
		i Gesamtübersetzung	
		n_A Anfangsdrehzahl	min^{-1}
		n_E Enddrehzahl	min^{-1}
		$n_2 = n_3$	
		$i > 1$: Übersetzung ins Langsame	
		$i < 1$: Übersetzung ins Schnelle	
		$i = 1$: direkte Übersetzung	

Benennung/Abbildung	Formel/Formelumstellung	Formelzeichen	Einheiten
Schneckentrieb 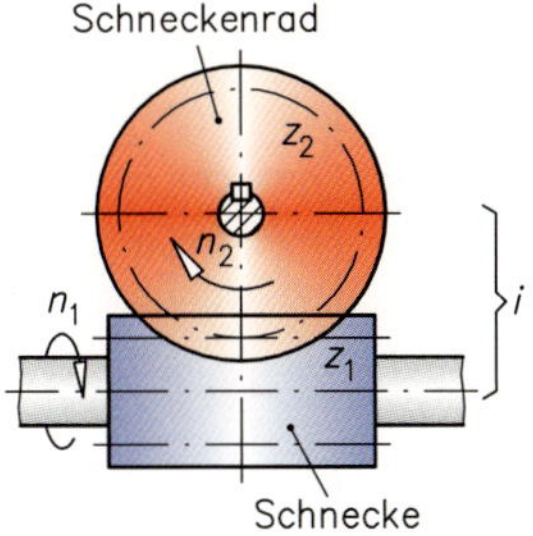 	$z_1 \cdot n_1 = z_2 \cdot n_2$ $n_1 = \frac{z_2 \cdot n_2}{z_1}$ $n_2 = \frac{z_1 \cdot n_1}{z_2}$ $z_1 = \frac{z_2 \cdot n_2}{n_1}$ $z_2 = \frac{z_1 \cdot n_1}{n_2}$ $i = \frac{n_1}{n_2}$ $i = \frac{z_2}{z_1}$ $n_1 = i \cdot n_2$ $n_2 = \frac{n_1}{i}$ $z_1 = \frac{z_2}{i}$ $z_2 = i \cdot z_1$	z_1 Gangzahl Schnecke (Zähnezahl) n_1 Umdrehungsfrequenz (Drehzahl) Schnecke z_2 Zähnezahl Schneckenrad n_2 Umdrehungsfrequenz (Drehzahl) Schneckenrad i Übersetzungsverhältnis	 min^{-1} min^{-1}

Benennung/Abbildung	Formel/Formelumstellung	Formelzeichen	Einheiten
Achsabstand Außenverzahnung 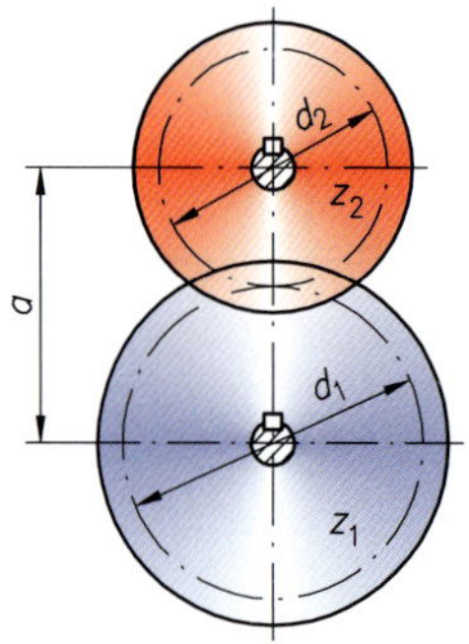	$a = \frac{m}{2} \cdot (z_1 + z_2)$ $m = \frac{2 \cdot a}{z_1 + z_2}$ $z_1 = \frac{2 \cdot a}{m} - z_2$ $z_2 = \frac{2 \cdot a}{m} - z_1$ $a = \frac{d_1 + d_2}{2}$ $d_1 = 2 \cdot a - d_2$ $d_2 = 2 \cdot a - d_1$	a Achsabstand m Modul z_1 Zähnezahl z_2 Zähnezahl d_1 Teilkreisdurchmesser d_2 Teilkreisdurchmesser	mm, cm, m mm, cm, m mm, cm, m mm, cm, m

Achsabstand bei Innenverzahnung

Benennung/Abbildung	Formel/Formelumstellung	Formelzeichen	Einheiten
Achsabstand Innenverzahnung 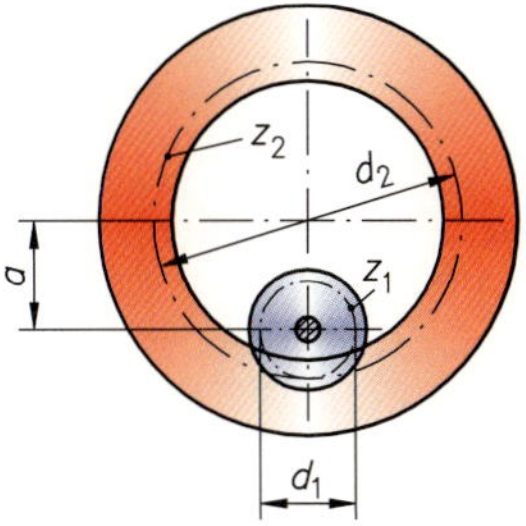 	$a = \frac{m}{2} \cdot (z_2 - z_1)$ $m = \frac{2 \cdot a}{z_2 - z_1}$ $z_1 = z_2 - \frac{2 \cdot a}{m}$ $z_2 = z_1 + \frac{2 \cdot a}{m}$ $a = \frac{d_2 - d_1}{2}$ $d_1 = d_2 - 2 \cdot a$ $d_2 = d_1 + 2 \cdot a$	a Achsabstand m Modul z_1 Zähnezahl des inneren Rades z_2 Zähnezahl des großen Rades d_1 Teilkreisdurchmesser des inneren Rades d_2 Teilkreisdurchmesser des großen Rades	mm, cm, m mm, cm, m mm, cm, m mm, cm, m

Zahnstangentrieb

Benennung/Abbildung	Formel/Formelumstellung	Formelzeichen	Einheiten
Zahnstangentrieb 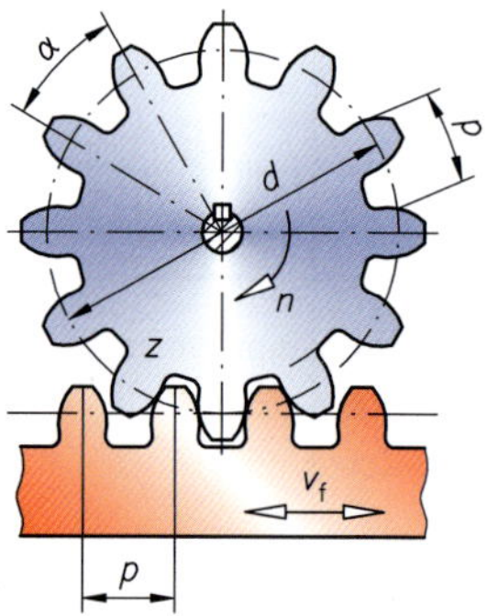	Zahnstangenweg in Abähngigkeit vom Drehwinkel α: $s_\alpha = m \cdot z \cdot \pi \cdot \frac{\alpha}{360°}$ $\quad m = \frac{s_\alpha \cdot 360°}{z \cdot \pi \cdot \alpha}$ $z = \frac{s_\alpha \cdot 360°}{m \cdot \pi \cdot \alpha}$ $\quad \alpha = \frac{s_\alpha \cdot 360°}{m \cdot z \cdot \pi}$ $v_f = n \cdot z \cdot p$ $\quad n = \frac{v_f}{z \cdot p}$; $z = \frac{v_f}{n \cdot p}$ $p = \frac{v_f}{n \cdot z}$ $p = \pi \cdot m$ $\quad m = \frac{p}{\pi}$ Zahnstangenweg bei einer Umdrehung: $s = z \cdot m \cdot \pi$ $\quad z = \frac{s}{m \cdot \pi}$ $m = \frac{s}{z \cdot \pi}$ $v_f = d \cdot \pi \cdot n$ $\quad d = \frac{v_f}{\pi \cdot n}$ $\quad n = \frac{v_f}{\pi \cdot d}$	s_α Zahnstangenweg in Abhängigkeit vom Drehwinkel m Modul z Zähnezahl des Zahnrades α Drehwinkel des Zahnrades v_f Vorschubgeschwindigkeit n Umdrehungsfrequenz (Drehzahl) des Zahnrades p Teilung s Zahnstangenweg d Teilkreisdurchmesser des Zahnrades	mm mm in ° (Grad) $\frac{mm}{min}$ min^{-1} mm mm mm

Benennung/Abbildung	Formel/Formelumstellung	Formelzeichen	Einheiten
Zahnradberechnung 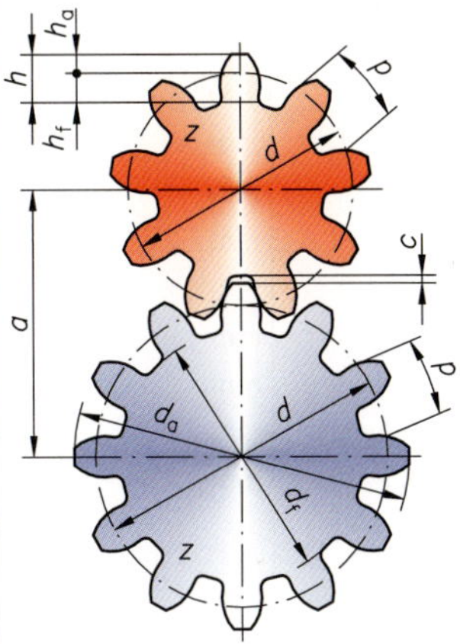	$d = m \cdot z$ $m = \frac{d}{z}$ $z = \frac{d}{m}$ $m = \frac{p}{\pi}$ $p = m \cdot \pi$ $h = h_a + h_f$ $h_a = m$ $h_f = m + c$ $h_f = 1{,}2 \cdot m$ $h = m + m + c = 2 \cdot m + c$ $h = m + 1{,}2 \cdot m = 2{,}2 \cdot m$ $c = 0{,}1 \cdot m$ bis $0{,}3 \cdot m$ häufig $c = 0{,}167 \cdot m$	d Teilkreisdurchmesser z Zähnezahl m Modul p Teilung h Zahnhöhe h_a Zahnkopfhöhe h_f Zahnfußhöhe c Kopfspiel d_a Kopfkreisdurchmesser d_f Fußkreisdurchmesser a Achsabstand	mm mm mm mm mm mm mm mm mm mm *Fortsetzung*

Benennung/Abbildung	Formel/Formelumstellung	Formelzeichen	Einheiten
Fortsetzung **Zahnradberechnung** 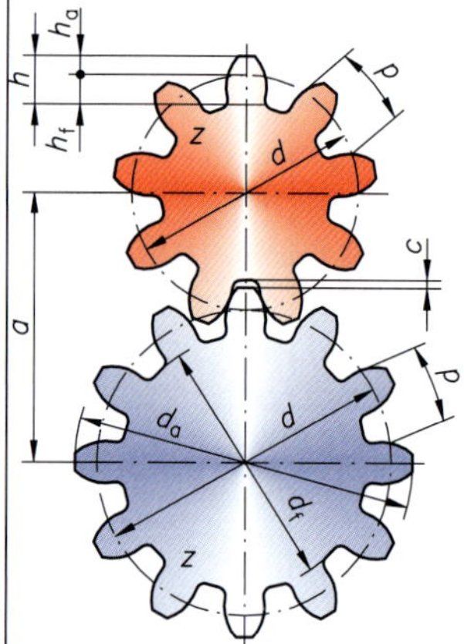	$d_a = d + 2 \cdot m$ $d_a = m \cdot (z + 2)$ $d_f = m \cdot (z - 2{,}4)$ $d_f = d - 2{,}4 \cdot m$ $c = h_f - h_a$ $c = 0{,}1 \cdot m$ bis $0{,}3 \cdot m$ häufig $c = 0{,}167 \cdot m$ $a = \frac{z_1 + z_2}{2} \cdot m$ $a = \frac{d_1 + d_2}{2}$	d Teilkreisdurchmesser z Zähnezahl m Modul p Teilung h Zahnhöhe h_a Zahnkopfhöhe h_f Zahnfußhöhe c Kopfspiel d_a Kopfkreisdurchmesser d_f Fußkreisdurchmesser a Achsabstand	mm mm mm mm mm mm mm mm mm mm

Benennung/Abbildung	Formel/Formelumstellung	Formelzeichen	Einheiten
Temperatureinheiten 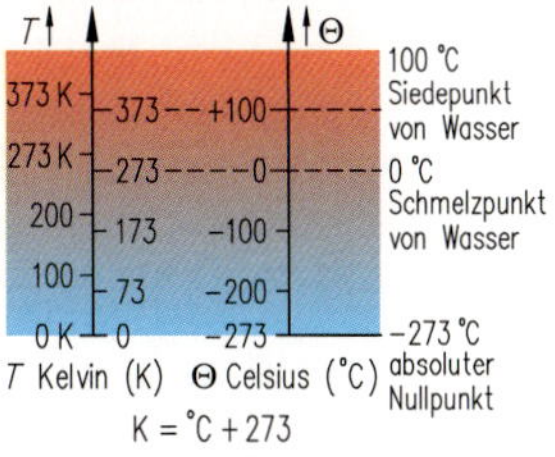	$\Theta = T - 273$ $T = \Theta + 273$ genau 0 K = –273,15 °C $t_F = 1{,}8 \cdot t + 32$	Θ, ϑ Temperatur T Temperatur (thermodynamische Temperatur) $\Delta\Theta, \Delta T$ Temperaturdifferenzen Die thermodynamische Temperatur in Kelvin (K) geht von der tiefstmöglichen Temperatur (vom absoluten Nullpunkt) aus. Die Celsiustemperatur geht vom Schmelzpunkt des Eises aus.	in °C in K in K
Längenänderung 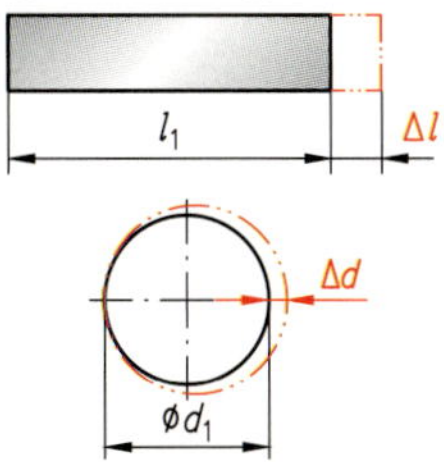	$\Delta l = l_1 \cdot \alpha_l \cdot (\Theta_2 - \Theta_1)$ $\Delta\Theta = \Theta_2 - \Theta_1$ $\Delta l = l_1 \cdot \alpha_l \cdot \Delta\Theta$ $l_1 = \frac{\Delta l}{\alpha_l \cdot \Delta\Theta}$ $\alpha_l = \frac{\Delta l}{l_1 \cdot \Delta\Theta}$ $\Delta\Theta = \frac{\Delta l}{l_1 \cdot \alpha_l}$ $\Delta d = d_1 \cdot \alpha_l \cdot (\Theta_2 - \Theta_1)$	Δl Längenänderung l_1 Anfangslänge α_l Längenausdehnungskoeffizient Θ_1, ϑ_1 Temperatur vor Erwärmung Θ_2, ϑ_2 Temperatur nach Erwärmung $\Delta\Theta, \Delta\vartheta$ Temperaturdifferenz d_1 Anfangsdurchmesser Δd Durchmesseränderung nach der Erwärmung	mm mm $\frac{1}{K}, \frac{1}{°C}$ K, °C K, °C K, °C mm mm

α_l in 1/K		
Stahl: $0{,}000012 = 12 \cdot 10^{-6}$ Al: $0{,}000023 = 23 \cdot 10^{-6}$	Cu: $0{,}000018 = 18 \cdot 10^{-6}$ PVC: $0{,}000080 = 80 \cdot 10^{-6}$	Glas: $0{,}000010 = 10 \cdot 10^{-6}$ Beton: $0{,}000010 = 10 \cdot 10^{-6}$

Benennung/Abbildung	Formel/Formelumstellung	Formelzeichen	Einheiten
Volumenänderung 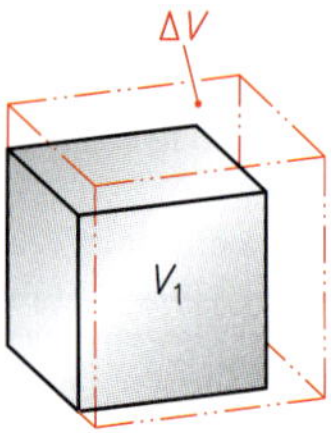	$\Delta V = V_1 \cdot \alpha_V \cdot (\Theta_2 - \Theta_1)$ $\Delta\Theta = \Theta_2 - \Theta_1$ $\Delta V = V_1 \cdot \alpha_V \cdot \Delta\Theta$ $V_1 = \frac{\Delta V}{\alpha_V \cdot \Delta\Theta}$ $\alpha_V = \frac{\Delta V}{V_1 \cdot \Delta\Theta}$ $\Delta\Theta = \frac{\Delta V}{V_1 \cdot \alpha_V}$ $\alpha_V \approx 3 \cdot \alpha_l$ Gase: $\Delta V = V_1 \cdot \frac{1}{273} \cdot \Delta\Theta$ $V_1 = \frac{\Delta V \cdot 273}{\Delta\Theta}$ $\Delta\Theta = \frac{\Delta V \cdot 273}{V_1}$	ΔV Volumenänderung V_1 Anfangsvolumen α_V Volumenausdehnungskoeffizient $\alpha_V \approx 3 \cdot \alpha_l$ für feste Stoffe Θ_1, ϑ_1 Temperatur vor Erwärmung Θ_2, ϑ_2 Temperatur nach Erwärmung $\Delta\Theta, \Delta\vartheta$ Temperaturdifferenz 273 vgl. S. 129 genau: 0 K = –273,15 °C	mm^3, cm^3, dm^3, l mm^3, cm^3, dm^3, l $\frac{1}{K}, \frac{1}{°C}$ $\frac{1}{K}, \frac{1}{°C}$ K, °C K, °C K, °C 1 l = 1 dm^3 = 1 000 cm^3 = 0,001 m^3

Benennung/Abbildung	Formel/Formelumstellung	Formelzeichen		Einheiten
Wärmemenge und spezifische Wärmekapazität 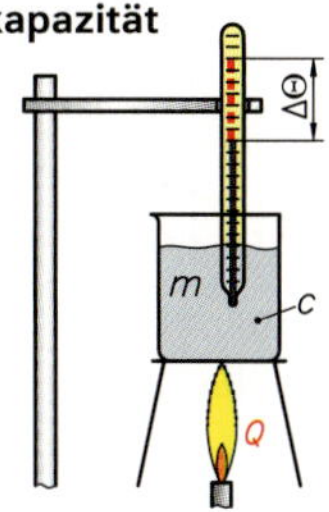 	$Q = m \cdot c \cdot (\Theta_2 - \Theta_1)$ $\Delta\Theta = \Theta_2 - \Theta_1$ $Q = m \cdot c \cdot \Delta\Theta$ $m = \frac{Q}{\Delta\Theta \cdot c}$ $c = \frac{Q}{m \cdot \Delta\Theta}$ $\Delta\Theta = \frac{Q}{c \cdot m}$	Q	Wärmemenge	kJ
		m	Masse	kg
		c	spezifische Wärmekapazität	$\frac{kJ}{kg \cdot K}$, $\frac{kJ}{kg \cdot °C}$
		Θ_1, ϑ_1	Temperatur vor Erwärmung	K, °C
		Θ_2, ϑ_2	Temperatur nach Erwärmung	K, °C
		$\Delta\Theta$, $\Delta\vartheta$	Temperaturdifferenz	K, °C
		$1\ N \cdot m = 1\ J = 1\ W \cdot 1\ s = 1\ W \cdot s;\ 1\ MJ = \frac{1}{3{,}6}\ kW \cdot h$ $1\ kW \cdot h = 3{,}6 \cdot 10^6\ J = 3{,}6\ MJ = 3\,600\ kJ = 3\,600\,000\ J$		
Wärmestrom 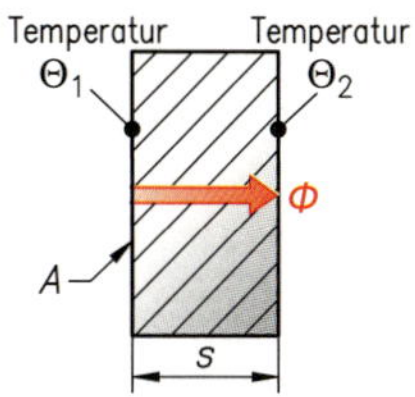 	**Wärmestrom bei Wärmeleitung** $\Phi = \frac{\lambda \cdot A \cdot \Delta\Theta}{s}$ $\lambda = \frac{\Phi \cdot s}{A \cdot \Delta\Theta}$ $A = \frac{\Phi \cdot s}{\lambda \cdot \Delta\Theta}$ $\Delta\Theta = \frac{\Phi \cdot s}{A \cdot \lambda}$ $s = \frac{\lambda \cdot A \cdot \Delta\Theta}{\Phi}$ **Wärmestrom bei Wärmedurchgang** $\Phi = U \cdot A \cdot \Delta\Theta$ $U = \frac{\Phi}{A \cdot \Delta\Theta}$ $A = \frac{\Phi}{U \cdot \Delta\Theta}$ $\Delta\Theta = \frac{\Phi}{U \cdot A}$ $U = \frac{\lambda}{s}$	Φ	Wärmestrom	W
		λ	Wärmeleitfähigkeit	$\frac{W}{m \cdot K}$, $\frac{W}{m \cdot °C}$
		U	Wärmedurchgangs-koeffizient (ehemals k)	$\frac{W}{m^2 \cdot K}$, $\frac{W}{m^2 \cdot °C}$
		$\Delta\Theta$, $\Delta\vartheta$	Temperaturdifferenz	K oder °C
		s	Bauteildicke	m
		A	durchströmte Fläche des Bauteils	m^2
	Der **Wärmestrom** Φ verläuft innerhalb eines Stoffes stets von der höheren zur niedrigeren Temperatur. (*k* wurde durch *U* ersetzt bzw. erneuert.)	Der **Wärmedurchgangskoeffizient** *U* berücksichtigt neben der Wärmeleitfähigkeit eines Bauteils die Wärmeübergangswiderstände an den Grenzflächen der Bauteile.		

Benennung/Abbildung	Formel/Formelumstellung	Formelzeichen	Einheiten
Wärme beim Schmelzen und Verdampfen 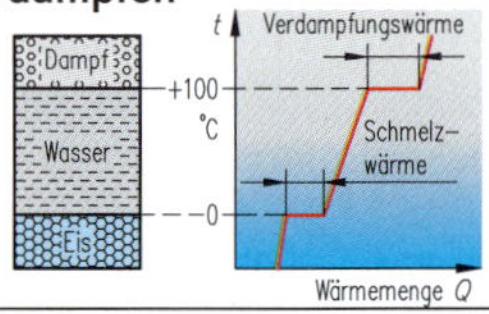	für Schmelzen: $Q = m \cdot q$ $m = \frac{Q}{q}$ $q = \frac{Q}{m}$ für Verdampfen: $Q = m \cdot r$ $m = \frac{Q}{r}$ $r = \frac{Q}{m}$	Q Schmelzwärme, Verdampfungswärme m Masse q spezifische Schmelzwärme r spezifische Verdampfungswärme	kJ kJ kg $\frac{kJ}{kg}$ $\frac{kJ}{kg}$
Verbrennungswärme Energieverbrauch  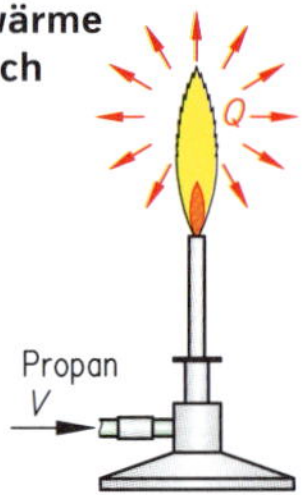	für gasförmige Brennstoffe: $Q = V \cdot H_u$ $V = \frac{Q}{H_u}$ $H_u = \frac{Q}{V}$ für feste u. flüssige Brennstoffe: $Q = m \cdot H_u$ $m = \frac{Q}{H_u}$ $H_u = \frac{Q}{m}$ $Q_n = Q \cdot \eta$ $Q = \frac{Q_n}{\eta}$ $\eta = \frac{Q_n}{Q}$	Q Verbrennungswärme m Masse der Brennstoffe H_u spezifischer Heizwert fester u. flüssiger Brennstoffe H_u spezifischer Heizwert von Gasen V Brenngasvolumen Q_n praktisch nutzbare Verbrennungswärme η Wirkungsgrad	kW · h, MJ kg $kW \cdot \frac{h}{kg}, \frac{MJ}{kg}$ $kW \cdot \frac{h}{m^3}, \frac{MJ}{m^3}$ m^3 kW · h, MJ

Ofen	η
Schmiedeesse	0,05
Gasofen, offen	0,10
Gasofen, geschlossen	0,20
Induktionsofen	0,55

Feste, flüssige Brennstoffe	Heizwert H_u in kJ/kg	Gasförmige Brennstoffe	Heizwert H_u in KJ/m³
Holz	15000	Wasserstoff	10800
Steinkohle	33100	Erdgas	34000
Diesel	41900	Methan	35900
Heizöl	42000	Acetylen	57000
Benzin	43600	Propan	93000

$1\ W \cdot s = 1\ N \cdot m = 1\ \frac{kg \cdot m}{s^2} \cdot m = 1\ J$

$1\ kW \cdot h = 3{,}6\ MJ$

$1\ kW \cdot h = 1\,000\ W \cdot h = 1\,000 \cdot 3\,600\ W \cdot s = 3{,}6 \cdot 10^6\ W \cdot s$

$3{,}6 \cdot 10^6\ W \cdot s = 3{,}6 \cdot 10^3\ kJ = 3\,600\ kJ = 3{,}6\ MJ$

$1\ MJ = \frac{1}{3{,}6}\ kW \cdot h$

Benennung/Abbildung	Formel/Formelumstellung	Formelzeichen	Einheiten

Wärmestrom bei Wärmeleitung

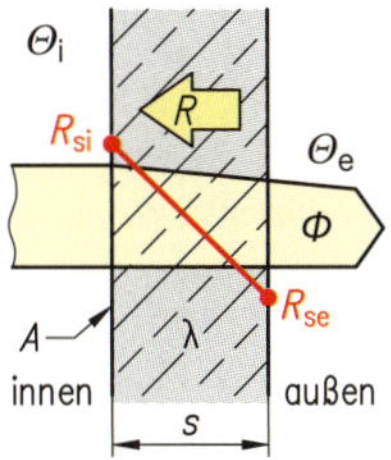

$\Phi = U \cdot A \cdot \Delta\Theta$ $\quad U = \frac{\Phi}{A \cdot \Delta\Theta}$ $\quad A = \frac{\Phi}{U \cdot \Delta\Theta}$

$\Delta\Theta = \Theta_i - \Theta_e$

$R = \frac{s}{\lambda}$ $\quad s = R \cdot \lambda$ $\quad \lambda = \frac{s}{R}$

$U = \frac{1}{R_T}$ $\quad R_T = \frac{1}{U}$ $\quad 1 = U \cdot R_T$

$R_T = R_{si} + R + R_{se}$

R-Werte in $m^2 \cdot K/W$
$R_{si} = 0{,}13$
$R_{se} = 0{,}04$

Wärmedurchgang, einschalige Wand

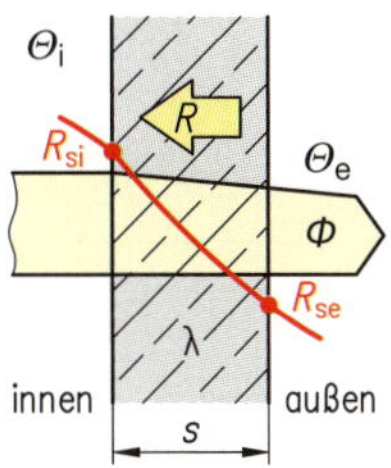

Beispiel: Für eine Leichtbetonwand ist der Wärmestrom Φ zu berechnen. Folgende Werte sind gegeben: $A = 26\ m^2$, $\lambda = 0{,}7\ W/m \cdot K$, $s = 0{,}53\ m$, $\Delta\Theta = 25\ K$; R_{si}, R_{se} sieheTabelle.

Lösung:

$R = \frac{s}{\lambda} = \frac{0{,}53\ m}{0{,}7\ W/m \cdot K} = 0{,}757\ \frac{m^2 \cdot K}{W}$

$R_T = 0{,}13\ m^2 \cdot K/W + 0{,}757\ m^2 \cdot K/W + 0{,}04\ m^2 \cdot K/W$

$R_T = 0{,}927\ m^2 \cdot K/W$

$U = \frac{1}{R_T} = \frac{1}{0{,}927\ m^2 \cdot K/W} = 1{,}079\ W/m^2 \cdot K$

$\Phi = U \cdot A \cdot \Delta\Theta = 1{,}079\ W/m^2 \cdot K \cdot 26\ m^2 \cdot 25\ K = \underline{\underline{701{,}19\ W}}$

Formelzeichen		Einheiten
Φ	Wärmestrom	W
U	Wärmedurchgangskoeffizient	$\frac{W}{m^2 \cdot k}$
A	durchströmte Oberfläche des Bauteils	m^2
$\Delta\Theta$	Temperaturdifferenz	K
Θ_i	Temperatur innen	K
Θ_e	Temperatur außen	K
R_T	Wärmedurchgangswiderstand	$\frac{m^2 \cdot K}{W}$
R_{si}	Wärmeübergangswiderstand der Innenwand *d*	$\frac{m^2 \cdot K}{W}$
R_{se}	Wärmeübergangswiderstand der Außenwand	$\frac{m^2 \cdot K}{W}$
R	Gesamtwärmedurchlasswiderstand	$\frac{m^2 \cdot K}{W}$
s	Wand-, Schicht-, Bauelementdicke	m
λ	Wärmeleitfähigkeit	$\frac{W}{M \cdot K}$

Der Wärmestrom Φ verläuft innerhalb eines Stoffs stets von der höheren zur niedrigeren Temperatur (*k* wurde durch *U* ersetzt bzw. erneuert).
Die Wärmedurchgangszahl bzw. der -duchgangskoeffizient *U* berücksichtigt neben der Wärmeleitfähigkeit eines Bauteils die Wärmeübergangswiderstände an den Grenzflächen der Bauteile.

Benennung/Abbildung	Formel/Formelumstellung	Formelzeichen	Einheiten

Wärmeübergang

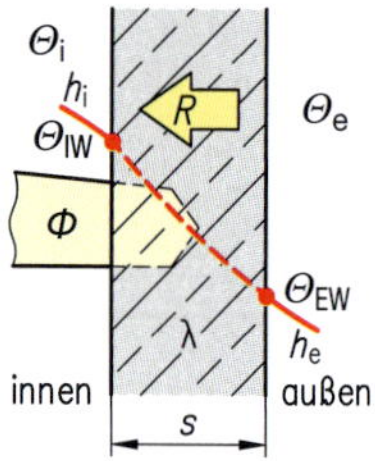

innen

$$\Phi = h_i \cdot A \cdot \Delta\Theta_i \qquad A = \frac{\Phi}{h_i \cdot \Delta\Theta_i} \qquad \Delta\Theta_i = \frac{\Phi}{h_i \cdot A}$$

außen

$$\Phi = h_e \cdot A \cdot \Delta\Theta_e \qquad A = \frac{\Phi}{h_e \cdot \Delta\Theta_e} \qquad \Delta\Theta_e = \frac{\Phi}{h_e \cdot A}$$

$$\Delta\Theta_i = \Theta_i \cdot \Theta_{IW}$$

$$\Delta\Theta_e = \Theta_{EW} - \Theta_e$$

Beispiel:
Gegeben ist eine Außenwand mit $h_e = 25\ W/m^2 \cdot K$, $A = 31\ m^2$, $\Theta_e = 14\ °C$ und $\Theta_{EW} = 19\ °C$. Berechnen Sie Φ.

Lösung:
$\Phi = h_e \cdot A \cdot \Delta\Theta_e$; $\Delta\Theta_e = 19\ °C - 14\ °C = 5\ K$
$\Phi = 25\ W/m^2 \cdot K \cdot 31\ m^2 \cdot 5\ K$
$\Phi = \underline{\underline{3875\ W}}$

Formelzeichen		Einheiten
Φ	Wärmestrom	W
h_i	Wärmeübergangskoeffizient innen	$W/m^2 \cdot K$
A	Oberfläche des Bauteils	m^2
Θ_i	Raumtemperatur innen	K
h_e	Wärmeübergangskoeffizient außen	$W/m^2 \cdot K$
Θ_e	Raumtemperatur außen	K
Θ_{IW}	Wandtemperatur innen	K
Θ_{EW}	Wandtemperatur außen	K
$\Delta\Theta_i$	Temperaturdifferenz innen	K
$\Delta\Theta_e$	Temperaturdifferenz außen	K
R	Gesamtwärmedurchlass-widerstand	$m^2 \cdot K/W$

	h_i	h_e	R_{si}	R_{se}
Wärmeübergangswerte	$\frac{W}{m^2 \cdot K}$	$\frac{W}{m^2 \cdot K}$	$\frac{m^2 \cdot K}{W}$	$\frac{m^2 \cdot K}{W}$
Außenwände Decken	7,69	25	0,13	0,04
Außenwände grenzen ans Erdreich	7,69	–	0,13	–
Außenwände mit hinterlüfteter Fassade	7,69	12,5	0,13	0,08
Kellerdecken	5,88	5,88	0,17	0,17

R_{si} Wärmeübergangswiderstand der Innenwand in $m^2 \cdot K/W$
R_{se} Wärmeübergangswiderstand der Außenwand in $m^2 \cdot K/W$

Benennung/Abbildung	Formel/Formelumstellung	Formelzeichen	Einheiten

Wärmedurchgang mehrschalige Wand

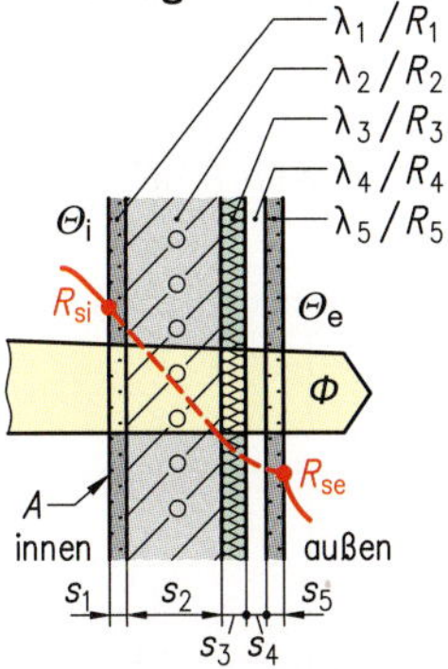

m	W/m · K	Baustoffe
$s_1 = 0{,}01$	$\lambda_1 = 0{,}18$	Gipsdämmputz
$s_2 = 0{,}22$	$\lambda_2 = 0{,}7$	Leichtbeton
$s_3 = 0{,}08$	$\lambda_3 = 0{,}045$	Steinwolle
$s_4 = 0{,}025$	$\lambda_4 = 0{,}026$	Hinterlüftung
$s_5 = 0{,}02$	$\lambda_5 = 0{,}52$	Leichtputz

$R_{si} = 0{,}13\ m^2 \cdot K/W$

$R_{se} = 0{,}08\ m^2 \cdot K/W$

$$\Phi = U \cdot A \cdot \Delta\Theta \qquad U = \frac{\Phi}{A \cdot \Delta\Theta} \qquad A = \frac{\Phi}{U \cdot \Delta\Theta}$$

$$\Delta\Theta = \Theta_i - \Theta_e$$

$$R_T = R_{si} + R + R_{se}$$

$$R = \frac{s}{\lambda} \qquad R = \frac{s_1}{\lambda_1} + \frac{s_2}{\lambda_2} + \frac{s_3}{\lambda_3} + \frac{s_4}{\lambda_4} + \frac{s_5}{\lambda_5}$$

$$U = \frac{1}{R_T} \qquad U = \frac{1}{R_{si} + R + R_{se}}$$

Beispiel:
Überprüfen Sie, ob der Wert $U_{max} = 0{,}35\ W/m^2 \cdot K$ dieses Wandaufbaus unterschritten wird.

Lösung:

$$R = \left(\frac{0{,}01}{0{,}18} + \frac{0{,}22}{0{,}7} + \frac{0{,}08}{0{,}045} + \frac{0{,}025}{0{,}026} + \frac{0{,}02}{0{,}52}\right) m^2 \cdot K/W$$

$$R = 3{,}149\ m^2 \cdot K/W$$

$$U = \frac{1}{R_{si} + R + R_{se}} = \left(\frac{1}{0{,}13 + 3{,}149 + 0{,}08}\right) W/m^2 \cdot K$$

$$U = 0{,}298\ W/m^2 \cdot K$$

$$\underline{\underline{U = 0{,}298\ W/m^2 \cdot K < 0{,}35\ W/m^2 \cdot K}}$$

U_{max} unterschritten.

Formelzeichen		Einheiten
Φ	Wärmestrom	W
U	Wärmedurchgangskoeffizient	$W/m^2 \cdot K$
A	durchströmte Oberfläche des Bauteils	m^2
$\Delta\Theta$	Temperaturdifferenz	K
Θ_i	Temperatur innen	K
Θ_e	Temperatur außen	K
R_T	Wärmedurchgangswiderstand	$m^2 \cdot K/W$
R_{si}	Wärmeübergangswiderstand der Innenwand	$m^2 \cdot K/W$
R_{se}	Wärmeübergangswiderstand der Außenwand	$m^2 \cdot K/W$
R	Gesamtwärmedurchlass-widerstand	$m^2 \cdot K/W$
s	Wand-, Schicht-, Bauelement-dicke	m
λ	Wärmeleitfähigkeit	$W/m \cdot K$

λ in W/m · K				
Polyurethan-schaum	leicht schwer	0,024 0,048	Putzmörtel, Kalk	0,87
Holz		0,15	Leichtputz 21	0,21
Spanplatte		0,14	Zementestrich	1,4
Wärme-dämmputz	060 090	0,06 0,09	Normalbeton	2,1
Lochziegel		0,4...0,6	Vollklinker	0,81
KS-Stein		0,7	Stahl	50...60

Wärmeleitfähigkeit von Baustoffen

Benennung/Abbildung

Notwendige Baumaterial-Wandstärken bei vergleichbarer Wärmedämmung

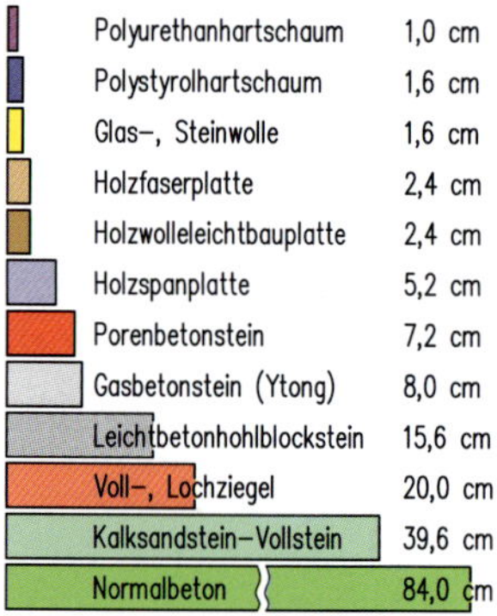

Erkenntnis: 1,6 cm Glas- oder Steinwolle haben das gleiche Wärmedämmvermögen wie eine 39,6 cm dicke Wand aus Kalksand-Vollstein.

Wärmeleitfähigkeit von Baustoffen

Wärmedämmstoffe	**Wärmeleitfähigkeit λ in W/m · K**
Polyurethanhartschaumplatten Wärmeleitfähigkeitsgruppe	
025	0,025
030	0,030
035	0,035
Polystyrolhartschaumplatten Wärmeleitfähigkeitsgruppe	
030	0,030
035	0,035
040	0,040
Mineralische Dämmstoffe	
Glaswolle	0,032–0,050
Steinwolle	0,040
Perliteschüttung	0,038–0,050
Pflanzliche Faserstoffe	
Holzfaserdämmplatten	0,035–0,060
Zellulose	0,040–0,045
Holzwolle-Leichtbauplatten	0,063
Holzspanplatten	0,13
Fichte, Kiefer, Tanne	0,13
Sperrholz	0,15
Hartholz	0,20
Beton	
Leichtbeton	0,38
Normalbeton	2,10
Stahlbeton	2,30
Mauerwerk	
Gasbetonstein (Ytong)	0,20
Leichtziegel	0,30
Leichtbeton-Hohlblockstein	0,39
Vollziegel, Lochziegel	0,52
Kalksand-Lochstein	0,70
Vollklinker	0,96
Kalksand-Vollstein	0,99

Putze	**Wärmeleitfähigkeit λ in W/m · K**
Perlite-Putz	0,13
Thermo-Putz	0,15
Gips-Putz	0,35
Kalk-Gips-Putz	0,60
Kalk-Putz	0,87
Kalkzement-Putz	0,90
Zementputz,-estrich	1,40
Gipsbaustoffe	
Gipskartonplatten	0,21–0,28
Gipsfaserplatten	0,23–0,35
Gipswandbauplatten	0,58
Natursteine	
Sandstein	2,00
Kalkstein	2,50
Granit, Marmor	3,50
Sonstige Baustoffe	
Kork	0,041
Bitumen	0,17
Dachpappe	0,17
Kunststoffbodenbelag	0,24
Glasbausteine	0,58
Glas	0,81
Fliesen	1,00
Stahl	50
Al	208
Cu	372
Luft	0,026
Wasser	0,6

Benennung/Abbildung	Formel/Formelumstellung	Formelzeichen	Einheiten
Wärmedurchgangskoeffizient für Fenster	Ist der Gesamtwärmedurchgangskoeffizient U_W für Fenster zu berechnen, müssen die einzelnen Werte für Rahmen, Glas, Fuge zwischen Flügel und Blendrahmen berücksichtig werden. Die Durchgangskoeffizienten U_f Rahmen, U_g Glas, ψ_g Fuge sind den Tabellen der Hersteller zu entnehmen.	U_W Gesamtwärmedurchgangskoeffizient	$W/m^2 \cdot K$
		U_f Wärmedurchgangskoeffizient für die Rahmenfläche	$W/m^2 \cdot K$
		U_g Wärmedurchgangskoeffizient für die Verglasungsfläche	$W/m^2 \cdot K$
	$U_W = \frac{A_f \cdot U_f + A_g \cdot U_g + l_g + \psi_g}{A_W}$	A_f Flächenanteil des Fensters	m^2
		A_g Fächenanteils des Glases	m^2
	$A_W = A_f + A_g$	A_W Gesamtflächenanteil	m^2
		l_g Umfangslänge, Glasrandlänge	m
		ψ_g längenbezogener Wärmedurchgangskoeffizient	$W/m \cdot K$

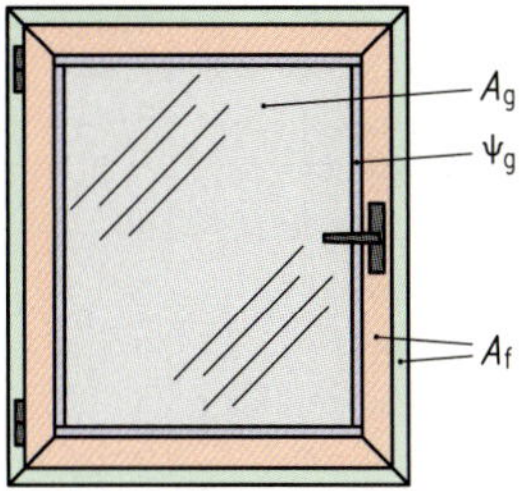

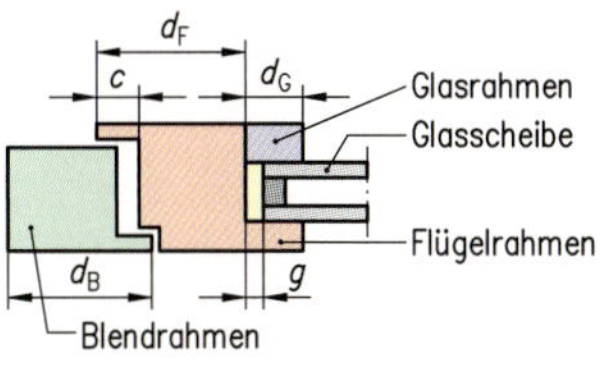

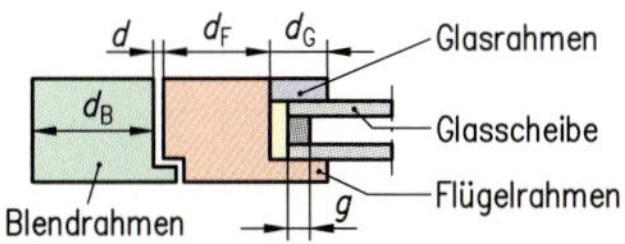

Die Profilhersteller müssen die Werte für ihre Produkte veröffentlichen wie: U_f in $W/m^2 \cdot K$
Holz und Kunststoffrahmen: U_f = 1,0...2,5
Metallrahmen thermisch getrennt U_f = 1,8...4,0

Für Abstandhalter aus Al, Stahl: ψ_g-Werte in $W/m \cdot K$

	Verglasungsart	
Fensterrahmen Werkstoff	**Zwei- oder Dreischeiben-Isolierung ohne Beschichtung Zwischenraum: Luft, Argon oder Krypton**	**a) Zweischeiben-Isolierverglasung b) Dreischeiben-Isolierverglasung zwei Beschichtungen a), b) Emissionsgrad gering Zwischenraum: Luft, Argon oder Krypton**
Holz, Kunststoff	0,06	0,08
Al, Stahl wärmetechnisch getrennt	0,08	0,11
Al, Stahl wärmetechnisch nicht getrennt	0,02	0,05

Benennung/Abbildung	Formel/Formelumstellung	Formelzeichen	Einheiten

Wärmedurchgangskoeffizient für Fenster U_W

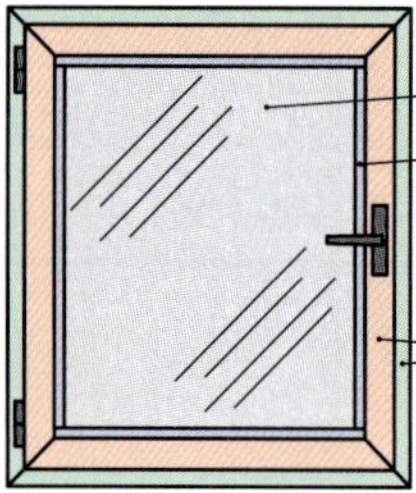

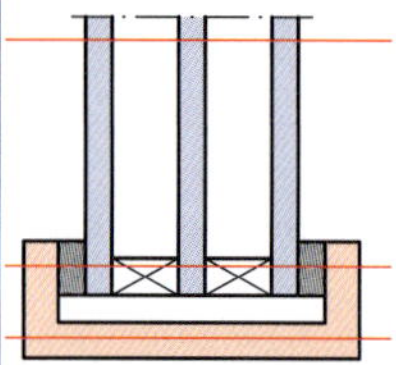

Mit der Tabelle:

Ermitteln des Wärmedurchgangskoeffizienten U_W

U_W = Wärmedurchgangskoeffizient für Fenster einschließlich Rahmen in W/m² · K

Glasart	U_g-Wert W/m² · K	U_f-Werte des Rahmens bei 20 % Flächenanteil in W/m² · K					
		1,0	**1,4**	**1,8**	**2,6**	**3,0**	**3,8**
Einfach-glas	5,7	4,8	4,8	4,9	5,1	5,2	5,3
Zweifach-Isolierglas	2,9	2,6	2,7	2,8	3,0	3,0	3,2
	2,1	2,0	2,1	2,2	2,3	2,4	2,6
	1,3	1,4	1,4	1,5	1,7	1,8	2,0
	1,1	1,2	1,3	1,4	1,5	1,6	1,8
Dreifach-Isolierglas	1,9	1,8	1,9	2,0	2,2	2,2	2,4
	1,5	1,5	1,6	1,7	1,9	1,9	2,1
	0,9	1,0	1,1	1,2	1,4	1,5	1,6
	0,5	0,7	0,8	0,9	1,1	1,2	1,3

Beispiel:
Der Rahmen des Al-Fensters hat einen $U_f = 3{,}0$ W/m² · K bei einem U_g-Wert von 0,9 W/m² · K. Wie groß ist bei Dreifach-Isolierverglasung U_W in W/m² · K?

Lösung: $U_W = \underline{\underline{1{,}5\ \text{W/m}^2 \cdot \text{K}}}$

Formelzeichen		Einheiten
U_W	Gesamtwärmedurchgangskoeffizient	W/m² · K
U_f	Wärmedurchgangskoeffizient für die Rahmenfläche	W/m² · K
U_g	Wärmedurchgangskoeffizient für die Verglasungsfläche	W/m² · K
A_f	Flächenanteil des Fensters	m²
A_g	Flächenanteil des Glases	m²
A_W	Gesamtflächenanteile	m²
l_g	Umfangslänge, Glasrandlänge	m
ψ_g	längenbezogener Wärmedurchgangskoeffizient	W/m · K

Benennung/Abbildung	Tabellen

Wärmedurchgangskoeffizient
– durchlasswiderstand,
– übergangswiderstände

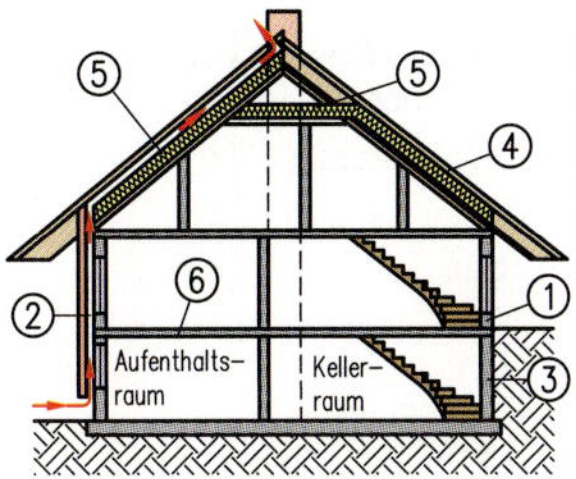

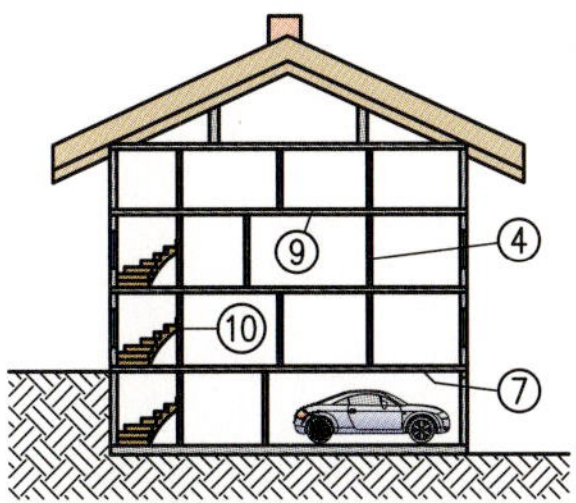

Der Wärmedurchgangskoeffizient U und Mindestwerte der Wärmedurchlasswiderstände R von Gebäudeteilen, Bauteilen (Der U-Wert berücksichtigt die Wanddicke s in m; $U = \frac{\lambda}{s}$ in $W/m^2 \cdot K$)

Position	Wärmedurchgangs-Koeffizient U in $W/m^2 \cdot K$		Wärmedurchlasswiderstand R in $m^2 \cdot K/W$		Gebäudeteile, Bauteile	Position	Wärmeübergangswiderstände	
	an günstigster Stelle (Wärmebrücke)	im Durchschnitt, Mittel	an ungünstigster Stelle	im Durchschnitt, Mittel			R_{si} in $m^2 \cdot K/W$	R_{se} in $m^2 \cdot K/W$
①	1,39		0,55		Außenwand, keine hinterlüftete Vorhangschale	①	0,13	0,04
②	1,32		0,55		Außenwand mit hinterlüfteter Vorhangschale	②	0,13	0,08
③	1,39		0,55		Wände, die an den Erdboden grenzen	③	0,13	0
④	1,03	0,79	0,80	1,1	Dächer, Dachschrägen, die ausgebauten Raum nach oben gegen die Luft von außen abgrenzen; auch Decken unter Terrassen	④	0,13	0,04
⑤	1,52	0,90	0,45	0,9	Decken, mit hinterlüfteten, ausgebauten Dachräumen; Decken unterhalb nicht ausgebauter Dachräume	⑤	0,13	0,08
⑥	1,27	0,81	0,45	0,9	Decken über den Kellerräumen	⑥	0,17	0,17
⑦	0,66	0,51	1,30	1,75	Betondecken, die Räume nach unten gegen die Luft von außen abgrenzen, z. B. über Garagen, Durchfahrten	⑦	0,17	0,04
⑧	3,03				Wohnungstrennwände in zentralbeheizten Gebäuden			
⑨	1,64				Wohnungstrenndecken			
⑩	1,96				Treppenraumwände			

Nachweisverfahren des Wärmedurchgangs nach Wärmeschutz-Verordnung

Benennung/Abbildung	Formel/Formelumstellung	Formelzeichen	Einheiten
Energiebilanzverfahren	Vereinfachtes Nachweisverfahren		

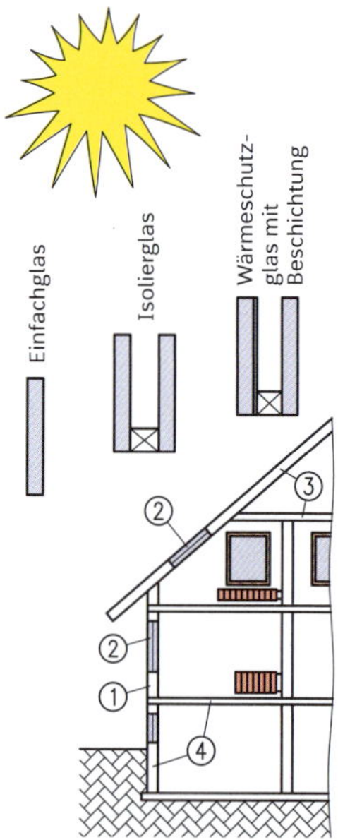

$$U_{m,eq,W} \leq U_{max,W}$$

$$U_{m,eq,W} = \frac{\sum(A \cdot U_{eq,W})}{A_{ges}}$$

$$U_{eq,W} = U_W - g_W \cdot S_W$$

$$\sum(A \cdot U_{eq,W}) = A_1 \cdot U_{eq,W1} + A_2 \cdot U_{eq,W2} + \ldots$$

Formelzeichen	Bedeutung	Einheiten
$U_{m,eq,W}$	mittlerer äquivalenter U-Wert	W/m² · K
$U_{eq,W}$	äquivalenter U-Wert eines Fensters	W/m² · K
$U_{max,W}$	maximaler U-Wert aller Fenster	W/m² · K
U_{eq}	äquivalenter U-Wert	W/m² · K
U	U-Wert	W/m² · K
A	Fläche	m²
A_W	Fläche des Fensters	m²
A_{ges}	Gesamtfläche	m²
U_W	U-Wert des Fensters	W/m² · K
g_W	Gesamtenergiedurchlassgrad für Fenster	W/m² · K
S_W	Strahlungsgewinnfaktor für Fenster unabhängig von der Himmelsrichtung	

maximaler U-Wert U_{max} in		W/m² · K
①	Außenwände	0,4
②	Dachfenster, Fensterwände, Außenfenster	0,7
③	Decken unter nicht ausgebauten Dachräumen und Decken, die Außenluft abgrenzen	0,22
④	Wände, die gegen das Erdreich abgrenzen sowie Wände und Decken nicht beheizter Räume	0,35

Index: (Verzeichnis von Sachen, Namen)
W Fenster
D Tür
AW Wand

Energiedurchlassgrad für Fenster g_W in	W/m² · K
Einfachverglasung	0,87
Doppelverglasung	0,75
Wärmeschutzverglasung mit Beschichtung	0,62
Dreifachverglasung, normal	0,55
Dreifachverglasung mit Beschichtung	0,5
Sonnenschutzverglasung	0,35

Strahlungsgewinnfaktor S_W für Fenster

Himmelsrichtung	SW
Nord	0,95
Ost, West	1,65
Süd	2,40

Fortsetzung

Benennung/Abbildung	Formel/Formelumstellung	Formelzeichen	Einheiten

Fortsetzung

Energiebilanzverfahren: Wohngebäude mit max. zwei Geschossen und bis zu drei Wohneinheiten

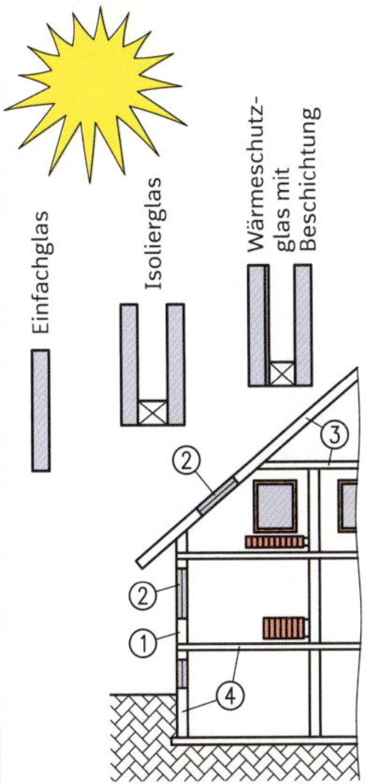

Beispiel:
Die Bauplanung für ein Haus legt fest:
Doppelverglasung mit $U_W = 2{,}0\ W/m^2 \cdot K$,
Energiedurchlassgrad $g_W = 0{,}75\ W/m^2 \cdot K$;
Fensterfächen: Nordseite 12 m², Ost- und Westseite je 8 m², Südseite 23 m².
Weisen Sie nach:
$U_{m,eq,W} \leq U_{max}$ von 0,7 W/m² · K. Werte für S_W sind der Tabelle der vorherigen Seite zu entnehmen.

$$\sum(A \cdot U_{eq,W}) = A_1 \cdot U_{eq,W1} + A_2 \cdot U_{eq,W2} + A_3 \cdot U_{eq,W3} + A_4 \cdot U_{eq,W4} +$$

1 Ost $= A_1 \cdot U_{eq,W1} = 8\ m^2 \cdot 0{,}763\ W/m^2 \cdot K = 6{,}104\ W/K$

2 Süd $= A_2 \cdot U_{eq,W2} = 23\ m^2 \cdot 0{,}2\ W/m^2 \cdot K = 4{,}6\ W/K$

3 West $= A_3 \cdot U_{eq,W3} = 8\ m^2 \cdot 0{,}763\ W/m^2 \cdot K = 6{,}104\ W/K$

4 Nord $= A_4 \cdot U_{eq,W4} = 12\ m^2 \cdot 1{,}288\ W/m^2 \cdot K = 15{,}456\ W/K$

$$U_{m,eq,W} = \frac{\sum(A \cdot U_{eq,W})}{A_{ges}}$$

1 bis 4 $U_{m,eq,W} = \dfrac{(6{,}104 + 4{,}6 + 6{,}104 + 15{,}456)\,W/K}{51\ m^2} = \underline{\underline{0{,}633\ W/m^2 \cdot K}}$

Bedingung erfüllt weil
$\underline{\underline{0{,}633\ W/m^2 \cdot K < 0{,}7\ W/m^2 \cdot K}}$

Zahl der Fensterflächen	Himmelsrichtung	Fläche der Fenster A in m²	U-Wert der Fenster U_W in W/m² · K	Gesamtenergiedurchlassgrad g_W in W/m² · K	Strahlungsgewinnfaktor S_W	äquivalenter U-Wert der Fenster $U_{eq,W}$ in W/m² · K	äquivalenter Wert der verschiedenen Flächen der Fenster $A \cdot U_{eq,W}$ in W/K
1	Ost	8	2	0,75	1,65	0,763	6,104
2	Süd	23	2	0,75	2,40	0,20	4,60
3	West	8	2	0,75	1,65	0,763	6,104
4	Nord	12	2	0,75	0,95	1,288	15,45

$A_{ges} = \underline{51\ m^2}$

$$U_{eq,W} = U_W - g_W \cdot S_W$$

1 Fenster Ostseite:
$U_{eq,W} = (2 - 0{,}75 \cdot 1{,}65) \cdot W/m^2 = K = 0{,}763\ W/m^2 \cdot K$

2 Fenster Südseite:
$U_{eq,W} = (2 - 0{,}75 \cdot 2{,}4) \cdot W/m^2 \cdot K = 0{,}2\ W/m^2 \cdot K$

3 wie 1 Fenster West- wie Ostseite:
$U_{eq,W} = 0{,}763\ W/(m^2 \cdot K)$

4 Fenster Nordseite:
$U_{eq,W} = (2 - 0{,}75 \cdot 0{,}95) \cdot W/m^2 \cdot K = 1{,}288\ W/m^2 \cdot K$

Benennung/Abbildung	Formel/Formelumstellung	Formelzeichen		Einheiten
Schwindung 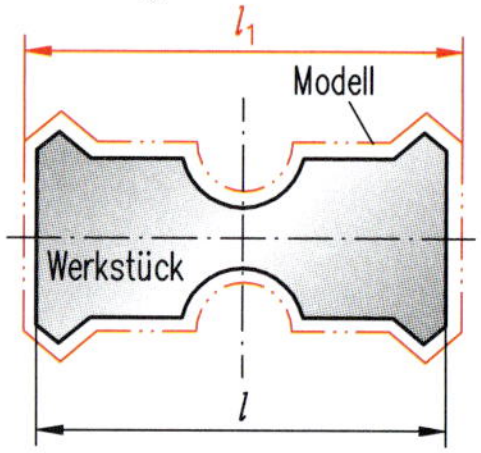	$S_W = 100\,\% - \frac{l \cdot 100\,\%}{l_1}$ $l = \frac{l_1 \cdot (100\,\% - S_W)}{100\,\%}$ $l_1 = \frac{l \cdot 100\,\%}{100\,\% - S_W}$	S_W l l_1	Schwindmaß Werkstücklänge Modelllänge	% mm mm
Luftdruck, Überdruck, absoluter Druck 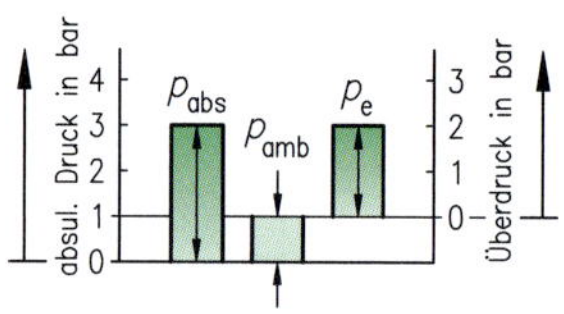	$p_e = p_{abs} - p_{amb}$ $p_{abs} = p_e + p_{amb}$ $p_{amb} = p_{abs} - p_e$	p_e p_{abs} p_{amb}	Überdruck, atmosphärische Druckdifferenz absoluter Druck, bezogen auf Vakuum Luftdruck, atmosphärischer Druck ≈ 1 bar	bar bar bar
		$1\ \text{Pa} = 1\ \frac{\text{N}}{\text{m}^2}$ $100\ \text{Pa} = 1\ \text{h}\ \text{P}_a = 1\ \text{mbar}$ $1\ \text{bar} = 10\ \frac{\text{N}}{\text{cm}^2} = 10^5\ \frac{\text{N}}{\text{m}^2}$		

Benennung/Abbildung	Formel/Formelumstellung	Formelzeichen	Einheiten
Allgemeine Gasgleichung	$\frac{p_{abs_1} \cdot V_1}{T_1} = \frac{p_{abs_2} \cdot V_2}{T_2}$	p_{abs_1} absoluter Druck vor der Erwärmung	bar
Zustand 1 vor der Erwärmung	$p_{abs_1} = \frac{p_{abs_2} \cdot V_2 \cdot T_1}{V_1 \cdot T_2}$	V_1 Gasvolumen vor der Erwärmung	cm^3, dm^3, l
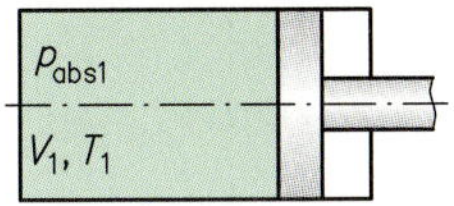	$V_1 = \frac{p_{abs_2} \cdot V_2 \cdot T_1}{p_{abs_1} \cdot T_2}$	T_1 absolute Temperatur vor der Erwärmung	K
	$T_1 = \frac{p_{abs_1} \cdot V_1 \cdot T_2}{p_{abs_2} \cdot V_2}$	p_{abs_2} absoluter Druck nach der Erwärmung	bar
Zustand 2 nach der Erwärmung	$p_{abs_2} = \frac{p_{abs_1} \cdot V_1 \cdot T_2}{T_1 \cdot V_2}$	V_2 Gasvolumen nach der Erwärmung	cm^3, dm^3, l
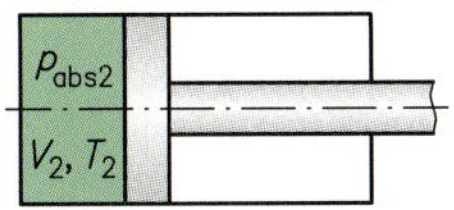 Verdichtung	$V_2 = \frac{p_{abs_1} \cdot V_1 \cdot T_2}{p_{abs_2} \cdot T_1}$	T_2 absolute Temperatur nach der Erwärmung	K
	$T_2 = \frac{p_{abs_2} \cdot V_2 \cdot T_1}{p_{abs_1} \cdot V_1}$		

1 bar = 10 N/cm^2 = 10^5 Pa
1 l = 1 dm^3 = 1 000 cm^3 = 0,001 m^3

Fortsetzung

Zustandsänderung von Gasen

Benennung/Abbildung	Formel/Formelumstellung
Fortsetzung **Gesetz von Boyle-Mariotte** 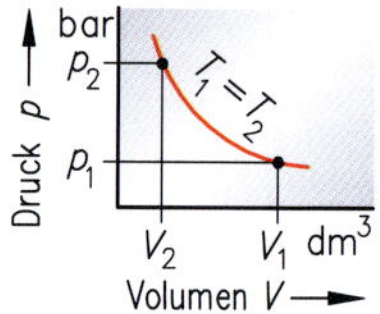 	**Sonderfälle:** Bei $T_1 = T_2$ konstant $p_1 \cdot V_1 = p_2 \cdot V_2$ $p_1 = \frac{p_2 \cdot V_2}{V_1}$ $V_1 = \frac{p_2 \cdot V_2}{p_1}$ $p_2 = \frac{p_1 \cdot V_1}{V_2}$ $V_2 = \frac{p_1 \cdot V_1}{p_2}$
Gesetz von Amontons 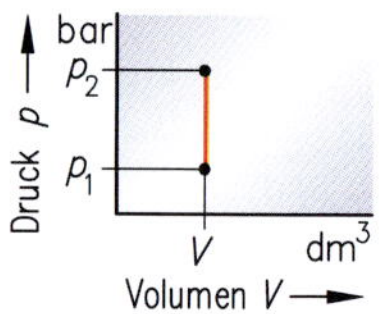 	Bei $V_1 = V_2$ konstant $p_1 \cdot T_2 = p_2 \cdot T_1$ $p_1 = \frac{p_2 \cdot T_1}{T_2}$ $T_2 = \frac{p_2 \cdot T_1}{p_1}$ $p_2 = \frac{p_1 \cdot T_2}{T_1}$ $T_1 = \frac{p_1 \cdot T_2}{p_2}$
Gesetz von Gay-Lussac 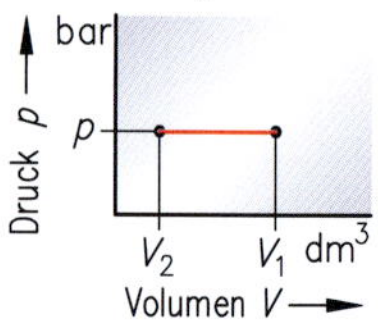 	Bei $p_1 = p_2$ konstant $V_1 \cdot T_2 = V_2 \cdot T_1$ $V_1 = \frac{V_2 \cdot T_1}{T_2}$ $T_2 = \frac{V_2 \cdot T_1}{V_1}$ $V_2 = \frac{V_1 \cdot T_2}{T_1}$ $T_1 = \frac{V_1 \cdot T_2}{V_2}$

Formelzeichen		Einheiten
p	Gasdruck	bar
p_1, p_2	Gasdruck (absolut) bezogen auf den Zustand 1 bzw. 2	bar
V	Volumen	dm^3, l
V_1, V_2	Volumen im Zustand 1 bzw. 2	dm^3, l
T	Temperatur	K
T_1, T_2	Temperatur im Zustand 1 bzw. 2	K

1 bar = 10 N/cm^2 = 10^5 Pa
1 l = 1 dm^3 = 1 000 cm^3 = 0,001 m^3

Benennung/Abbildung	Formel/Formelumstellung	Formelzeichen	Einheiten
Gasverbrauch Sauerstoff und Brenngase (außer Acetylen) 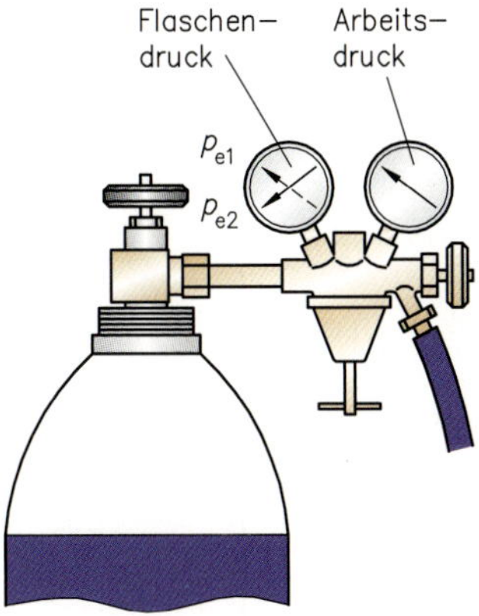	$p_e \cdot V_{Fl} = p_{amb} \cdot V_{amp}$ $V_{amp} = \frac{p_e \cdot V_{Fl}}{p_{amb}}$ $\Delta V = V_1 - V_2$ $\Delta p_e = p_{e1} - p_{e2}$ $\Delta V = \frac{V_{Fl} \cdot (p_{e1} - p_{e2})}{p_{amp}}$ Gasverbrauch für alle ungelösten Gase $V_{Fl} = \frac{\Delta V \cdot p_{amp}}{p_{e1} - p_{e2}}$ $p_{e1} = \frac{\Delta V \cdot p_{amp}}{V_{Fl}} + p_{e2}$ $p_{e2} = p_{e1} - \frac{\Delta V \cdot p_{amp}}{V_{Fl}}$	V Volumen V_{amb} Volumen bei Luftdruck V_{Fl} Flaschenvolumen V_1 Inhalt vor Gasentnahme V_2 Inhalt nach Gasentnahme ΔV Gasverbrauch p_{amp} atmosphärischer Druck, Luftdruck p_e Überdruck p_{e1} Überdruck vor Gasentnahme p_{e2} Überdruck nach Gasentnahme Δp_e Druckdifferenz	l, dm^3 l, dm^3 l, dm^3 l, dm^3 l, dm^3 l, dm^3 bar bar bar bar bar
Farbkennzeichnung für Gasflaschen: vgl. Merkblatt des Industriegaseverbandes	Für eine 40-l- bzw. 50-l-Sauerstoffflasche gilt: Sie enthält bei Luftdruck atmosphärischen Druck von 1 bar 40 l bzw. 50 l Sauerstoff.	$p_{amp} = 1$ bar 1 bar = 10 N/cm^2 = 10^5 Pa 1 l = 1 dm^3 = 1 000 cm^3 = 0,001 m^3	

Acetylen-Verbrauch beim Schweißen

Benennung/Abbildung	Formel/Formelumstellung	Formelzeichen	Einheiten
Acetylen-Verbrauch	$V_1 = \frac{V_2 \cdot (p_{e1} - p_{e2})}{p_F}$	V_1 entnommene Gasmenge	dm^3, l
	$V_2 = \frac{V_1 \cdot p_F}{p_{e1} - p_{e2}}$	V_2 Füllvolumen der Acetylenflasche	dm^3, l
	$p_{e1} = \frac{V_1 \cdot p_F}{V_2} + p_{e2}$	p_{e1} Überdruck vor der Gasentnahme	bar
	$p_{e2} = p_{e1} - \frac{V_1 \cdot p_F}{V_2}$	p_{e2} Überdruck nach der Gasentnahme	bar
		p_F Fülldruck der Acetylenflasche	bar
		V_n Füllvolumen	dm^3, l
Farbkennzeichnung für Gasflaschen: vgl. Merkblatt des Industriegaseverbandes	Das Füllvolumen V_n in l beträgt: $V_n = \frac{25 \text{ l Acetylen} \cdot 13 \text{ l Aceton} \cdot 18 \text{ bar}}{1 \text{ bar} \cdot 1 \text{ l Aceton}}$ $V_n = V_2 = 5\,850$ l Acetylen	1 l Aceton löst je bar 25 l Acetylen. Eine Acetylenflasche beinhaltet 13 l Aceton. Acetylen wird mit einem maximalen Fülldruck $p_F = 18$ bar in die Flasche gepresst.	1 bar $= 10^5$ Pa $= 10 \frac{N}{cm^2}$ 1 l $= 1\ dm^3 = 1\,000\ cm^3 = 0{,}001\ m^3$

Benennung/Abbildung	Formel/Formelumstellung	Formelzeichen	Einheiten
Schweißnaht, Elektrodenverbrauch, Kehlnaht 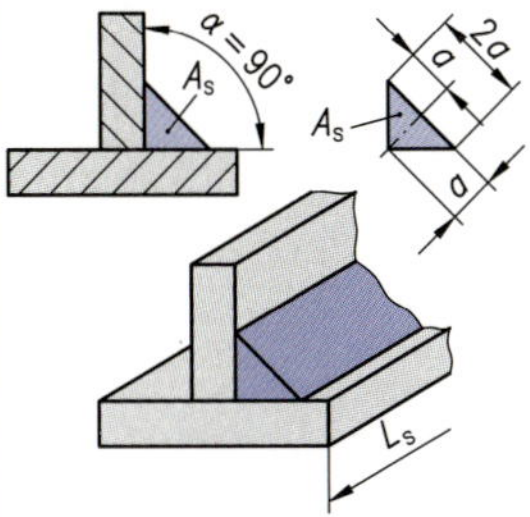	$A_S = a^2$ $\quad a = \sqrt{A_S}$ $V_S = a^2 \cdot L_S$ $\quad L_S = \frac{V_S}{a^2}$ $\quad a = \sqrt{\frac{V_S}{L_S}}$ Schweißgleichung: $V_S = V_E \cdot Z_E$ $\quad l_E = l - 30\ \text{mm}$ $V_S = A_S \cdot L_S$ $\quad V_E = A_E \cdot l_E$ $A_E = \frac{d^2 \cdot \pi}{4}$ $\quad d = \sqrt{\frac{4 \cdot A_E}{\pi}}$ Zahl verbrauchter Elektroden: $Z_E = \frac{V_S}{V_E}$ $\quad V_S = V_E \cdot Z_E$ $\quad V_E = \frac{V_S}{Z_E}$	a Schweißnahtdicke für Kehlnaht/V-Naht A_S Querschnitt der Schweißnaht L_S Länge der Schweißnaht, Stummellänge = 30 mm l_E nutzbare Elektrodenlänge (ohne Stummellänge) l Elektrodenlänge (mit Stummellänge) d Durchmesser der Elektrode A_E Querschnitt der Elektrode V_S Volumen der Schweißnaht V_E Volumen (nutzbares) einer Elektrode Z_E Zahl verbrauchter Elektroden (Anzahl, Stück) 1, 2, 3, ... α Öffnungswinkel der Schweißnaht	mm mm^2 mm mm mm mm mm^2 mm^2 mm^3 in ° (Grad)
V-Naht, Elektrodenverbrauch 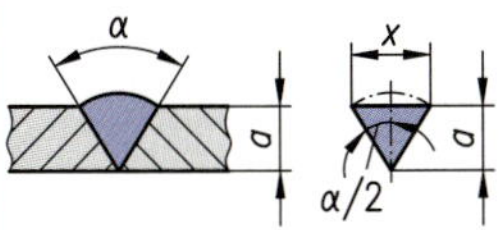	V-Naht: $A_S = a^2 \cdot \tan\frac{\alpha}{2}$ $\quad V_S = A_S \cdot L_S$ $V_E = A_E \cdot l_E$ $\quad l_E = l - 30\ \text{mm}$* $A_E = \frac{d^2 \cdot \pi}{4}$ $\quad d = \sqrt{\frac{4 \cdot A_E}{\pi}}$ Zahl verbrauchter Elektroden: $Z_E = \frac{V_S}{V_E}$ $\quad V_S = V_E \cdot Z_E$ $\quad V_E = \frac{V_S}{Z_E}$ * Der Stummelverlust von 30 mm an der Elektrode entsteht durch das Einspannen.		

Fortsetzung

Schweißnaht, -querschnitt, Elektrodenverbrauch beim Lichtbogen-Schmelzschweißen

Benennung/Abbildung	Formel/Formelumstellung	Formelzeichen	Einheiten

Fortsetzung

V-Naht mit Nahtspaltbreite *s*, Elektrodenverbrauch

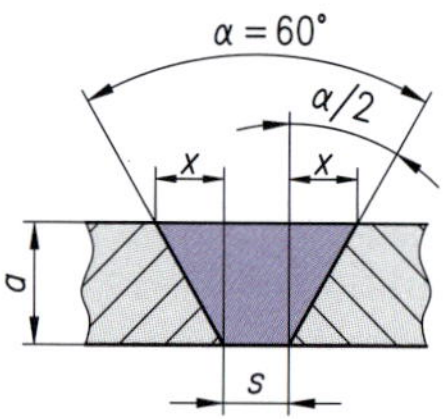

Formel/Formelumstellung

$$x = a \cdot \tan\frac{\alpha}{2}$$

$$A_S = a \cdot \left(a \cdot \tan\frac{\alpha}{2} + s\right)$$

$$V_S = A_S \cdot L_S$$

$$V_S = a \cdot \left(a \cdot \tan\frac{\alpha}{2} + s\right) \cdot L_S$$

$$V_E = A_E \cdot l_E$$

$$A_E = \frac{d^2 \cdot \pi}{4} \qquad d = \sqrt{\frac{4 \cdot A_E}{\pi}}$$

$$l_E = l - 30\ \text{mm}$$

Zahl verbrauchter Elektroden:

$$Z_E = \frac{V_S}{V_E} \qquad V_S = Z_E \cdot V_E \qquad V_E = \frac{V_S}{Z_E}$$

Formelzeichen		Einheiten
A_S	Querschnitt der Schweißnaht	mm²
a	Dicke der Schweißnaht	mm
α	Öffnungswinkel der Schweißnaht	in ° (Grad)
s	Nahtspaltbreite	mm
V_S	Volumen der Schweißnaht	mm³
L_S	Länge der Schweißnaht	mm, cm, m
V_E	Volumen (nutzbares) einer Elektrode	mm³
A_E	Querschnitt der Elektrode	mm²
l_E	nutzbare Elektrodenlänge	mm
l	Elektrodenlänge mit Stummellänge von 30 mm	mm
d	Durchmesser der Elektrode	mm
Z_E	Zahl verbrauchter Elektroden, 1, 2, 3, ...	

Elektrodenbedarf nach Tabellen

z. B.:
$d = 3{,}2$ mm
$d = 4{,}0$ mm
$d = 5{,}0$ mm

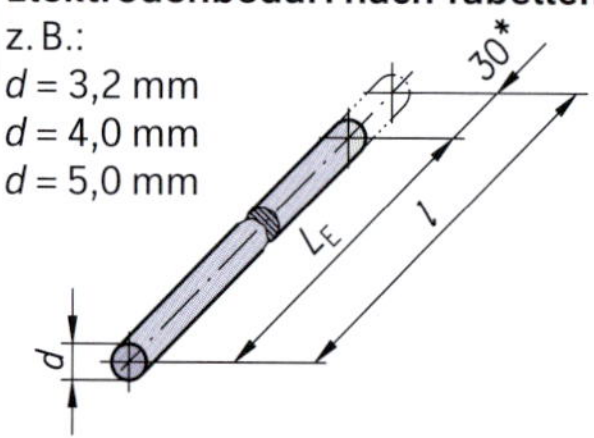

*) Stummelverlust = 30 mm.

Hinweis:
In der Praxis werden die Werte für Elektrodenabmessungen, spezifischen Elektrodenbedarf, Nahtmasse und Verbrauch der Elektroden Tabellen entnommen. Für die nicht 100 %ige Ausbringung, Nahtüberhöhungen sowie andere Öffnungswinkel sind Korrekturfaktoren aus den Tabellenbüchern zu entnehmen:

$$Z_E = L_S \cdot z_s \cdot k_W \cdot k_L \cdot k_E$$

Formelzeichen		Einheiten
Z_E	Zahl verbrauchter Elektroden	
L_S	Länge Schweißnaht	mm, cm, m
z_s	spez. Elektrodenbedarf	Stck./m
k_W	Faktor Öffnungswinkel	
k_L	Faktor Elektrodenlänge	
k_E	Faktor Ausbringung	

Ausbringung in %				
Faktor	100	120	140	160
k_E	1	0,8	0,7	0,65

Elektrodenlnge *l* in mm				
Faktor	300	350	400	450
k_L	1,6	1,3	1,1	1

Öffnungswinkel α				
Faktor	**V-Nähte**			
	50°	60°	70°	–
k_W	0,9	1	1,2	–
Faktor	**Kehl-Nähte**			
	60°	90°	–	–
k_W	0,6	1	–	–

Benennung/Abbildung	Formel/Formelumstellung	Formelzeichen	Einheiten

Schweißzeitberechnung

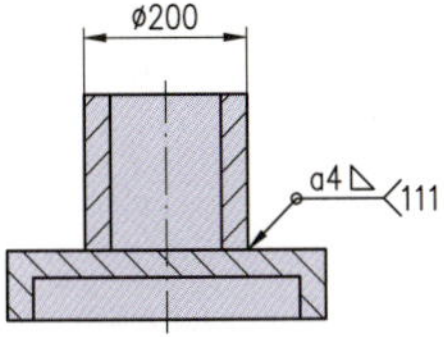

Lichtbogen-Handschweißen/Richtwerte

Nahtdicke a t mm	Spalt s mm	Anzahl Art der Lagen*	Abmessungen Elektroden $d \times l$ mm	Spez. Elektr.-Bedarf z_s Stück/m	Nahtmasse je Längenart m_s g/m
Kehlnähte/Nahtplanung					
3	–	1	3,2 × 450	3,2	80
4	–	1	4 × 450	3,6	140
5	–	3	3,2 × 450	8,6	215
6	–	3	4 × 450	8	310
8	–	1W	4 × 450	3	120
	–	1D	5 × 450	7	430
V-Nähte/...					
4	1	1W	3,2 × 450	3	75
		1D	4 × 450	2	80
5	1,5	1W	3,2 × 450	4	100
		1D	4 × 450	2,9	110
6	2	1W	3,2 × 450	4	100
		2D	4 × 450	4,7	185
8	2	1W	3,2 × 450	4	100
		1F	4 × 450	3,7	145
		1D	5 × 450	3,5	215

$$t_h = \frac{m_S}{p} \cdot L_S \cdot k_P \cdot k_W \qquad m_S = \frac{t_h \cdot p}{L_S \cdot k_P \cdot k_W}$$

$$p = \frac{m_S \cdot L_S \cdot k_P \cdot k_W}{t_h} \qquad L_S = \frac{t_h \cdot p}{m_S \cdot k_P \cdot k_W}$$

$$k_P = \frac{t_h \cdot p}{m_S \cdot L_S \cdot k_W} \qquad k_W = \frac{t_h \cdot p}{m_S \cdot L_S \cdot k_P}$$

Beispiel: Werkstück oben links
Berechnen Sie die Zeit t_h in min für die Schweißarbeit, bei folgenden Daten: Elektrodentyp E42 ORRG, $k_P = 1$, $k_W = 1$, Schweißposition h (PB), $m_S = 140$ g/m, $p = 29$ g/min.

Lösung:

$$t_h = \frac{m_S}{p} \cdot L_S \cdot k_P \cdot k_W; \qquad L_S = d \cdot \pi$$

$$t_h = \frac{140\ \text{g/m}}{29\ \text{g/min}} \cdot 0{,}2\ \text{m} \cdot \pi \cdot 1 \cdot 1;$$

$$t_h = 4{,}828\ \text{min/m} \cdot 0{,}628\ \text{m}$$

$$t_h = \underline{\underline{3{,}03\ \text{min}}}$$

* W = Wurzellage
D = Dachlage
F = Fülllage

Formelzeichen		Einheiten
t_h	Schweißzeit	min
m_S	Masse der Schweißnaht je Lagenart	g/m
p	Abschmelzleistung	g/min
L_S	Länge der Schweißnaht	m
α	Öffnungswinkel der Schweißnaht	in ° (Grad)
k_W	Faktor Öffnungswinkel	vgl. Tabellenbuch
k_P	Faktor Schweißposition	vgl. Tabellenbuch

Schweißpositionen/Faktor

	V-Nähte					Kehlnähte				
Faktor	w PA	f PG	ü PE	s PF	q PC	w PA	f PG	ü PE	s PF	h PB
k_P	1	1,1	1,9	1,5	1,2	1	1,2	1,7	1,4	1

Abschmelzleistung Stabelektroden p in g/min

Elektrodentyp	Durchmesser d in mm		
	3,2	**4,0**	**5,0**
E 42 0 RC 11	20	25	32
E 42 0 RR 12	21	29	38
E 38 2 RA 12	27	39	44
E 38 0 RR 73	32	46	72
E 42 4 B 32 H10	23	32	43
E 38 2 RB 12	19	26	36
E 42 0 RR 6	22	29	38

Schmelzschweißen, Schweißzeit, Gasverbrauch

Benennung/Abbildung	Formel/Formelumstellung	Formelzeichen	Einheiten
Schweißzeit, Gasverbrauch 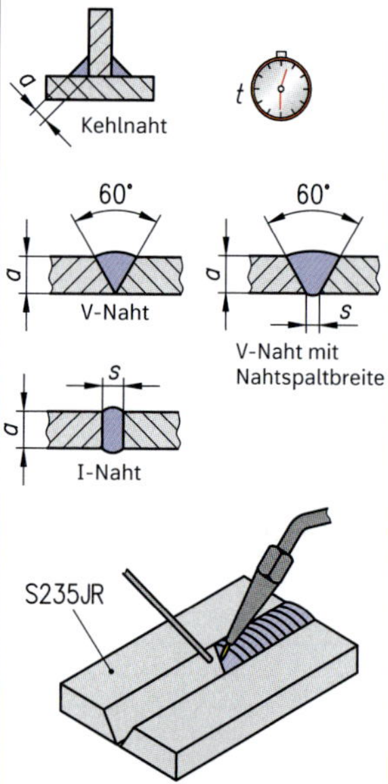	Die notwendige Zeit für das Gasschmelzschweißen ist hauptsächlich von der Nahtdicke und -form abhängig. $t = L_S \cdot t_m$ $L_S = \frac{t}{t_m}$ $t_m = \frac{t}{L_S}$ $\Delta V = V_S \cdot t$ $V_S = \frac{\Delta V}{t}$ $t = \frac{\Delta V}{V_S}$ Die Richtwerte für das Gasschmelzschweißen sind dem Tabellenbuch zu entnehmen (unlegierte Baustähle).	L_S Länge der Schweißnaht t Schweißzeit t_m Schweißzeit pro m a Dicke der Schweißnaht s Nahtspaltbreite ΔV Gasverbrauch V_s spez. Gasverbrauch	m min min mm mm l, dm^3 l/min

Benennung/Abbildung	Formel/Formelumstellung			Formelzeichen		Einheiten

Stumpfnaht, Kehlnaht, Spannungsquerschnitt

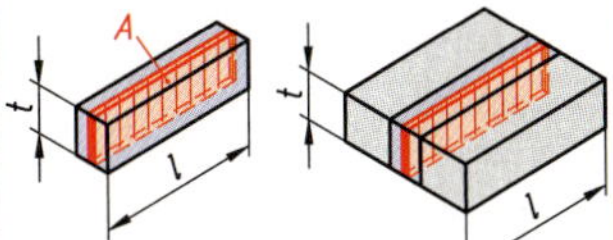

Stumpfnaht $A_W = l \cdot t$

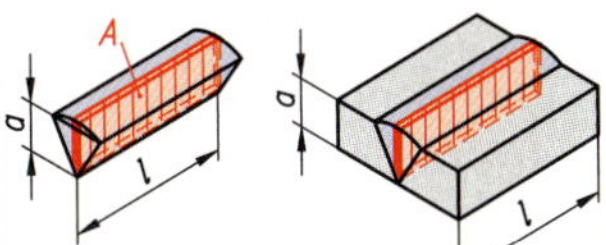

Kehlnaht $A_W = l \cdot a$

Schweißnahtlänge L

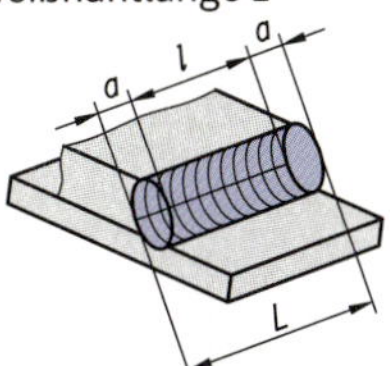

Formel/Formelumstellung

$\sigma_{W,S,d} = \frac{F_{S,d}}{A_W}$	$F_{S,d} = \sigma_{W,S,d} \cdot A_W$	$A_W = \frac{F_{S,d}}{\sigma_{W,S,d}}$
$\tau_{W,S,d} = \frac{F_{S,d}}{A_W}$	$F_{S,d} = \tau_{W,S,d} \cdot A_W$	$A_W = \frac{F_{S,d}}{\tau_{W,S,d}}$
$\sigma_{W,R,d} = \alpha_W \cdot \frac{f_{y,k}}{\gamma_M}$	$f_{y,k} = \frac{\sigma_{W,R,d}}{\alpha_W} \cdot \gamma_M$	
$F_{W,R,d} = \sigma_{W,R,d} \cdot A$	$\sigma_{W,R,d} = \frac{F_{W,R,d}}{A}$	$A = \frac{F_{W,R,d}}{\sigma_{W,R,d}}$

Es gilt für den Stahlbau:
$30\ \text{mm} \leq 6 \cdot a \leq l \leq 150 \cdot a$

$A_W = l \cdot t$	$l = \frac{A_W}{t}$	$t = \frac{A_W}{l}$
$A_W = l \cdot a$	$l = \frac{A_W}{a}$	$a = \frac{A_W}{l}$
$A_W = l \cdot t = l \cdot a$		
$l = L - 2 \cdot a$	$L = l + 2 \cdot a$	
$F_{S,d} \leq F_{W,R,d}$		
$\sigma_{W,S,d} = \sigma_{W,R,d}$		

* S = stress, engl.; ** R = resistance, engl.; d = design,
W = weld, engl. schweißen

Formelzeichen

Formelzeichen		Einheiten
$F_{S,d}$*	Bemessungswert der Kraft	N
$F_{W,R,d}$**	Grenzwert der Kraft	N
A_W	Spannungsquerschnitt der Schweißnaht	N/mm^2
L	Schweißnahtlänge	mm
l	tragende Schweißnahtlänge	mm
a	Schweißnahtdicke	mm
t	Blechdicke, Materialdicke	mm
γ_M	Teilsicherheitsbeiwert für den Widerstand (s. Tab. S. 110)	
$f_{y,k}$	Streckgrenze	N/mm^2
$\sigma_{W,S,d}$	Schweißzugspannung	N/mm^2
$\sigma_{W,R,d}$	Grenzschweißzugspannung	N/mm^2
$\tau_{W,S,d}$	Schweißscherspannung	N/mm^2
$\tau_{W,R,d}$	Grenzscherspannung	N/mm^2
α_W	Wert für Grenzschweißspannung	N/mm^2

Werte für Grenzschweißspannung α_W

Beanspruchungsart	Werkstoff	α_W
Zug, Druck, Schub bei Kehlnähten	S235JR S355JO	0,95 0,80
Zug bei Stumpfnähten	S235JR	0,50

$\gamma_M = 1{,}1$ (s. Tab. S. 110)

Index:
d Bemessungswert
k charakteristischer Wert

Festigkeitsberechnung bei Schweißverbindungen

Benennung/Abbildung	Formel/Formelumstellung	Formelzeichen	Einheiten
Stumpfnaht, Kehlnaht 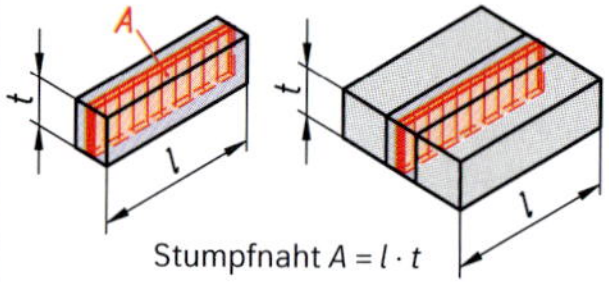 Stumpfnaht $A = l \cdot t$	$\sigma_W = \frac{F}{A}$ $F = \sigma_W \cdot A$ $A = \frac{F}{\sigma_W}$ $\tau_W = \frac{F}{A}$ $F = \tau_W \cdot A$ $A = \frac{F}{\tau_W}$	F Kraft	N
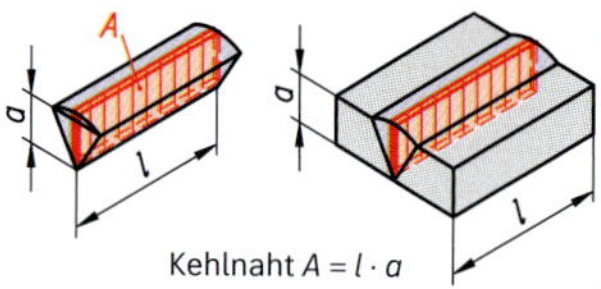 Kehlnaht $A = l \cdot a$	Stumpfnaht $A = t \cdot l$ $t = \frac{A}{l}$ $l = \frac{A}{t}$ Kehlnaht $A = a \cdot l$ $a = \frac{A}{l}$ $l = \frac{A}{a}$	A Spannungsquerschnitt	mm^2
Schweißnahtlänge L 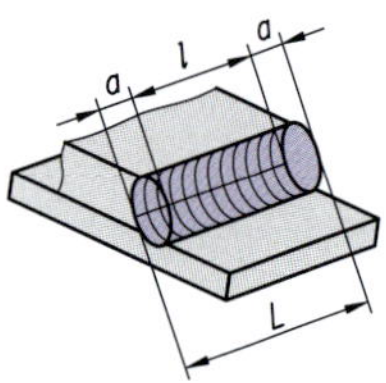 	Anfangs- und Endkrater $\triangleq a$ Die tragende Schweißnahtlänge ist: $l = L - 2 \cdot a$	L Schweißnahtlänge	mm
		l tragende Schweißnahtlänge	mm
		t Blechdicke, Materialdicke	mm
		a Nahtdicke, Kehlnaht	mm
		σ_W Spannung	N/mm^2
		τ_W Scherspannung	N/mm^2

Benennung/Abbildung	Formel/Formelumstellung	Formelzeichen	Einheiten
Hydrostatischer Druck Schweredruck 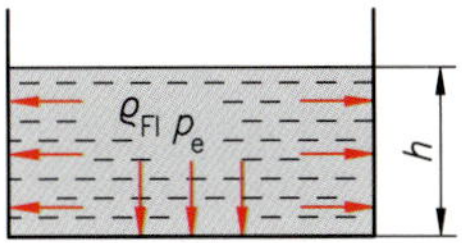 	$p_e = \varrho_{Fl} \cdot g \cdot h$ $\varrho_{Fl} = \frac{p_e}{g \cdot h}$ $h = \frac{p_e}{\varrho_{Fl} \cdot g}$	p_e hydrostatischer Druck ϱ_{Fl} Dichte des Mediums der Flüssigkeit g Fallbeschleunigung h Höhe der Säule des Mediums $1\ N/m^2 = 0{,}01\ N/dm^2 = 1\ Pa = 10^{-5}$ bar	$\frac{N}{m^2}$, Pa $\frac{kg}{m^3}$ $9{,}81\ \frac{m}{s^2}$ m
Seitendruckkraft 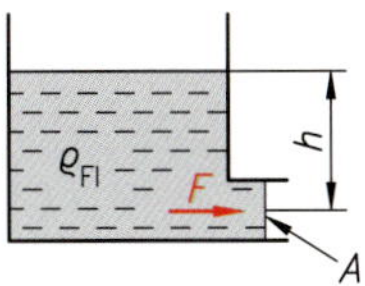 	$F = p_e \cdot A$ $p_e = \frac{F}{A}$ $A = \frac{F}{p_e}$ $F = \varrho_{Fl} \cdot g \cdot h \cdot A$ $\varrho_{Fl} = \frac{F}{g \cdot h \cdot A}$ $h = \frac{F}{\varrho_{Fl} \cdot g \cdot A}$ $A = \frac{F}{\varrho_{Fl} \cdot g \cdot h}$	F Seitendruckkraft p_e hydrostatischer Druck A seitliche Fläche ϱ_{Fl} Dichte der Flüssigkeit g Fallbeschleunigung h Höhe der Flüssigkeit $1\ g/cm^3 = 1\ kg/dm^3 = 1\ t/m^3$ $1\ N/m^2 = 0{,}01\ N/dm^2 = 1\ Pa = 10^{-5}$ bar	N $\frac{N}{m^2}$, Pa m^2 $\frac{kg}{m^3}$ $9{,}81\ \frac{m}{s^2}$ m

Aufdruckkraft, Auftrieb in Flüssigkeiten

Benennung/Abbildung	Formel/Formelumstellung	Formelzeichen	Einheiten
Aufdruckkraft 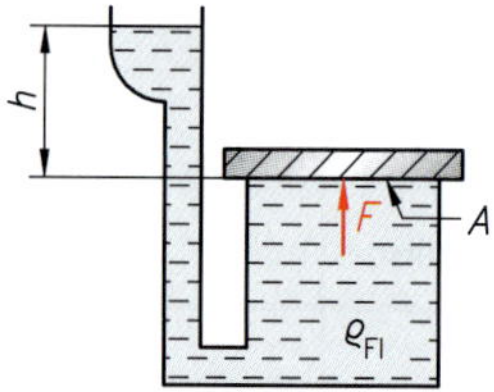 	$F = p_e \cdot A$ $p_e = \frac{F}{A}$ $A = \frac{F}{p_e}$ $F = \varrho_{Fl} \cdot g \cdot h \cdot A$ $\varrho_{Fl} = \frac{F}{g \cdot h \cdot A}$ $h = \frac{F}{\varrho_{Fl} \cdot g \cdot A}$ $A = \frac{F}{\varrho_{Fl} \cdot g \cdot h}$	F Aufdruckkraft p_e hydrostatischer Druck A Fläche der Abdeckung ϱ_{Fl} Dichte der Flüssigkeit des Mediums g Fallbeschleunigung h Höhe der Flüssigkeit	N $\frac{N}{m^2}$, Pa m^2 $\frac{kg}{m^3}$ $9{,}81 \frac{m}{s^2}$ m
Auftrieb in Flüssigkeiten 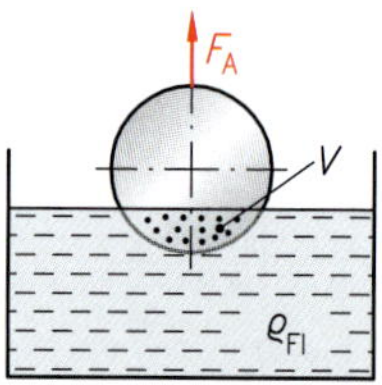 	$F_A = F_{GFl}$ $F_A = V \cdot \varrho_{Fl} \cdot g$ $V = \frac{F_A}{\varrho_{Fl} \cdot g}$ $\varrho_{Fl} = \frac{F_A}{V \cdot g}$	F_A Auftrieb F_{GFl} Gewichtskraft der verdrängten Flüssigkeitsmenge ϱ_{Fl} Dichte der Flüssigkeit g Fallbeschleunigung V Volumen der verdrängten Flüssigkeit $1\ g/cm^3 = 1\ kg/dm^3 = 1\ t/m^3$	N N $\frac{kg}{m^3}$ $9{,}81 \frac{m}{s^2}$ m^3

Benennung/Abbildung	Formel/Formelumstellung	Formelzeichen		Einheiten
Mischungstemperatur verschiedener Stoffe 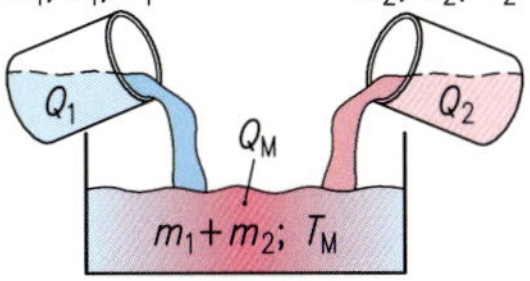	$Q_M = Q_1 + Q_2$ $T_M = \frac{c_1 \cdot m_1 \cdot T_1 + c_2 \cdot m_2 \cdot T_2}{c_1 \cdot m_1 + c_2 \cdot m_2}$ $T_1 = \frac{T_M \cdot (c_1 \cdot m_1 + c_2 \cdot m_2) - c_2 \cdot m_2 \cdot T_2}{c_1 \cdot m_1}$ $T_2 = \frac{T_M \cdot (c_1 \cdot m_1 + c_2 \cdot m_2) - c_1 \cdot m_1 \cdot T_1}{c_2 \cdot m_2}$	Q_M	Wärmemengen-mischung	J, kJ
		Q_1	Wärmemenge Stoff 1	J, kJ
		Q_2	Wärmemenge Stoff 2	J, kJ
		T_M	Temperatur der Mischung	K, °C
		c_1, c_2	spezifische Wärme-kapazität	$\frac{kJ}{kg \cdot K}, \frac{kJ}{kg \cdot °C}$
		m_1, m_2	Teilmassen; Stoffe 1, 2	kg
		T_1, T_2	Temperatur der Teilmassen	K, °C
Mischungstemperatur gleicher Stoffe 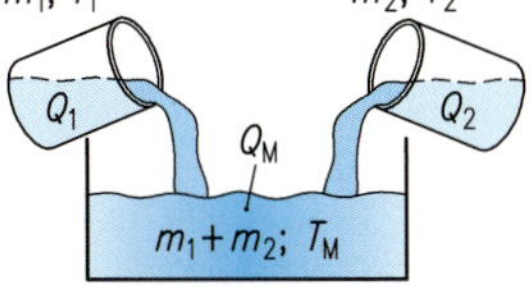	Mischung gleicher Stoffe: $T_M = \frac{m_1 \cdot T_1 + m_2 \cdot T_2}{m_1 + m_2}$ $T_1 = \frac{T_M \cdot (m_1 + m_2) - m_2 \cdot T_2}{m_1}$ $T_2 = \frac{T_M \cdot (m_1 + m_2) - m_1 \cdot T_1}{m_2}$	1 Pa = 1 N/m² = 0,01 mbar 1 bar = 100 000 N/m² = 10^5 Pa 1 bar = 10 N/cm² = 1 daN/cm² = 0,1 N/mm² 1 mbar = 100 Pa = 1 hPa 1 N/mm² = 100 N/cm² = 1 000 000 N/m² = 1 MPa 1 N/mm² = 10 bar		
Kolbendruckkraft 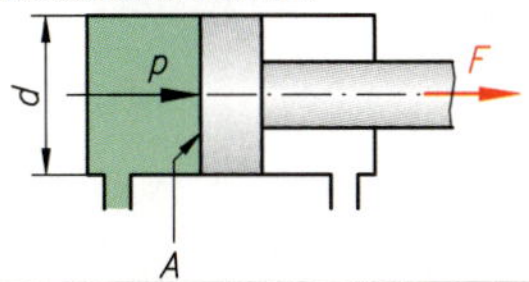	$F = p \cdot A$ $p = \frac{F}{A}$ $A = \frac{F}{p}$ $A = \frac{d^2 \cdot \pi}{4}$ $F = p \cdot A \cdot \eta$	F	Kolbendruckkraft	N
		p	Flüssigkeitsdruck	N/cm²
		A	Kolbenfläche	cm²
		d	Kolbendurchmesser	cm
		η	Wirkungsgrad des Zylinders	

Benennung/Abbildung	Formel/Formelumstellung	Formelzeichen	Einheiten
Kolbenkräfte	$F_1 = p_e \cdot A_1$ $F_1 = p_e \cdot A_1 \cdot \eta$	F_1 Kolbenkraft	N
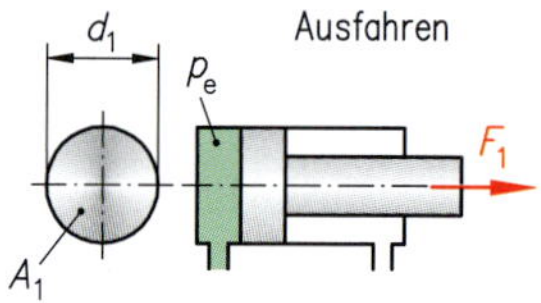	$p_e = \frac{F_1}{A_1}$ $A_1 = \frac{F_1}{p_e}$	p_e Überdruck auf den Kolben	$\frac{N}{cm^2}$
	A für Kreisfläche: $A_1 = \frac{d_1^2 \cdot \pi}{4}$	A_1 wirksame Kolbenfläche	cm^2
		d_1 Durchmesser des Kolbens	cm
	A für Kreisringfläche: $A_2 = \frac{(D^2 - d^2) \cdot \pi}{4}$	A_2 Kreisringfläche	cm^2
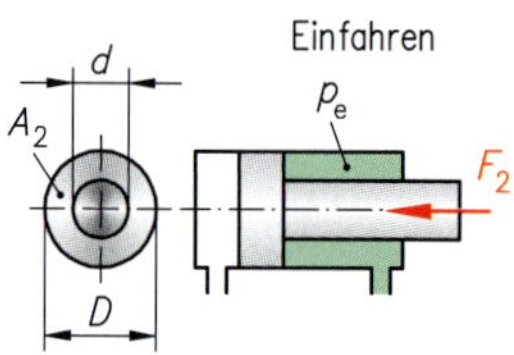	$F_2 = p_e \cdot A_2 \cdot \eta$	F_2 Kolbenkraft an Kreisringfläche	N
	$p_e = \frac{F_2}{A_2 \cdot \eta}$	D Durchmesser des Kolbens mit Kreisringfläche	cm
	$A_2 = \frac{F_2}{p_e \cdot \eta}$ $\eta = \frac{F_2}{p_e \cdot A_2}$	d kleiner Durchmesser der Kreisringfläche (Kolbenstange)	cm
		η Wirkungsgrad des Zylinders	
		1 Pa = 1 N/m^2 = 0,00001 bar 1 bar = 10 N/cm^2 = 1 000 N/dm^2 = 0,1 N/mm^2 1 mbar = 100 Pa = 1 hPa	

Benennung/Abbildung	Formel/Formelumstellung		Formelzeichen		Einheiten
Hydraulische Presse 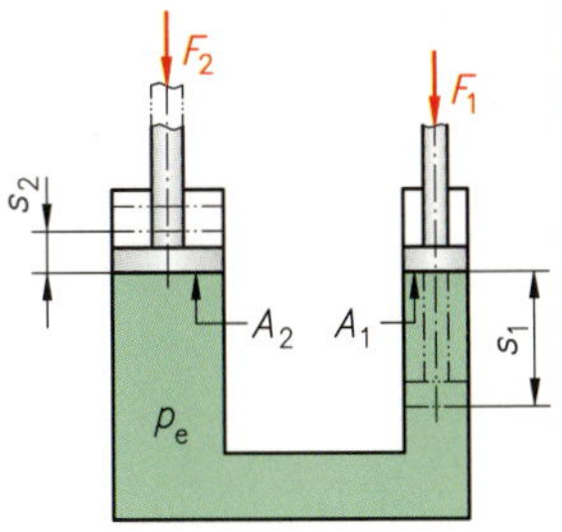	$\frac{F_1}{A_1} = \frac{F_2}{A_2}$	$\frac{F_2}{F_1} = \frac{A_2}{A_1} = \frac{s_1}{s_2}$	F_1	Kraft am Pumpenkolben	N
	$F_1 = \frac{F_2 \cdot A_1}{A_2}$	$F_2 = \frac{F_1 \cdot A_2}{A_1}$	F_2	Kraft am Arbeitskolben	N
	$A_1 = \frac{F_1 \cdot A_2}{F_2}$	$A_2 = \frac{F_2 \cdot A_1}{F_1}$	A_1	Fläche des Pumpenkolbens	mm^2, cm^2, m^2
	$F_1 \cdot s_1 = F_2 \cdot s_2$	$s_1 = \frac{F_2 \cdot s_2}{F_1}$	A_2	Fläche des Arbeitskolbens	mm^2, cm^2, m^2
	$F_1 = \frac{F_2 \cdot s_2}{s_1}$	$s_2 = \frac{F_1 \cdot s_1}{F_2}$	s_1	Weg des Pumpenkolbens	mm, cm, m
	$F_2 = \frac{F_1 \cdot s_1}{s_2}$	$A_1 \cdot s_1 = A_2 \cdot s_2$	s_2	Weg des Arbeitskolbens	mm, cm, m
	$i = \frac{F_1}{F_2}$	$A_1 = \frac{A_2 \cdot s_2}{s_1}$	i	hydraulisches Übersetzungsverhältnis	
	$i = \frac{s_2}{s_1}$	$s_1 = \frac{A_2 \cdot s_2}{A_1}$	p_e	Überdruck, Druck	$\frac{N}{cm^2}$, bar
	$i = \frac{A_1}{A_2}$	$A_2 = \frac{A_1 \cdot s_1}{s_2}$			
		$s_2 = \frac{A_1 \cdot s_1}{A_2}$			

1 Pa = 1 N/m^2 = 0,01 mbar
1 bar = 100 000 N/m^2 = 10^5 Pa
1 bar = 10 N/cm^2 = 1 daN/cm^2 = 0,1 N/mm^2
1 mbar = 100 Pa = 1 hPa
1 N/mm^2 = 100 N/cm^2 = 1 000 000 N/m^2 = 1 MPa
1 N/mm^2 = 10 bar

Benennung/Abbildung	Formel/Formelumstellung	Formelzeichen	Einheiten
Kontinuitätsgleichung, Durchflussgeschwindigkeit 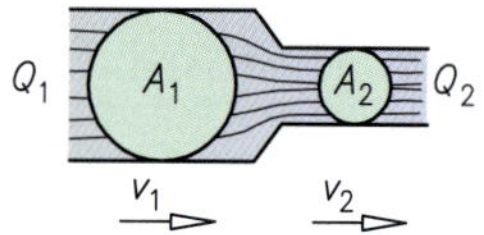	$Q_1 = Q_2$ $Q_1 = A_1 \cdot v_1$ $\quad A_1 = \frac{Q_1}{v_1}$ $\quad v_1 = \frac{Q_1}{A_1}$ $Q_2 = A_2 \cdot v_2$ $\quad A_2 = \frac{Q_2}{v_2}$ $\quad v_2 = \frac{Q_2}{A_2}$ $A_1 \cdot v_1 = A_2 \cdot v_2$ $A_1 = \frac{A_2 \cdot v_2}{v_1}$ $v_1 = \frac{A_2 \cdot v_2}{A_1}$ $A_2 = \frac{A_1 \cdot v_1}{v_2}$ $v_2 = \frac{A_1 \cdot v_1}{A_2}$	Q_1, Q_2 Volumenströme A_1, A_2 Querschnittsflächen, Rohrleitungsquerschnittsflächen v_1, v_2 Strömungsgeschwindigkeiten	$\frac{cm^3}{s}, \frac{dm^3}{s}, \frac{m^3}{s}$ cm^2, dm^2, m^2 $\frac{cm}{s}, \frac{dm}{s}, \frac{m}{s}$ $1\ dm^3 = 1\ l$

Benennung/Abbildung	Formel/Formelumstellung	Formelzeichen	Einheiten
Kolbengeschwindigkeit 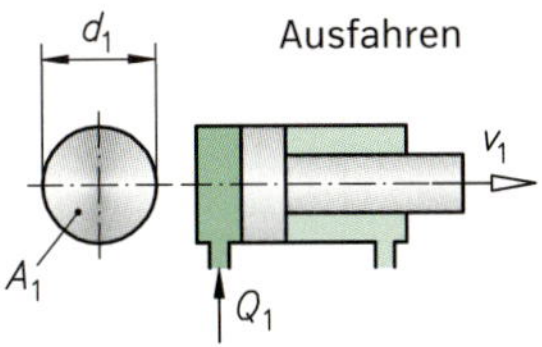	$v_1 = \frac{Q_1}{A_1}$ $Q_1 = v_1 \cdot A_1$ $A_1 = \frac{Q_1}{v_1}$	d_1 Durchmesser des Kolbens	cm, dm, m
		v_1 Kolben-geschwindigkeit	$\frac{cm}{s}, \frac{dm}{s}, \frac{m}{s}$
		Q_1 Volumenstrom	$\frac{cm^3}{s}, \frac{dm^3}{s}, \frac{m^3}{s}$
	$v_2 = \frac{Q_2}{A_2}$ $Q_2 = v_2 \cdot A_2$ $A_2 = \frac{Q_2}{v_2}$	A_1 wirksame Kolben-fläche (Kreisfläche)	cm^2, dm^2, m^2
		v_2 Kolben-geschwindigkeit	$\frac{cm}{s}, \frac{dm}{s}, \frac{m}{s}$
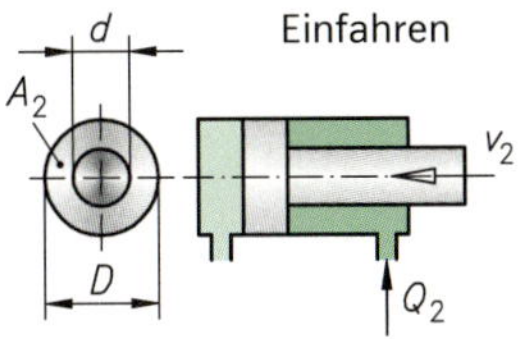	$A_1 = \frac{d_1^2 \cdot \pi}{4}$ $d_1 = \sqrt{\frac{4 \cdot A_1}{\pi}}$	Q_2 Volumenstrom	$\frac{cm^3}{s}, \frac{dm^3}{s}, \frac{m^3}{s}$
	$A_2 = \frac{(D^2 - d^2) \cdot \pi}{4}$	A_2 wirksame Kolben-fläche (Kreisringfläche)	cm^2, dm^2, m^2
	$D = \sqrt{\frac{4 \cdot A_2}{\pi} + d^2}$	D Durchmesser des Kolbens mit Kreisring-fläche	cm, dm, m
	$d = \sqrt{D^2 - \frac{4 \cdot A_2}{\pi}}$	d kleiner Durchmesser der Kreisringfläche (Kolbenstange)	cm, dm, m
			$1\ dm^3 = 1$

Benennung/Abbildung	Formel/Formelumstellung	Formelzeichen	Einheiten
Pumpenleistung 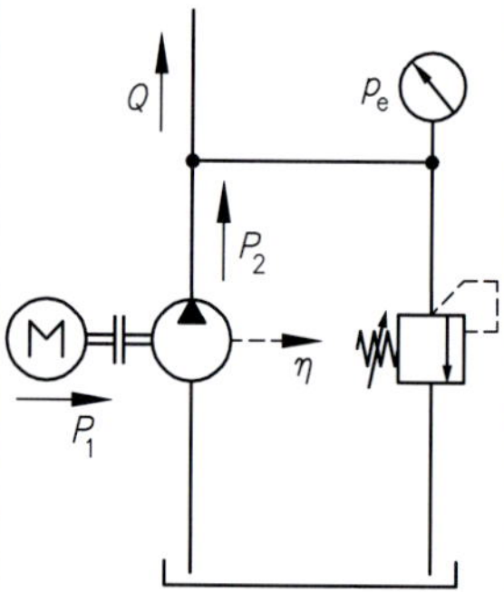	$P_1 = \frac{Q \cdot p_e}{600 \cdot \eta}$ (Zahlenwert-gleichungen) $P_1 = \frac{M \cdot n}{9550}$ $Q = \frac{P_1 \cdot 600 \cdot \eta}{p_e}$ $M = \frac{9550 \cdot P_1}{n}$ $p_e = \frac{P_1 \cdot 600 \cdot \eta}{Q}$ $n = \frac{9550 \cdot P_1}{M}$ $\eta = \frac{Q \cdot p_e}{600}$ $P_2 = \frac{Q \cdot p_e}{600}$ (Zahlenwertgleichung mit: P in kW) $\left(Q \text{ in } \frac{\text{l}}{\text{min}}\right)$ $\eta = \frac{P_2}{P_1}$ (p_e in bar) $P_2 = \eta \cdot P_1$ $P_1 = \frac{P_2}{\eta}$	P_1 zugeführte Leistung	kW
		Q Volumenstrom	$\frac{\text{l}}{\text{min}} = \frac{\text{dm}^3}{\text{min}}$
		p_e Überdruck	bar, $1 \text{ bar} = 10 \frac{\text{N}}{\text{cm}^2}$
		η Wirkungsgrad der Pumpe	
		P_2 abgegebene Leistung	kW
		600 Umrechnungsfaktor	
		9550 Umrechnungsfaktor	
		M Drehmoment	N · m
		n Drehzahl	$\frac{1}{\text{min}}$, min^{-1}
			$1 \text{ dm}^3 = 1 \text{ l}$
		1 Pa = 1 N/m² = 0,00001 bar 1 bar = 10 N/cm² = 1000 N/dm² = 0,1 N/mm² 1 mbar = 100 Pa = 1 hPa	

Benennung/Abbildung	Formel/Formelumstellung	Formelzeichen	Einheiten
Druckübersetzer 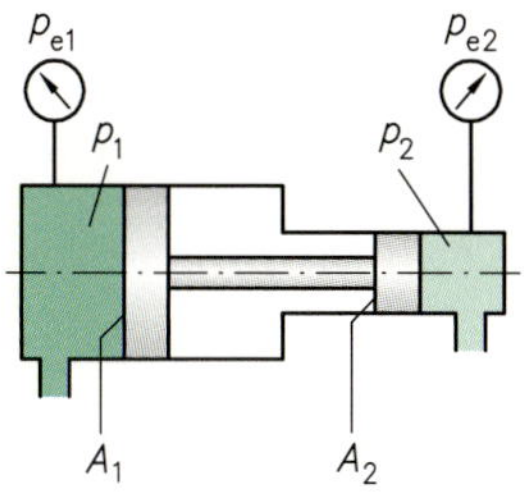	$p_{e1} \cdot A_1 \cdot \eta = p_{e2} \cdot A_2$ $p_{e1} = \frac{p_{e2} \cdot A_2}{A_1 \cdot \eta}$ $A_1 = \frac{p_{e2} \cdot A_2}{p_{e1} \cdot \eta}$ $p_{e2} = \frac{p_{e1} \cdot A_1 \cdot \eta}{A_2}$ $A_2 = \frac{p_{e1} \cdot A_1 \cdot \eta}{p_{e2}}$ $\eta = \frac{p_{e2} \cdot A_2}{p_{e1} \cdot A_1}$	p_{e1} Überdruck an der großen Kolbenfläche A_1 A_1 Kolbenfläche des großen Kolbens p_{e2} Überdruck an der kleinen Kolbenfläche A_2 A_2 Kolbenfläche des kleinen Kolbens η Wirkungsgrad des Druckübersetzers	$\frac{N}{cm^2}$ cm^2 $\frac{N}{cm^2}$ cm^2
		1 Pa 1 N/m^2 = 0,01 mbar 1 bar = 100 000 N/m^2 = 10^5 Pa 1 bar = 10 N/cm^2 = 1 daN/cm^2 = 0,1 N/mm^2 1 mbar = 100 Pa = 1 hPa 1 N/mm^2 = 100 N/cm^2 = 1 000 000 N/m^2 = 1 MPa 1 N/mm^2 = 10 bar	

Benennung/Abbildung	Formel/Formelumstellung
Luftverbrauch für doppelt wirkenden Zylinder (DZ)	$Q = 2 \cdot s \cdot n \cdot A \cdot \frac{p_e + p_{amb}}{p_{amb}}$
	$s = \frac{Q}{2 \cdot n \cdot A \cdot \frac{p_e + p_{amb}}{p_{amb}}}$
	$n = \frac{Q}{2 \cdot s \cdot A \cdot \frac{p_e + p_{amb}}{p_{amb}}}$
	$A = \frac{Q}{2 \cdot s \cdot n \cdot \frac{p_e + p_{amb}}{p_{amb}}}$
	$Q = 2 \cdot s \cdot n \cdot q$ * für doppeltwirkende Zylinder
	$s = \frac{Q}{2 \cdot n \cdot q}$ $n = \frac{Q}{2 \cdot s \cdot q}$
	$q = \frac{Q}{2 \cdot s \cdot n}$
	$Q_1 = s \cdot n_1 \cdot q$ für einfachwirkende Zylinder

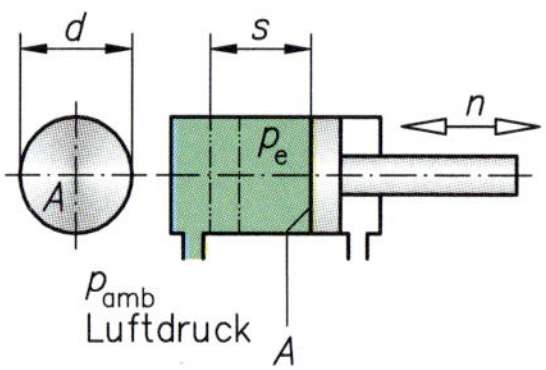

Formelzeichen		Einheiten
Q	Luftverbrauch	$\frac{cm^3}{min}$
s	Hublänge	cm
n	Doppelhubzahl	$\frac{1}{min}$, min^{-1}
A	Kolbenfläche	cm^2
p_e	Überdruck	bar
p_{amb}	Luftdruck ≈ 1 bar	
q	spezifischer Luftverbrauch je cm Hub	$\frac{cm^3}{cm}$
Q_1	Luftverbrauch für einfachwirkende Zylinder	$\frac{cm^3}{min}$
n_1	Hubzahl	min^{-1}, $\frac{1}{min}$

Für einfach wirkende Zylinder ist der Luftverbrauch nur halb so groß.

$1\ bar = 10\ N/cm^2 = 1\,000\ N/dm^2$
$1\ l = 1\ dm^3 = 1\,000\ cm^3 = 10^3\ cm^3$

* Die Werte für q sind den einschlägigen Tabellenbüchern zu entnehmen.

Benennung/Abbildung	Formel	Formelzeichen	Einheiten
Spezifische Schnittkraft k_c in $\frac{N}{mm^2}$	$k_c = \frac{k_{c1.1}}{h^{m_c}} \cdot C_1 \cdot C_2$	k_c spezifische Schnittkraft $k_{c1.1}$ Basiswert der spezifischen Schnittkraft m_c Werkstoffkonstante h Spanungsdicke C_1 Korrekturfaktor für Schnittgeschwindigkeit C_2 Korrekturfaktor für das Fertigungsverfahren	N/mm² N/mm² mm

Richtwerte für die spezifische Schnittkraft k_c

zu spanender Werkstoff	$k_{c1.1}$** N/mm²	m_c***	spezifische Schnittkraft k_c* in N/mm² für die Spanungsdicke h in mm								
			0,08	0,1	0,16	0,2	0,31	0,5	0,8	1	1,6
S235JR	1600	0,33	3800	3500	3000	2780	2370	2040	1740	1600	1370
E295	1800	0,27	3460	3260	2870	2700	2380	2120	1860	1750	1540
C60	1690	0,22	2950	2810	2530	2420	2190	1970	1775	1700	1530
C60E	1840	0,18	3000	3050	2750	2620	2360	2145	1930	1850	1660
18CrNi8	1750	0,25	3140	2970	2660	2520	2250	2050	1800	1710	1530
34CrMo4	1770	0,23	3150	2990	2680	2550	2290	2070	1850	1760	1570
50CrV4	1890	0,25	3550	3350	2980	2820	2510	2245	1990	1895	1680
55NiCrMoV6	1800	0,25	3290	3120	2785	2640	2350	2110	1890	1780	1600
EN-GJL-300	1200	0,28	2600	2360	1950	1750	1470	1210	995	900	750
GS45	1580	0,17	2410	2325	2145	2070	1900	1770	1630	1550	1450
GAlSi12	620	0,25	1100	850	780	670	620	550	500	450	400
CuZn40Pb2	770	0,18	1300	1200	1100	950	800	650	550	500	450

Korrekturfaktoren C_1, C_2

Schnittgeschwindigkeit v_c in m/min	C_1	Fertigungs-Verfahren	C_2
10... 30	1,3	Fräsen	0,8
31... 80	1,1	Drehen	1,0
81...400	1,0	Bohren	1,2
> 400	0,9	–	–

* Die Tabellenwerte gelten für HM-Werkzeugemit den Spanwinkeln:
$\gamma_0 = +6°$ für Stähle, $\gamma_0 = +2°$ für Gusseisenwerkstoffe, $\gamma_0 = +8°$ für Kupferlegierungen.

** Hauptwert der spezifischen Schnittkraft, entspricht einem Spanungsquerschnitt von 1 mm² (Spanungsbreite b = Spanungsdicke h = 1 mm).

*** Exponent, der die Spanungsdicke h berücksichtigt.

Kräfte und Leistungen beim Drehen, spezifische Schnittkraft

Benennung/Abbildung

Kräfte und Leistungen beim Drehen, spezifische Schnittkraft, Spanungsquerschnitt, Zeitspanungsvolumen

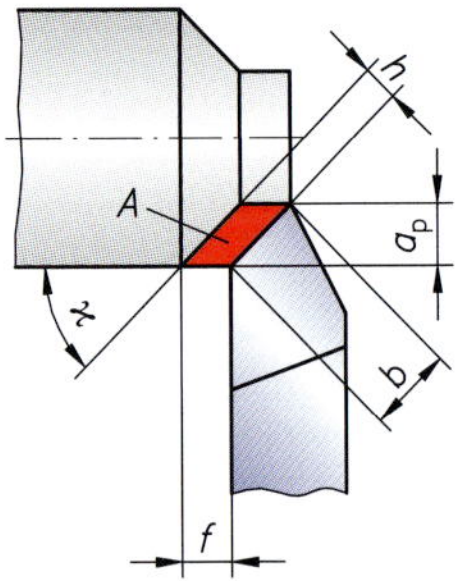

Korrekturfaktoren C_1, C_2

Schnittgeschwindigkeit v_c in m/min	C_1	Fertigungs-Verfahren	C_2
10... 30	1,3	Fräsen	0,8
31... 80	1,1	Drehen	1,0
81...400	1,0	Bohren	1,2

Formel/Formelumstellung

Formel		
$F_c = A \cdot k_c$	$A = \frac{F_c}{k_c}$	$k_c = \frac{F_c}{A}$
$A = b \cdot h$	$b = \frac{A}{h}$	$h = \frac{A}{b}$
$A = a_p \cdot f$	$a_p = \frac{A}{f}$	$f = \frac{A}{a_p}$
$b = \frac{a_p}{\sin \varkappa}$	$a_p = b \cdot \sin \varkappa$;	$\sin \varkappa = \frac{a_p}{b}$
$h = f \cdot \sin \varkappa$	$f = \frac{h}{\sin \varkappa}$	$\sin \varkappa = \frac{h}{f}$
$Q = A \cdot v_c$	$A = \frac{Q}{v_c}$	$v_c = \frac{Q}{A}$
$P_c = F_c \cdot v_c$	$F_c = \frac{P_c}{v_c}$	$v_c = \frac{P_c}{F_c}$
$P_c = Q \cdot k_c$	$Q = \frac{P_c}{k_c}$	$k_c = \frac{P_c}{Q}$
$P_1 = \frac{P_c}{\eta}$	$P_c = P_1 \cdot \eta$	$\eta = \frac{P_c}{P_1}$

Formelzeichen / Einheiten

Formelzeichen		Einheiten
F_c	Schnittkraft	N
A	Spanungsquerschnitt	mm^2
k_c	spezifische Schnittkraft	$\frac{N}{mm^2}$
b	Spanungsbreite	mm
h	Spanungsdicke	mm
a_p	Schnitttiefe	mm
f	Vorschub je Umdrehung	mm
$\varkappa$	Einstellwinkel	in ° (Grad)
Q	Zeitspanungsvolumen	$\frac{cm^3}{min}$
v_c	Schnittgeschwindigkeit	$\frac{m}{min}$
P_c	Schnittleistung	$\frac{N \cdot m}{s} = W$
P_1	erforderliche Antriebsleistung	$\frac{N \cdot m}{s} = W$
η	Wirkungsgrad	

k_c vgl. S. 163, 164

C_1, C_2 vgl. S. 163, 164

$1\ kW = 1\,000\ \frac{N \cdot m}{s}$

Benennung/Abbildung	Formel/Formelumstellung	Formelzeichen	Einheiten
Kräfte und Leistungen beim Bohren, spezifische Schnittkraft, Spanungsquerschnitt, Zeitspanungsvolumen Bohrertyp N, H, W, ($\sigma = 118° ... 130°$) 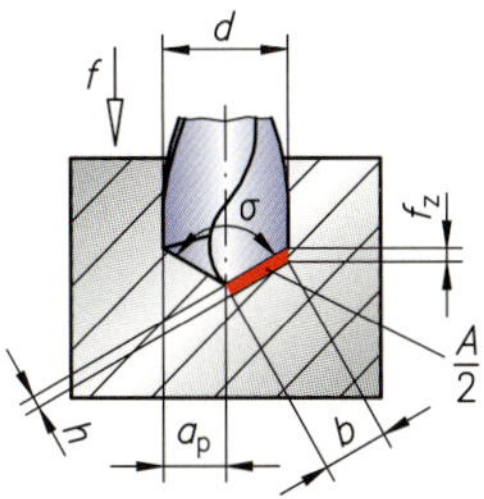 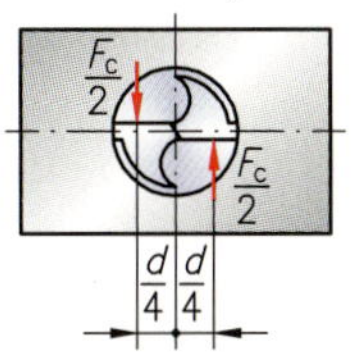	$F_c = A \cdot k_c$ $A = \frac{F_c}{k_c}$ $k_c = \frac{F_c}{A}$	F_c Schnittkraft A Spanungsquerschnitt	N mm^2
	$A = d \cdot \frac{f}{2}$ $d = \frac{2 \cdot A}{f}$ $f = \frac{2 \cdot A}{d}$	k_c spezifische Schnittkraft	$\frac{N}{mm^2}$
	$A = 2 \cdot b \cdot h$ $b = \frac{A}{2 \cdot h}$ $h = \frac{A}{2 \cdot b}$	d Bohrerdurchmesser f Vorschub je Umdrehung	mm mm
	$A = a_p \cdot f$ $a_p = \frac{A}{f}$ $f = \frac{A}{a_p}$	f_z Vorschub je Schneide	mm
	$b = \frac{a_p}{\sin \frac{\sigma}{2}}$ $\sin \frac{\sigma}{2} = \frac{a_p}{b}$ $a_p = \sin \frac{\sigma}{2} \cdot b$	b Spanungsbreit h Spanungsdicke	mm mm
	$h = f_z \cdot \sin \frac{\sigma}{2}$ $f_z = \frac{h}{\sin \frac{\sigma}{2}}$ $\sin \frac{\sigma}{2} = \frac{h}{f_z}$	a_p Schnittbreite σ Spitzenwinkel M_c Schnittmoment	mm in ° (Grad) Nm
	$M_c = \frac{F_c \cdot d}{4}$ $F_c = \frac{4 \cdot M_c}{d}$ $d = \frac{4 \cdot M_c}{F_c}$	Q Zeitspanungsvolumen	$\frac{cm^3}{min}$
	$Q = A \cdot \frac{v_c}{2}$ $A = \frac{2 \cdot Q}{v_c}$ $v_c = \frac{2 \cdot Q}{A}$	v_c Schnittgeschwindigkeit	$\frac{m}{min}$
	$P_c = \frac{F_c \cdot v_c}{2}$ $F_c = \frac{2 \cdot P_c}{v_c}$ $v_c = \frac{2 \cdot P_c}{F_c}$	P_c Schnittleistung	$\frac{Nm}{s} = W$
	$P_c = Q \cdot k_c$ $Q = \frac{P_c}{k_c}$ $k_c = \frac{P_c}{Q}$	P_1 erforderliche Antriebsleistung η Wirkungsgrad	$\frac{Nm}{s} = W$
	$P_1 = \frac{P_c}{\eta}$ $P_c = P_1 \cdot \eta$ $\eta = \frac{P_c}{P_1}$	k_c vgl. 163, 164 C_1, C_2 vgl. S. 163, 164	$1\ kW = 1\,000\ \frac{N \cdot m}{s}$

Benennung/Abbildung	Formel/Formelumstellung	Formelzeichen	Einheiten
Kräfte und Leistungen beim Stirn-Planfräsen, spezifische Schnittkraft, Spanungsquerschnitt, Zeitspanungsvolumen	$F_c = A \cdot k_c$ $A = \frac{F_c}{k_c}$ $k_c = \frac{F_c}{A}$	F_c Schnittkraft	N
	$A = a_p \cdot h \cdot z_e$ $a_p = \frac{A}{h \cdot z_e}$ $h = \frac{A}{a_p \cdot z_e}$ $z_e = \frac{A}{a_p \cdot h}$	A Spanungsquerschnitt	mm^2
	$h \approx 0{,}9 \cdot f_z$ $f_z \approx \frac{h}{0{,}9}$	k_c spezifische Schnittkraft	N/mm^2
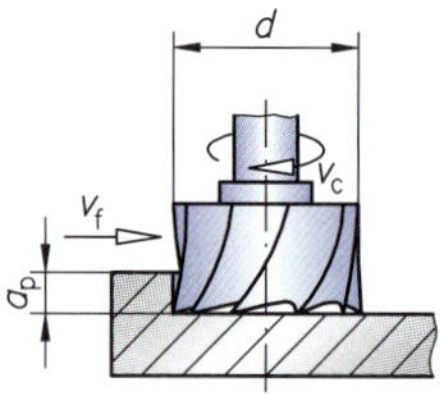	$z_e = \frac{\varphi_s \cdot z}{360°}$ $\varphi_s = \frac{z_e \cdot 360°}{z}$ $z = \frac{z_e \cdot 360°}{\varphi_s}$	a_p Schnitttiefe	mm
	$\sin \frac{\varphi_s}{2} = \frac{a_e}{d}$ $a_e = \sin \frac{\varphi_s}{2} \cdot d$ $d = \frac{a_e}{\sin \frac{\varphi_s}{2}}$	h Spanungdicke	mm
	$Q = a_p \cdot a_e \cdot v_f$ $a_p = \frac{Q}{a_e \cdot v_f}$ $a_e = \frac{Q}{a_p \cdot v_f}$ $v_f = \frac{Q}{a_p \cdot a_e}$	z_e Schneidenzahl im Eingriff	
	$v_f = f_z \cdot z \cdot n$ $f_z = \frac{v_f}{z \cdot n}$ $z = \frac{v_f}{f_z \cdot n}$ $n = \frac{v_f}{f_z \cdot z}$	f_z Vorschub je Fräserschneide	mm
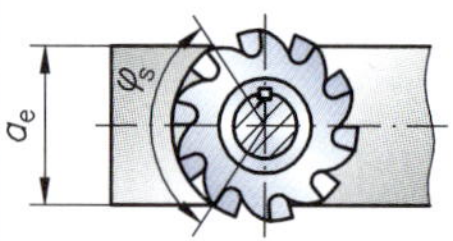	$v_f = f \cdot n$ $f = \frac{v_f}{n}$ $n = \frac{v_f}{f}$	z Schneidenzahl des Fräsers	
	$f = f_z \cdot z$ $f_z = \frac{f}{z}$ $z = \frac{f}{f_z}$	φ_s Eingriffswinkel	in ° (Grad)
	$P_c = F_c \cdot v_c$ $F_c = \frac{P_c}{v_c}$ $v_c = \frac{P_c}{F_c}$	a_e Arbeitseingriff	mm
	$P_c = Q \cdot k_c$ $Q = \frac{P_c}{k_c}$ $k_c = \frac{P_c}{Q}$	d Fräserdurchmesser	mm
	$P_1 = \frac{P_c}{\eta}$ $P_c = P_1 \cdot \eta$ $\eta = \frac{P_c}{P_1}$	Q Zeitspanungsvolumen	cm^3/min
		v_f Vorschubgeschwindigkeit	mm/min
		f Vorschub	mm
		n Umfrehungsfrequenz (Drehzahl)	min^{-1}
		P_c Schnittleistung	Nm/s = W
		v_c Schnittgeschwindigkeit	m/min
		P_1 erforderliche Antriebsleistung	Nm/s = W
		η Wirkungsgrad	
k_c, C_1, C_2 vgl. S. 163, 164		$1\,kW = 1\,000\,\frac{N \cdot m}{s}$	

Benennung/Abbildung	Formel/Formelumstellung	Formelzeichen	Einheiten
Hauptnutzungszeit beim Langdrehen ohne Ansatz	$L = l_a + l + l_u$	L Drehlänge, Vorschubweg	mm
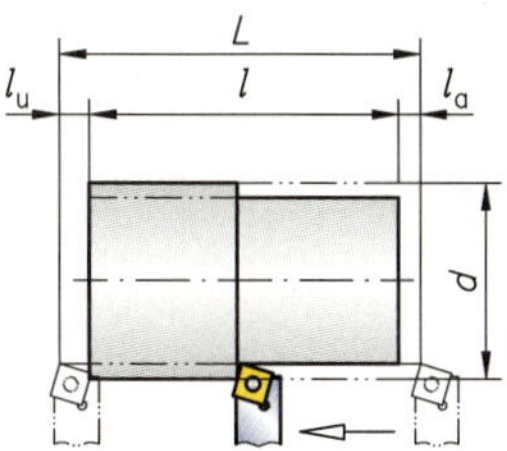	$t_h = \frac{L \cdot i}{f \cdot n}$	l Werkstücklänge	mm
	$L = \frac{t_h \cdot f \cdot n}{i}$ $\quad i = \frac{t_h \cdot f \cdot n}{L}$	l_a Anlaufweg	mm
	$f = \frac{L \cdot i}{t_h \cdot n}$ $\quad n = \frac{L \cdot i}{t_h \cdot f}$	l_u Überlauf	mm
	$v_c = \frac{d \cdot \pi \cdot n}{1\,000}$ (zugeschnittene Größengleichung)	t_h Hauptnutzungszeit	min
	$d = \frac{v_c \cdot 1\,000}{\pi \cdot n}$ $\quad n = \frac{v_c \cdot 1\,000}{d \cdot \pi}$	i Anzahl der Schnitte	
	$t_h = \frac{L \cdot i}{v_f}$	f Vorschub je Umdrehung	mm
	$v_f = f \cdot n$	n Umdrehungsfrequenz (Drehzahl)	min^{-1}
	$f = \frac{v_f}{n}$	v_c Schnittgeschwindigkeit	$\frac{m}{min}$
	$n = \frac{v_f}{f}$	d Durchmesser	mm
	$v_f = \frac{L \cdot i}{t_h}$ $\quad L = \frac{v_f \cdot t_h}{i}$	v_f Vorschubgeschwindigkeit	$\frac{mm}{min}$, $mm \cdot min^{-1}$
			Fortsetzung

Hauptnutzungszeit beim Langdrehen

Benennung/Abbildung	Formel/Formelumstellung	Formelzeichen	Einheiten
Fortsetzung **Hauptnutzungszeit beim Langdrehen ohne Überlauf, mit Ansatz** 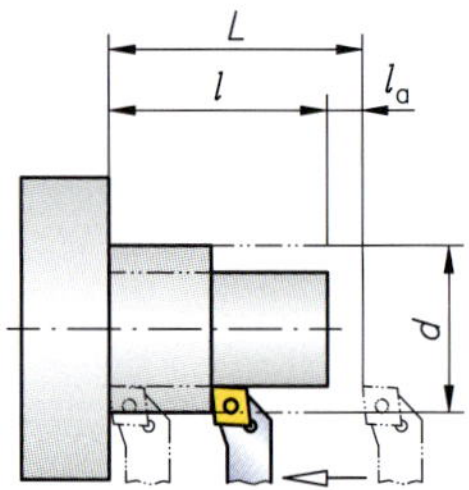 	$L = l_a + l$ $t_h = \frac{L \cdot i}{f \cdot n}$ $L = \frac{t_h \cdot f \cdot n}{i}$ $i = \frac{t_h \cdot f \cdot n}{L}$ $f = \frac{L \cdot i}{t_h \cdot n}$ $n = \frac{L \cdot i}{t_h \cdot f}$ $v_c = \frac{d \cdot \pi \cdot n}{1000}$ (zugeschnittene Größengleichung) $d = \frac{v_c \cdot 1000}{\pi \cdot n}$ $n = \frac{v_c \cdot 1000}{d \cdot \pi}$ $v_f = f \cdot n$ $f = \frac{v_f}{n}$ $n = \frac{v_f}{f}$	L Drehlänge, Vorschubweg l Werkstücklänge l_a Anlaufweg t_h Hauptnutzungszeit i Anzahl der Schnitte f Vorschub je Umdrehung n Umdrehungsfrequenz (Drehzahl) v_c Schnittgeschwindigkeit d Durchmesser v_f Vorschubgeschwindigkeit	mm mm mm min mm min^{-1} $\frac{m}{min}$ mm $\frac{mm}{min}$, $mm \cdot min^{-1}$

Hauptnutzungszeit beim Plandrehen

<table>
<tr><th>Benennung/Abbildung</th><th>Formel/Formelumstellung</th><th>Formelzeichen</th><th>Einheiten</th></tr>
<tr><td>Hauptnutzungszeit beim Plandrehen eines Vollzylinders ohne Ansatz
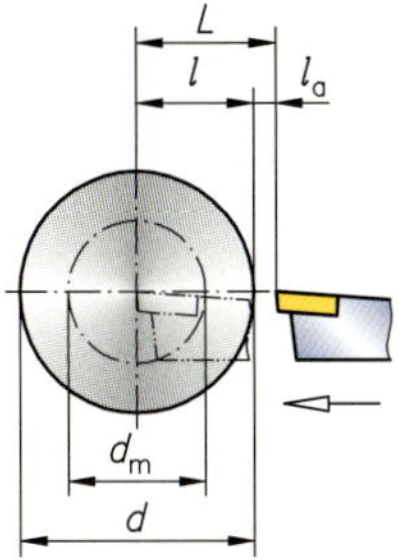
</td>
<td>$L = l_a + l$
$l = \frac{d}{2}$ $t_h = \frac{L \cdot i}{f \cdot n}$
$L = \frac{t_h \cdot f \cdot n}{i}$ $i = \frac{t_h \cdot f \cdot n}{L}$
$f = \frac{L \cdot i}{t_h \cdot n}$ $n = \frac{L \cdot i}{t_h \cdot f}$
$v_c = \frac{d_m \cdot \pi \cdot n}{1000}$ (zugeschnittene Größengleichung)
$d_m = \frac{v_c \cdot 1000}{\pi \cdot n}$ $n = \frac{v_c \cdot 1000}{d_m \cdot \pi}$
$d_m = \frac{d}{2}$
$v_f = f \cdot n$ $f = \frac{v_f}{n}$
$n = \frac{v_f}{f}$</td>
<td>L Drehlänge, Vorschubweg
l Werkstücklänge
l_a Anlaufweg
t_h Hauptnutzungszeit
i Anzahl der Schnitte
f Vorschub je Umdrehung
n Umdrehungsfrequenz (Drehzahl)
v_c Schnittgeschwindigkeit
d Durchmesser
d_m mittlerer Durchmesser
v_f Vorschubgeschwindigkeit</td>
<td>mm
mm
mm
min

mm
min^{-1}
$\frac{m}{min}$
mm
mm
$\frac{mm}{min}$, $mm \cdot min^{-1}$</td></tr>
</table>

Hauptnutzungszeit beim Plandrehen

Benennung/Abbildung	Formel/Formelumstellung		Formelzeichen		Einheiten
Hauptnutzungszeit beim Plandrehen; Drehteil mit Ansatz (mit Lagerzapfen) 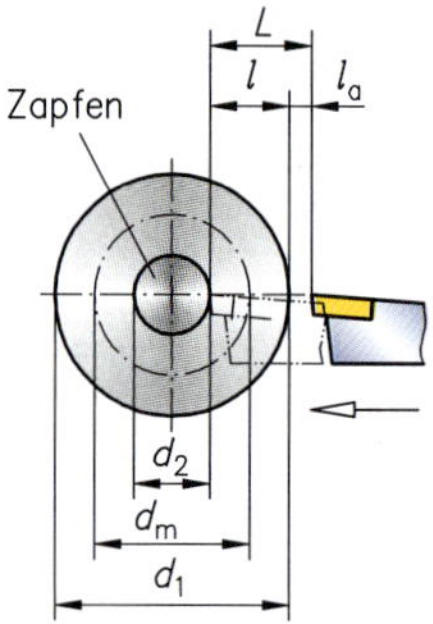	$L = l_a + l$		L	Gesamtdrehweg, Vorschubweg	mm
	$l = \frac{d_1 - d_2}{2}$		l_a	Anlauf	mm
	$L = l_a + \frac{d_1 - d_2}{2}$		l	Drehweg bis zum Zapfen	mm
	$t_h = \frac{L \cdot i}{f \cdot n}$		d_1	Außendurchmesser	mm
	$L = \frac{t_h \cdot f \cdot n}{i}$	$i = \frac{t_h \cdot f \cdot n}{L}$	d_2	Zapfendurchmesser	mm
	$f = \frac{L \cdot i}{t_h \cdot n}$	$n = \frac{L \cdot i}{t_h \cdot f}$	d_m	mittlerer Durchmesser	mm
	$v_f = f \cdot n$	$f = \frac{v_f}{n}$	t_h	Hauptnutzungszeit	min
		$n = \frac{v_f}{f}$	i	Anzahl der Schnitte	
			f	Vorschub je Umdrehung	mm
			n	Umdrehungsfrequenz (Drehzahl)	min^{-1}
			v_c	Schnittgeschwindigkeit	$\frac{m}{min}$
			v_f	Vorschubgeschwindigkeit	$\frac{mm}{min}$, $mm \cdot min^{-1}$
					Fortsetzung

Benennung/Abbildung	Formel/Formelumstellung	Formelzeichen	Einheiten
Fortsetzung **Hauptnutzungszeit beim Plandrehen; Drehteil mit Ansatz (mit Lagerzapfen)** 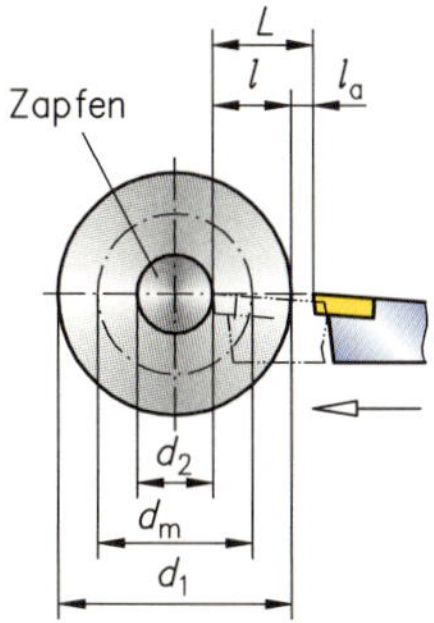	$d_m = \frac{d_1 + d_2}{2}$ $v_c = \frac{d_m \cdot \pi \cdot n}{1\,000}$ (zugeschnittene Größengleichung) $d_m = \frac{v_c \cdot 1\,000}{\pi \cdot n}$ $n = \frac{v_c \cdot 1000}{d_m \cdot \pi}$ $t_h = \frac{L \cdot i}{f \cdot n}$ $L = \frac{t_h \cdot f \cdot n}{i}$ $i = \frac{t_h \cdot f \cdot n}{L}$ $f = \frac{L \cdot i}{t_h \cdot n}$ $n = \frac{L \cdot i}{t_h \cdot f}$	L Gesamtdrehweg, Vorschubweg l_a Anlauf l Drehweg bis zum Zapfen d_1 Außendurchmesser d_2 Zapfendurchmesser d_m mittlerer Durchmesser t_h Hauptnutzungszeit i Anzahl der Schnitte f Vorschub je Umdrehung n Umdrehungsfrequenz (Drehzahl) v_c Schnittgeschwindigkeit	mm mm mm mm mm mm min mm min^{-1} $\frac{m}{min}$
Rautiefe in Abhängigkeit von Eckenradius und Vorschub 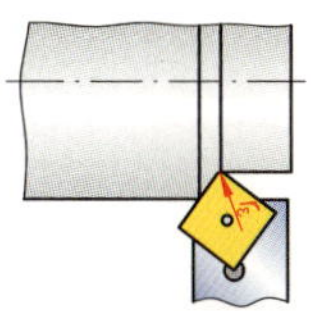	$R_{th} = \frac{f^2}{8 \cdot r_\varepsilon}$ $f = \sqrt{8 \cdot R_{th} \cdot r_\varepsilon}$ $r_\varepsilon = \frac{f^2}{8 \cdot R_{th}}$	R_{th} theoretische Rautiefe f Vorschub r_ε Eckenradius (Spitzenradius) $R_{th} \approx R_z$	µm, mm mm mm

Hauptnutzungszeit beim Plandrehen

Benennung/Abbildung	Formel/Formelumstellung		Formelzeichen		Einheiten
Hauptnutzungszeit beim Plandrehen; Drehteil ist ein Hohlzylinder (Kreisringfläche) 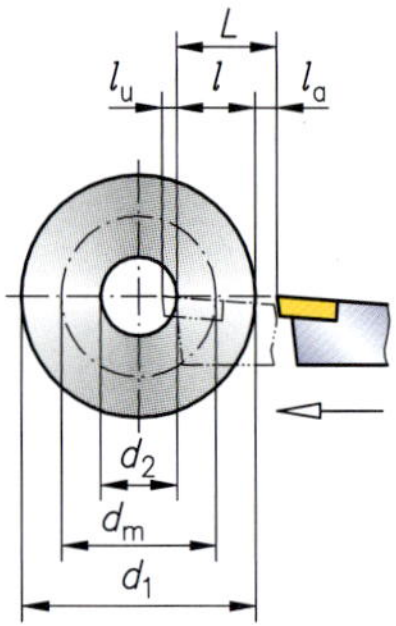	$L = l_a + l + l_u$		L	Gesamtdrehweg, Vorschubweg	mm
	$l = \frac{d_1 - d_2}{2}$		l_a	Anlauf	mm
	$L = l_a + \frac{d_1 - d_2}{2} + l_u$		l	Drehweg bis zur Bohrung	mm
	$t_h = \frac{L \cdot i}{f \cdot n}$		l_u	Überlauf	mm
	$L = \frac{t_h \cdot f \cdot n}{i}$	$i = \frac{t_h \cdot f \cdot n}{L}$	d_1	Außendurchmesser	mm
	$f = \frac{L \cdot i}{t_h \cdot n}$	$n = \frac{L \cdot i}{t_h \cdot f}$	d_2	Zapfendurchmesser	mm
	$v_f = f \cdot n$	$f = \frac{v_f}{n}$	d_m	mittlerer Durchmesser	mm
		$n = \frac{v_f}{f}$	t_h	Hauptnutzungszeit	min
			i	Anzahl der Schnitte	
			f	Vorschub je Umdrehung	mm
			n	Umdrehungsfrequenz (Drehzahl)	min^{-1}
			v_c	Schnittgeschwindigkeit	$\frac{m}{min}$
			v_f	Vorschubgeschwindigkeit	$\frac{mm}{min}$, $mm \cdot min^{-1}$
					Fortsetzung

Benennung/Abbildung	Formel/Formelumstellung	Formelzeichen	Einheiten
Fortsetzung **Hauptnutzungszeit beim Plandrehen;** **Drehteil ist ein Hohlzylinder (Kreisringfläche)** 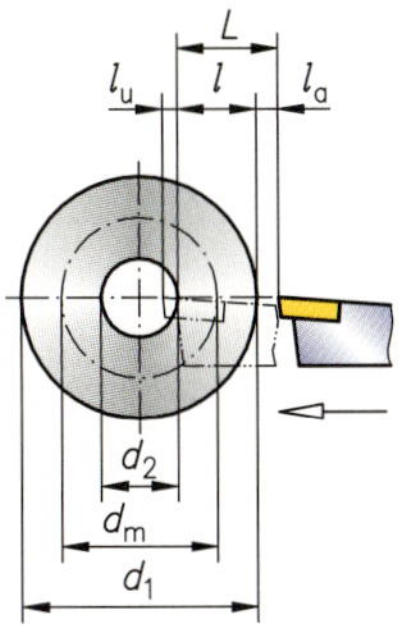	$d_m = \frac{d_1 + d_2}{2}$ $v_c = \frac{d_m \cdot \pi \cdot n}{1000}$ (zugeschnittene Größengleichung) $d_m = \frac{v_c \cdot 1000}{\pi \cdot n}$ $n = \frac{v_c \cdot 1000}{d_m \cdot \pi}$ $v_f = f \cdot n$ $\quad f = \frac{v_f}{n}$ $n = \frac{v_f}{f}$ $t_h = \frac{L \cdot i}{f \cdot n}$ $\quad L = \frac{t_h \cdot f \cdot n}{i}$ $i = \frac{t_h \cdot f \cdot n}{L}$ $\quad f = \frac{L \cdot i}{t_h \cdot n}$ $n = \frac{L \cdot i}{t_h \cdot f}$	L Gesamtdrehweg l_a Anlauf l_u Überlauf l Drehweg bis zur Bohrung d_1 Außendurchmesser d_2 Innendurchmesser d_m mittlerer Durchmesser t_h Hauptnutzungszeit i Anzahl der Schnitte f Vorschub je Umdrehung n Umdrehungsfrequenz (Drehzahl) v_c Schnittgeschwindigkeit v_f Vorschubgeschwindigkeit	mm mm mm mm mm mm mm mm mm min^{-1} $\frac{m}{min}$ $\frac{mm}{min}$, $mm \cdot min^{-1}$

Kegeldrehen durch Verstellen des Oberschlittens

Benennung/Abbildung	Formel/Formelumstellung	Formelzeichen		Einheiten
Kegeldrehen durch Verstellen des Oberschlittens 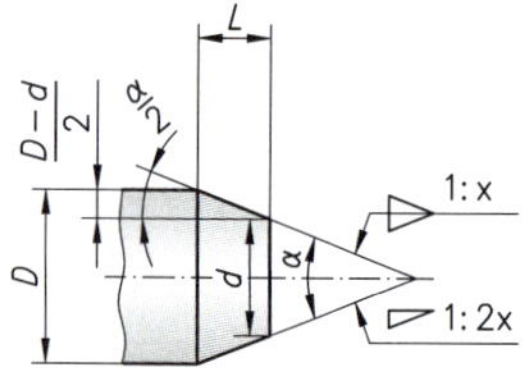 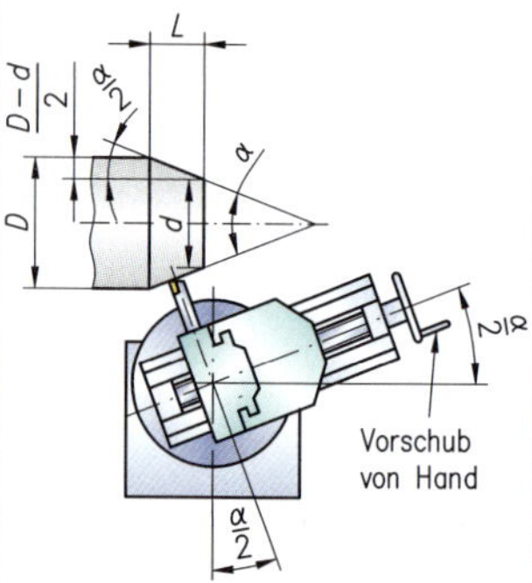 	$C = \frac{1}{x}$ $D = C \cdot L + d$ $L = \frac{D-d}{C}$ $C = \frac{D-d}{L}$ $d = D - C \cdot L$ $\frac{C}{2} = \frac{1}{2 \cdot x} = \frac{D-d}{2 \cdot L}$ $\tan\frac{\alpha}{2} = \frac{C}{2}$ $C = 2 \cdot \tan\frac{\alpha}{2}$ $\tan\frac{\alpha}{2} = \frac{D-d}{2 \cdot L}$ $D = 2 \cdot L \cdot \tan\frac{\alpha}{2} + d$ $d = D - 2 \cdot L \cdot \tan\frac{\alpha}{2}$ $L = \frac{D-d}{2 \cdot \tan\frac{\alpha}{2}}$	C	Kegelverjüngung, Kegelverhältnis	
		x	Länge des Kegelstücks bei 1 mm Durchmesseränderung	mm
		$\frac{1}{x}$	Kegelverjüngung, Kegelverhältnis	
		D	großer Kegeldurchmesser	mm
		d	kleiner Kegeldurchmesser	mm
		L	Kegellänge	mm
		$\frac{C}{2}$	Kegelneigung	
		α	Kegelwinkel	in ° (Grad)
		$\frac{\alpha}{2}$	Einstellwinkel, Kegelerzeugungswinkel	in ° (Grad)
		$1 : x$	Kegelverjüngung	
		$1 : 2x$	Neigung	

Benennung/Abbildung	Formel/Formelumstellung	Formelzeichen		Einheiten
Kegeldrehen durch Verstellen des Reitstocks 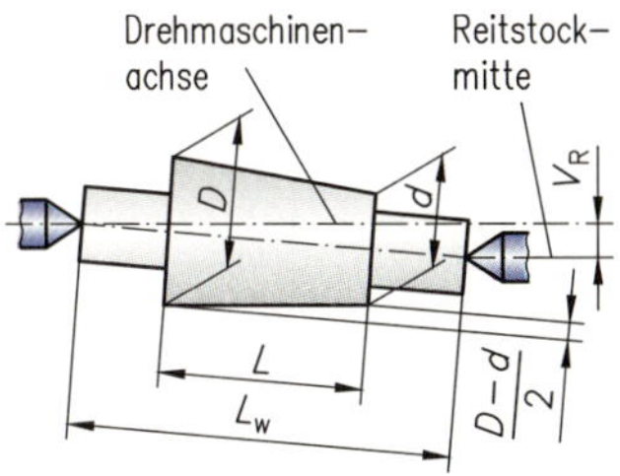	$V_R = \frac{C}{2} \cdot L_W$	V_R	Reitstockverstellung	mm
	$\frac{C}{2} = \frac{V_R}{L_W}$ $\quad C = \frac{2 \cdot V_R}{L_W}$	$\frac{C}{2}$	Kegelneigung	
	$L_W = \frac{2 \cdot V_R}{C}$	C	Kegelverjüngung	
	$V_R = \frac{D-d}{2} \cdot \frac{L_W}{L}$	L_W	Länge des Werkstücks	mm
	$D = \frac{2 \cdot V_R \cdot L}{L_W} + d$	D	großer Kegel-durchmesser	mm
	$d = D - \frac{2 \cdot V_R \cdot L}{L_W}$	d	kleiner Kegel-durchmesser	mm
	$L_W = \frac{2 \cdot V_R \cdot L}{D-d}$	L	Länge des Kegels	mm
	$L = \frac{(D-d) \cdot L_W}{2 \cdot V_R}$			

Hauptnutzungszeit Bohren

Benennung/Abbildung	Formel/Formelumstellung	Formelzeichen	Einheiten

Hauptnutzungszeit beim Bohren

Durchgangsbohrung

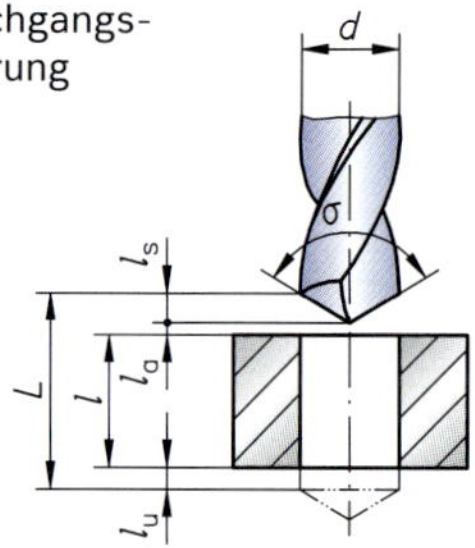

Grundlochbohrung

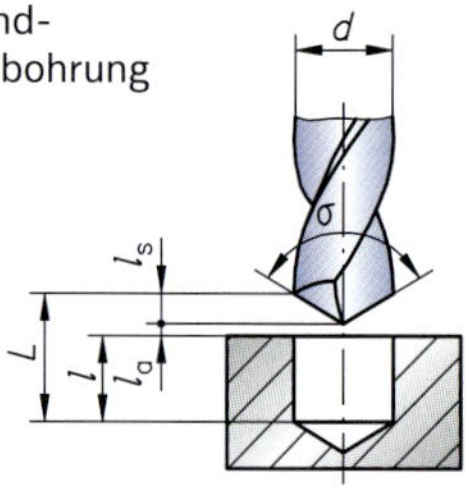

Formel/Formelumstellung

$$L = l_s + l_a + l + l_u$$

$$L = l_s + l_a + l$$ für Sacklöcher, Grundlochbohrungen

$$t_h = \frac{L \cdot i}{f \cdot n}$$

$$l_s = \frac{d}{2 \cdot \tan \frac{\sigma}{2}}$$

$$L = \frac{t_h \cdot f \cdot n}{i} \qquad i = \frac{t_h \cdot f \cdot n}{L}$$

$$f = \frac{L \cdot i}{t_h \cdot n} \qquad n = \frac{L \cdot i}{t_h \cdot f}$$

$$v_c = \frac{d \cdot \pi \cdot 2}{1\,000}$$ (zugeschnittene Größengleichung)

$$n = \frac{v_c \cdot 1\,000}{d \cdot \pi} \qquad d = \frac{v_c \cdot 1\,000}{\pi \cdot n}$$

$$v_f = f \cdot n \qquad f = \frac{v_f}{n} \qquad n = \frac{v_f}{f}$$

Formelzeichen / Einheiten

Bohrerspitzenlänge,

Anschnitt	l_s in mm
σ	l_s
80°	$0{,}6 \cdot d$
118°	$0{,}3 \cdot d$
130°	$0{,}23 \cdot d$
140°	$0{,}18 \cdot d$

Formelzeichen	Benennung	Einheiten
L	Bohrweg	mm
σ	Spitzenwinkel des Bohrers	in ° (Grad)
l_a	Anlauf	mm
l	Bohrungstiefe	mm
l_u	Überlauf bei Durchgangsbohrungen	mm
t_h	Hauptnutzungszeit	min
f	Vorschub je Umdrehung	mm
n	Umdrehungsfrequenz (Drehzahl)	min^{-1}
i	Anzahl der Bohrungen	
v_c	Schnittgeschwindigkeit	$\frac{\text{m}}{\text{min}}$
d	Bohrerdurchmesser	mm
v_f	Vorschubgeschwindigkeit	$\frac{\text{mm}}{\text{min}}$, $\text{mm} \cdot \text{min}^{-1}$

Benennung/Abbildung	Formel/Formelumstellung		Formelzeichen		Einheiten
Hauptnutzungszeit beim Reiben	$L = l_s + l_a + l + l_u$	L für Durchgangsbohrung	L	Vorschubweg	mm
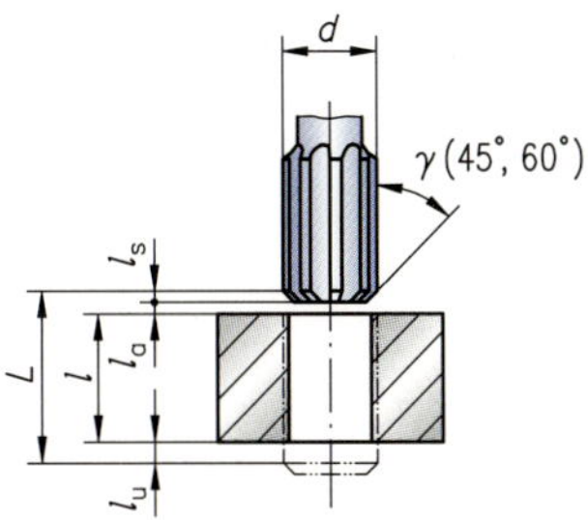			γ	Anschnittwinkel	in ° (Grad)
	$t_h = \frac{L \cdot i}{f \cdot n}$	$L = \frac{t_h \cdot f \cdot n}{i}$	l_s	Anschnittweg	mm
	$i = \frac{t_h \cdot f \cdot n}{L}$	$f = \frac{L \cdot i}{t_h \cdot n}$	l_a	Anlauf	mm
	$n = \frac{L \cdot i}{t_h \cdot f}$	$l_S = \frac{d}{2} \cdot \frac{1}{\tan \gamma}$	l	Werkstückdicke, Reibweg	mm
	$n = \frac{v_c \cdot 1\,000}{\pi \cdot d}$	(zugeschnittene Größengleichung)	l_u	Überlauf bei Durchgangsbohrungen	mm
			t_h	Hauptnutzungszeit	min
			i	Anzahl der Bohrungen	
			f	Vorschub je Umdrehung	mm
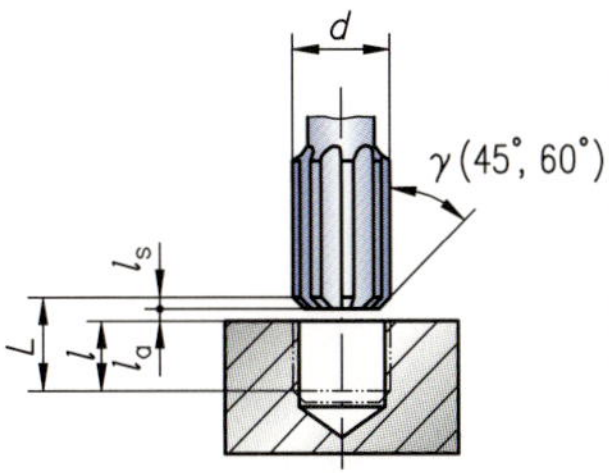	$v_c = \frac{d \cdot \pi \cdot n}{1\,000}$		n	Umdrehungsfrequenz (Drehzahl)	$\frac{1}{min}$, min^{-1}
	$d = \frac{v_c \cdot 1\,000}{\pi \cdot n}$		v_c	Schnittgeschwindigkeit	$\frac{m}{min}$
	$L = l_S + l_a + l$	L für Grundlochbohrung	d	Durchmesser der Reibahle	mm
	$v_f = f \cdot n$	$f = \frac{v_f}{n}$ $n = \frac{v_f}{f}$	v_f	Vorschubgeschwindigkeit	$\frac{mm}{min}$, $mm \cdot min^{-1}$

Hauptnutzungszeit Senken

<table>
<tr><th>Benennung/Abbildung</th><th>Formel/Formelumstellung</th><th></th><th>Formelzeichen</th><th>Einheiten</th></tr>
<tr><td rowspan="9">Hauptnutzungszeit beim Senken
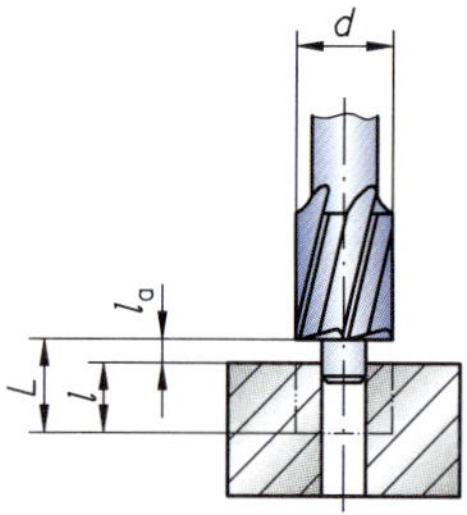
</td><td>$L = l + l_a$</td><td></td><td>L Vorschubweg</td><td>mm</td></tr>
<tr><td>$t_h = \frac{L \cdot i}{f \cdot n}$</td><td>$L = \frac{t_h \cdot f \cdot n}{i}$</td><td>$l$ Senktiefe</td><td>mm</td></tr>
<tr><td>$i = \frac{t_h \cdot f \cdot n}{L}$</td><td>$f = \frac{L \cdot i}{t_h \cdot n}$</td><td>$l_a$ Anlauf</td><td>mm</td></tr>
<tr><td>$n = \frac{L \cdot i}{t_h \cdot f}$</td><td></td><td>$t_h$ Hauptnutzungszeit</td><td>min</td></tr>
<tr><td>$n = \frac{v_c \cdot 1000}{\pi \cdot d}$</td><td>(zugeschnittene Größengleichung)</td><td>i Anzahl der Senkungen</td><td></td></tr>
<tr><td>$v_c = \frac{d \cdot \pi \cdot n}{1000}$</td><td></td><td>$f$ Vorschub je Umdrehung</td><td>mm</td></tr>
<tr><td>$d = \frac{v_c \cdot 1000}{\pi \cdot n}$</td><td></td><td>$n$ Umdrehungsfrequenz (Drehzahl)</td><td>min^{-1}, $\frac{1}{min}$</td></tr>
<tr><td>$v_f = f \cdot n$</td><td>$f = \frac{v_f}{n}$</td><td>v_c Schnittgeschwindigkeit</td><td>$\frac{m}{min}$</td></tr>
<tr><td></td><td>$n = \frac{v_f}{f}$</td><td>d Durchmesser des Zapfensenkers
v_f Vorschubgeschwindigkeit</td><td>mm
$\frac{mm}{min}$, $mm \cdot min^{-1}$</td></tr>
</table>

Benennung/Abbildung	Formel/Formelumstellung	Formelzeichen	Einheiten
Hauptnutzungszeit beim Gewindeschneiden, -bohren 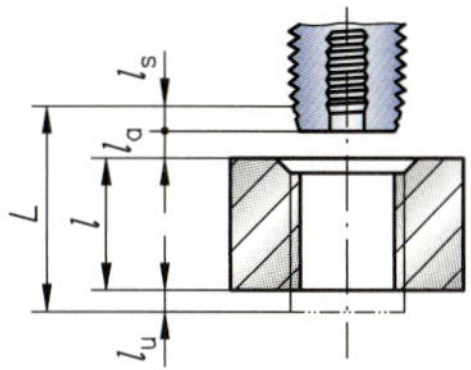 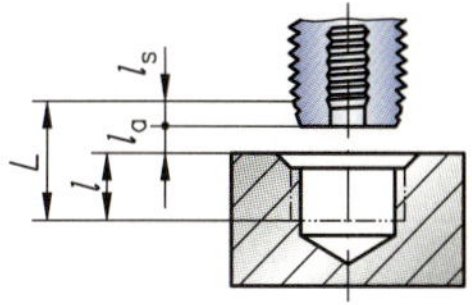	$L = l_s + l_a + l + l_u$ $t_h = \frac{L \cdot i}{f \cdot n}$ $L = \frac{t_h \cdot f \cdot n}{i}$ $i = \frac{t_h \cdot f \cdot n}{L}$ $f = \frac{L \cdot i}{t_h \cdot n}$ $n = \frac{L \cdot i}{t_h \cdot f}$ $n = \frac{v_c \cdot 1000}{\pi \cdot d}$ (zugeschnittene Größengleichung) $l_s = g \cdot P$ Grundlochgewinde $L = l_s + l_a + l$ t_h, n siehe oben $l_s = g \cdot P$ $f = \frac{v_f}{n}$ $v_f = f \cdot n$ $n = \frac{v_f}{f}$	L Vorschubweg	mm
		l_s Anschnittweg	mm
		l_a Anlauf	mm
		l Gewindebohrungstiefe	mm
		l_u Überlauf	mm
		t_h Hauptnutzungszeit	min
		i Anzahl der Gewindebohrungen	
		f Vorschub je Umdrehung	mm
		n Umdrehungsfrequenz (Drehzahl)	min^{-1}, $\frac{1}{min}$
		v_c Schnittgeschwindigkeit	$\frac{m}{min}$
		d Gewindedurchmesser	mm
		g Gangzahl	
		P Steigung	mm
		v_f Vorschubgeschwindigkeit	$\frac{mm}{min}$, $mm \cdot min^{-1}$

Hauptnutzungszeit Sägen

Benennung/Abbildung	Formel/Formelumstellung	Formelzeichen	Einheiten
Mittlere Geschwindigkeit und Hauptnutzungszeit beim Sägen 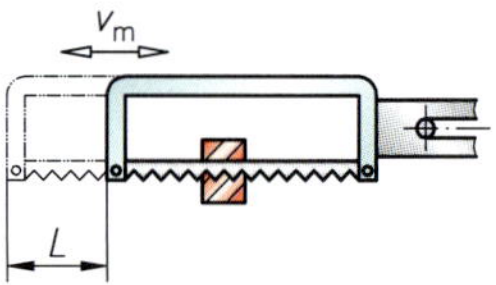	$v_m = 2 \cdot L \cdot n_D$ $\quad L = \frac{v_m}{2 \cdot n_D}$ $\quad n_D = \frac{v_m}{2 \cdot L}$ $t_h = \frac{L \cdot i}{f \cdot n_D}$	v_m mittlere Schnittgeschwindigkeit L Hublänge n_D Doppelhubzahl (Kurbeldrehzahl) t_h Hauptnutzungszeit i Anzahl der Schnitte f Vorschub je Umdrehung	$\frac{m}{min}$ mm $\frac{1}{min}$ min mm
Hauptnutzungszeit beim Sägen mit der Bandsäge 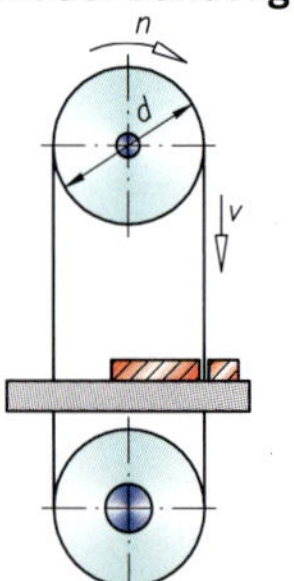	$t_h = \frac{L}{v_f}$ $\quad L = t_h \cdot v_f$ $\quad v_f = \frac{L}{t_h}$ $t_h = \frac{L \cdot p}{d \cdot \pi \cdot n \cdot f_z}$ $\quad L = \frac{t_h \cdot d \cdot \pi \cdot n \cdot f_z}{p}$ $p = \frac{t_h \cdot d \cdot \pi \cdot n \cdot f_z}{L}$ $\quad d = \frac{L \cdot p}{t_h \cdot \pi \cdot n \cdot f_z}$ $n = \frac{L \cdot p}{t_h \cdot d \cdot \pi \cdot f_z}$ $\quad v_f = \frac{d \cdot \pi \cdot n \cdot f_z}{p}$	t_h Hauptnutzungszeit L Sägeschnittlänge v_f Vorschubgeschwindigkeit p Teilung des Sägeblatts d Durchmesser der Antriebsscheiben n Umdrehungsfrequenz (Drehzahl) der Antriebsscheibe f_z Vorschub je Sägezahn	min mm $\frac{m}{min}$ mm mm $\frac{1}{min}$ mm

Benennung/Abbildung	Formel/Formelumstellung	Formelzeichen		Einheiten
Hauptnutzungszeit beim Umfangs-Planfräsen	$L = l_s + l_a + l + l_u$ für Schruppen oder Schlichten	L	Fräsweg, Vorschubweg	mm
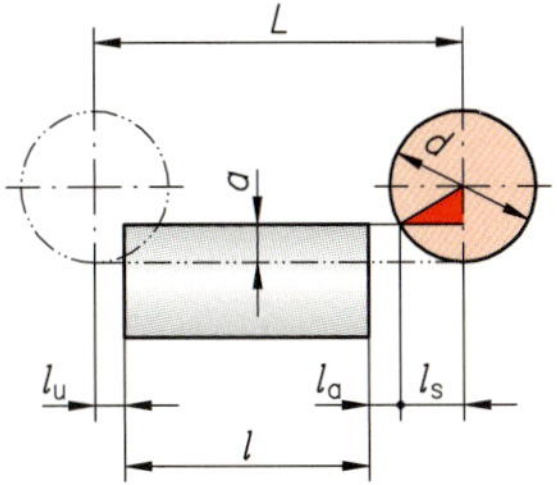	$l_s = \sqrt{d \cdot a_e - a_e^2}$ für Schruppen oder Schlichten	a	Spanungstiefe	mm
	$t_h = \frac{L \cdot i}{v_f}$ $L = \frac{t_h \cdot v_f}{i}$	l	Werkstücklänge	mm
		l_s	Anschnitt	mm
		l_a	Anlauf	mm
		l_u	Überlauf	mm
	$i = \frac{t_h \cdot v_f}{L}$ $v_f = \frac{L \cdot i}{t_h}$	t_h	Hauptnutzungszeit	min
		i	Anzahl der Schnitte	
	$v_f = f \cdot n$	v_f	Vorschubgeschwindigkeit	$\frac{mm}{min}$
	$v_f = f_z \cdot z \cdot n$ $f_z = \frac{v_f}{z \cdot n}$	f	Vorschub je Fräserumdrehung	mm
Fräserart: – Walzenfräser	$z = \frac{v_f}{f_z \cdot n}$ $n = \frac{v_f}{f_z \cdot z}$	n	Umdrehungsfrequenz des Fräsers, Fräserdrehzahl	min^{-1}
	$t_h = \frac{L \cdot i}{f_z \cdot z \cdot n}$	f_z	Vorschub je Fräserzahn	mm
	$n = \frac{v_c \cdot 1\,000}{\pi \cdot d}$ (zugeschnittene Größengleichung)	z	Zähnezahl des Fräsers	
		v_c	Schnittgeschwindigkeit	$\frac{m}{min}$
		d	Durchmesser des Fräsers	mm

Hauptnutzungszeit Fräsen

Benennung/Abbildung	Formel/Formelumstellung	Formelzeichen	Einheiten
Hauptnutzungszeit beim Stirnumfangs-Planfräsen	$L = l_s + l_a + l + l_u$ für Schruppen	L Fräsweg, Vorschubweg	mm
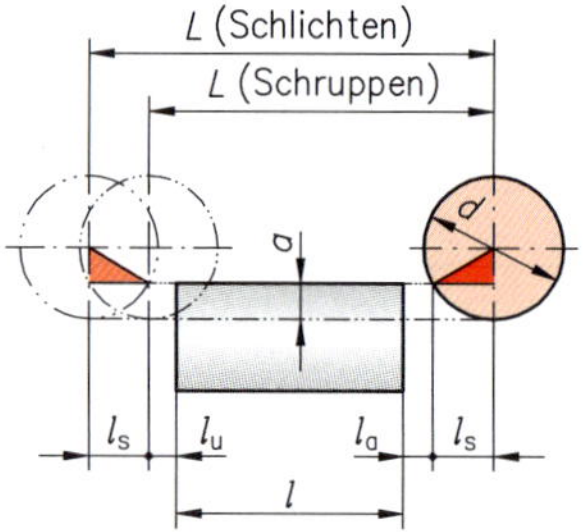 	$L = 2 \cdot l_s + l_a + l + l_u$ für Schlichten	a Spanungstiefe	mm
	$l_s = \sqrt{d \cdot a - a^2}$	l Werkstücklänge	mm
	$t_h = \frac{L \cdot i}{v_f}$	l_s Anschnitt	mm
	$v_f = f \cdot n$	l_a Anlauf	mm
	$t_h = \frac{L \cdot i}{f \cdot n}$ $\quad L = \frac{t_h \cdot f \cdot n}{i}$	l_u Überlauf	mm
	$i = \frac{t_h \cdot f \cdot n}{L}$ $\quad f = \frac{L \cdot i}{t_h \cdot n}$	t_h Hauptnutzungszeit	min
	$n = \frac{L \cdot i}{t_h \cdot f}$	i Anzahl der Schnitte	
Fräserart: – Walzenstirnfräser – Scheibenfräser	$t_h = \frac{L \cdot i}{f_z \cdot z \cdot n}$	v_f Vorschubgeschwindigkeit	$\frac{mm}{min}$
	$v_f = f_z \cdot z \cdot n$	f Vorschub je Fräserumdrehung	mm
	$v_c = \frac{d \cdot \pi \cdot n}{1000}$ (zugeschnittene Größengleichung)	n Umdrehungsfrequenz des Fräsers, Fräserdrehzahl	min^{-1}
		f_z Vorschub je Fräserzahn	mm
		z Zähnezahl des Fräsers	
		v_c Schnittgeschwindigkeit	$\frac{m}{min}$
		d Durchmesser des Fräsers	mm

Benennung/Abbildung	Formel/Formelumstellung	Formelzeichen	Einheiten
Hauptnutzungszeit beim mittigen Stirn-Planfräsen	$L = \frac{d}{2} + l + l_a + l_u - l_s$ für Schruppen	L Fräsweg, Vorschubweg	mm
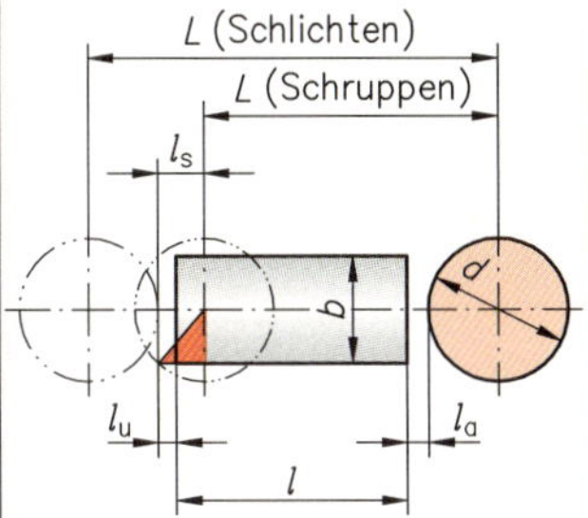	$L = d + l + l_a + l_u$ für Schlichten	l Werkstücklänge	mm
	$l_s = 0{,}5 \cdot \sqrt{d^2 - b^2}$	b Werkstückbreite	mm
	$l_s = 0{,}5 \cdot \sqrt{d^2 - a_e^2}$	a_e Schnitt-, Fräsbreite	mm
	$t_h = \frac{L \cdot i}{v_f}$	l_s Anschnitt	mm
	$v_f = f \cdot n$	l_a Anlauf	mm
	$t_h = \frac{L \cdot i}{f \cdot n}$	l_u Überlauf	mm
	$L = \frac{t_h \cdot f \cdot n}{i}$	t_h Hauptnutzungszeit	min
	$i = \frac{t_h \cdot f \cdot n}{L}$	i Anzahl der Schnitte	
	$f = \frac{L \cdot i}{t_h \cdot n}$	v_f Vorschubgeschwindigkeit	$\frac{mm}{min}$
Fräserart: – Walzenstirnfräser	$n = \frac{L \cdot i}{t_h \cdot f}$	f Vorschub je Fräserumdrehung	mm
	$t_h = \frac{L \cdot i}{f_z \cdot z \cdot n}$	n Umdrehungsfrequenz des Fräsers, Fräserdrehzahl	min^{-1}
	$v_c = \frac{d \cdot \pi \cdot n}{1\,000}$ (zugeschnittene Größengleichung)	f_z Vorschub je Fräserzahn	mm
	$v_f = f_z \cdot z \cdot n$	z Zähnezahl des Fräsers	
		v_c Schnittgeschwindigkeit	$\frac{m}{min}$
		d Durchmesser des Fräsers	mm
		$b = a_e$	

Hauptnutzungszeit Nutenfräsen

Benennung/Abbildung	Formel/Formelumstellung	Formelzeichen	Einheiten
Hauptnutzungszeit beim Nuten-Fräsen (einseitig offen) 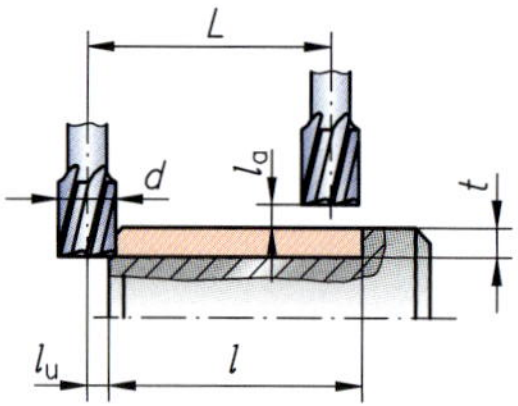 **Geschlossene Nut** 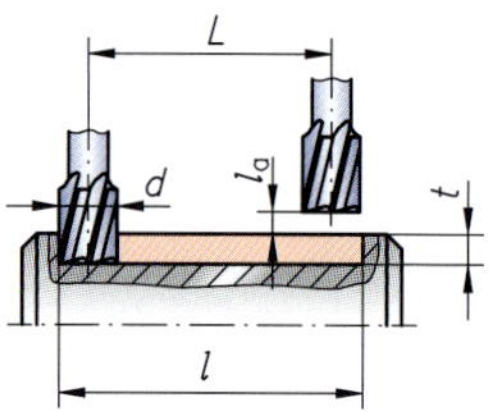	$L = l + l_u - \frac{d}{2}$ für einseitig offene Nut $L = l - d$ für geschlossene Nut $i = \frac{l_a + t}{a_p}$ $t_h = \frac{L \cdot i}{v_f}$ $v_f = f \cdot n$ $t_h = \frac{L \cdot i}{f \cdot n}$ $\quad L = \frac{t_h \cdot f \cdot n}{i}$ $i = \frac{t_h \cdot f \cdot n}{L}$ $\quad f = \frac{L \cdot i}{t_h \cdot n}$ $n = \frac{L \cdot i}{t_h \cdot f}$ $t_h = \frac{L \cdot i}{f_z \cdot z \cdot n}$ $\quad v_c = \frac{d \cdot \pi \cdot n}{1\,000}$ $v_f = f_z \cdot z \cdot n$ $\quad$ (zugeschnittene Größengleichung) $n = \frac{v_c \cdot 1\,000}{\pi \cdot d}$	a Spanungstiefe L Fräsweg, Vorschubweg l Länge der Nut l_a Anlauf l_u Überlauf t_h Hauptnutzungszeit i Anzahl der Schnitte v_f Vorschubgeschwindigkeit f Vorschub je Fräserumdrehung n Fräserdrehzahl f_z Vorschub je Fräserzahn z Zähnezahl des Fräsers t Nuttiefe v_c Schnittgeschwindigkeit d Durchmesser des Fräsers	mm mm mm mm mm min $\frac{mm}{min}$ mm min^{-1} mm mm $\frac{m}{min}$ mm

Benennung/Abbildung	Formel/Formelumstellung		Formelzeichen		Einheiten
Hauptnutzungszeit beim Flachschleifen, Umfangs-Planschleifen	$L = l + l_a + l_u$		L	Vorschubweg	mm
ohne Ansatz	$t_h = \frac{i}{n} \cdot \left(\frac{B}{f} + 1\right)$		l_a	Anlauf	mm
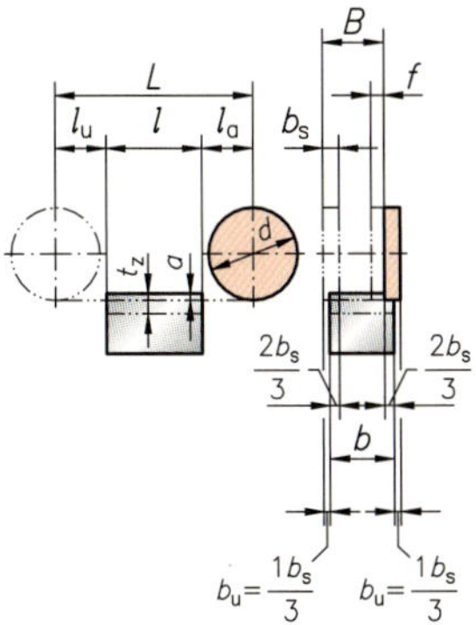	$B = b - \frac{1}{3} \cdot b_S$ *	(ohne Ansatz)	l	Werkstücklänge	mm
	$n = \frac{v_f}{L}$	$v_f = n \cdot L$; $L = \frac{v_f}{n}$	l_u	Überlauf	mm
	$v_f = \frac{L}{t}$	$L = v_f \cdot t$; $t = \frac{L}{v_f}$	B	Schleifbreite	mm
	$i = \frac{t_z}{a} + 8$ **		b	Werkstückbreite	mm
	$v_c = \frac{d \cdot \pi \cdot n_s}{1\,000 \cdot 60}$	(zugeschnittene Größengleichung)	b_s	Schleifscheibenbreite	mm
	$n_s = \frac{v_c \cdot 1\,000 \cdot 60}{d \cdot \pi}$		t_h	Hauptnutzungszeit	min
			i	Anzahl der Schnitte	
			f	Quervorschub je Hub	mm
			v_f	Vorschubgeschwindigkeit	$\frac{mm}{min}$
			b_u	Überlaufbreite	mm
			n	Hubzahl je Minute	mm^{-1}
			t_z	Schleifzugabe	mm
			a	Spanungstiefe, Zustellung, Schnitttiefe	mm
			t	Zeit je Hub	min
			v_c	Schnittgeschwindigkeit der Schleifscheibe	$\frac{m}{s}$
			d	Durchmesser der Schleifscheibe	mm
	* Der Anlaufweg ist mit 2/3 von b_s schon negativ im Eingriff. ** Acht Schnitte zum Ausfeuern.		n_s	Umdrehungsfrequenz (Drehzahl) der Schleifscheibe	min^{-1}
					Fortsetzung

Benennung/Abbildung	Formel/Formelumstellung	Formelzeichen	Einheiten
Fortsetzung **Hauptnutzungszeit beim Flachschleifen, Umfangs-Planschleifen** mit Ansatz 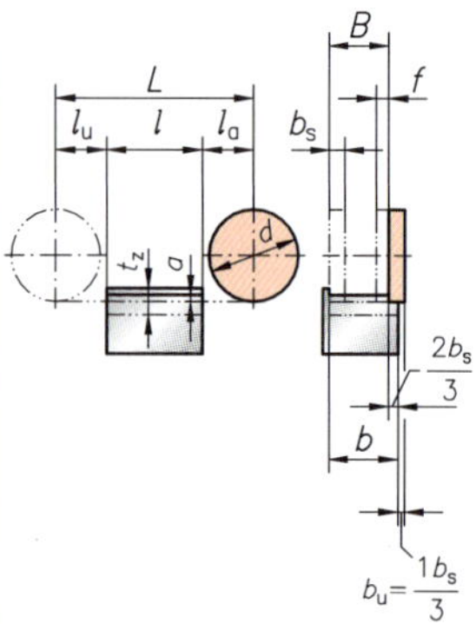	$L = l + l_a + l_u$ $t_h = \frac{i}{n} \cdot \left(\frac{B}{f} + 1\right)$ $B = b - \frac{2}{3} \cdot b_S$ * (ohne Ansatz) $n = \frac{v_f}{L}$ $v_f = n \cdot L;\quad L = \frac{v_f}{n}$ $v_f = \frac{L}{t}$ $L = v_f \cdot t;\quad t = \frac{L}{v_f}$ $i = \frac{t_z}{a} + 8$ ** $v_c = \frac{d \cdot \pi \cdot n_s}{1000 \cdot 60}$ (zugeschnittene Größengleichung) $n_s = \frac{v_c \cdot 1000 \cdot 60}{d \cdot \pi}$ * Der Anlaufweg ist mit 2/3 von b_s schon negativ im Eingriff. ** 8 Schnitte zum Ausfeuern.	L Vorschubweg l_a Anlauf l Werkstücklänge l_u Überlauf B Schleifbreite b Werkstückbreite b_s Schleifscheibenbreite t_h Hauptnutzungszeit i Anzahl der Schnitte f Quervorschub je Hub v_f Vorschubgeschwindigkeit b_u Überlaufbreite n Hubzahl je Minute t_z Schleifzugabe a Spanungstiefe, Zustellung, Schnitttiefe t Zeit je Hub v_c Schnittgeschwindigkeit der Schleifscheibe d Durchmesser der Schleifscheibe n_s Umdrehungsfrequenz (Drehzahl) der Schleifscheibe	mm mm mm mm mm mm mm min mm $\frac{mm}{min}$ mm mm^{-1} mm mm min $\frac{m}{s}$ mm min^{-1} *Fortsetzung*

Benennung/Abbildung	Formel/Formelumstellung	Formelzeichen	Einheiten
Hauptnutzungszeit beim Längs-Rundschleifen 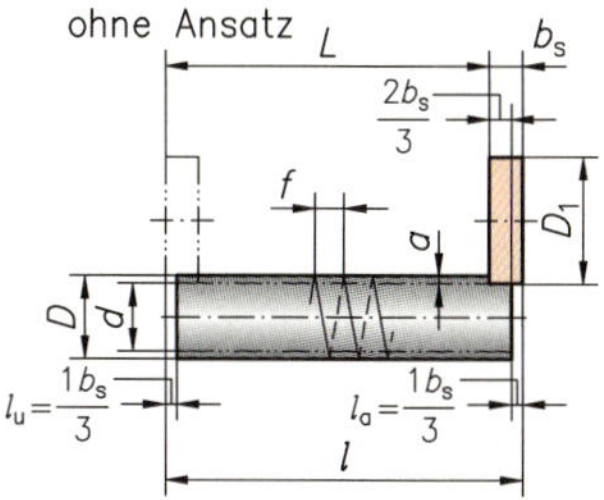 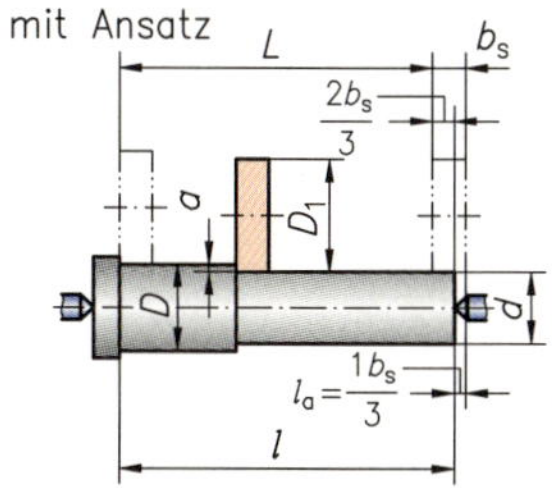	$L = l - \frac{1}{3} \cdot b_s$ * (ohne Ansatz) $L = l - \frac{2}{3} \cdot b_s$ (mit Ansatz) $t_h = \frac{L \cdot i}{f \cdot n}$ $L = \frac{t_h \cdot f \cdot n}{i}$ $i = \frac{t_h \cdot f \cdot n}{L}$ $f = \frac{L \cdot i}{t_h \cdot n}$ $n = \frac{L \cdot i}{t_h \cdot f}$ $v_f = D \cdot \pi \cdot n$ $n = \frac{v_f}{D \cdot \pi}$ $D = \frac{v_f}{\pi \cdot n}$ $v_c = D_1 \cdot \pi \cdot n_s$ * Der Anlaufweg ist mit 2/3 von b_s schon negativ im Eingriff.	L Schleifweg	mm
		l_a Anlauf	mm
		l Werkstücklänge	mm
		l_u Überlauf	mm
		b_s Schleifscheibenbreite	mm
		i Anzahl der Schnitte	
		f Vorschub je Umdrehung	mm
		n Umdrehungsfrequenz (Drehzahl) des Werkstücks	min^{-1}
		v_f Vorschubgeschwindigkeit des Werkstücks	$\frac{mm}{min}$
		D Ausgangsdurchmesser des Werkstücks	mm
		d Fertigdurchmesser	mm
		a Zustellung, Schnitttiefe	mm
		v_c Schnittgeschwindigkeit der Schleifscheibe	$\frac{m}{s}$
		D_1 Durchmesser der Schleifscheibe	mm
		n_s Umdrehungsfrequenz (Drehzahl) der Schleifscheibe	min^{-1}
			Fortsetzung

Benennung/Abbildung	Formel/Formelumstellung	Formelzeichen	Einheiten
Fortsetzung **Hauptnutzungszeit beim Längs-Rundschleifen** ohne Ansatz 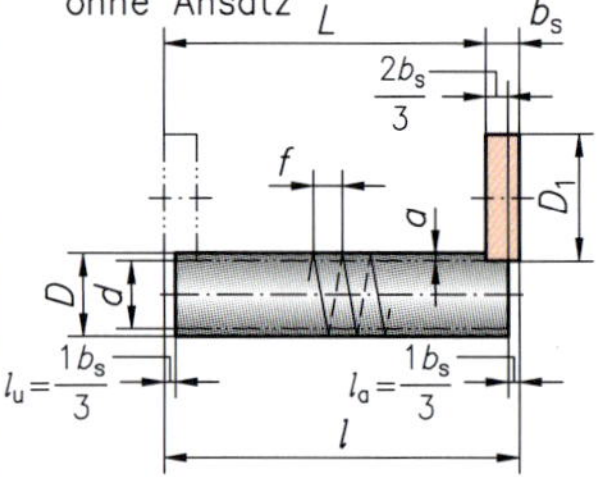 mit Ansatz 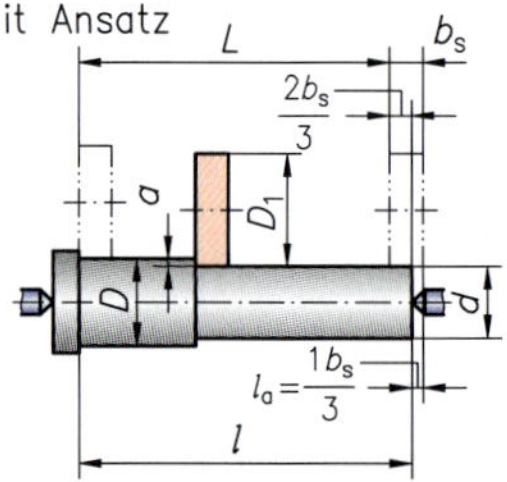	$i = \frac{D - d}{2 \cdot a} + 8$ * für Außenrundschleifen $v_c = \frac{D_1 \cdot \pi \cdot n_s}{1000 \cdot 60}$ (zugeschnittene Größengleichung) $n_s = \frac{1000 \cdot 60 \cdot v_c}{D_1 \cdot \pi}$ $D_1 = \frac{1000 \cdot 60 \cdot v_c}{\pi \cdot n_s}$ $i = \frac{d - D}{2 \cdot a} + 8$ * für Innenrundschleifen * 8 Schnitte zum Ausfeuern	L Schleifweg l_a Anlauf l Werkstücklänge l_u Überlauf b_s Schleifscheibenbreite i Anzahl der Schnitte f Vorschub je Umdrehung n Umdrehungsfrequenz (Drehzahl) des Werkstücks v_f Vorschubgeschwindigkeit des Werkstücks D Ausgangsdurchmesser des Werkstücks d Fertigdurchmesser a Zustellung v_c Schnittgeschwindigkeit der Schleifscheibe D_1 Durchmesser der Schleifscheibe n_s Umdrehungsfrequenz (Drehzahl) der Schleifscheibe	mm mm mm mm mm mm min^{-1} $\frac{mm}{min}$ mm mm mm $\frac{m}{s}$ mm min^{-1}

Benennung/Abbildung	Formel/Formelumstellung	Formelzeichen	Einheiten
Direktes Teilen 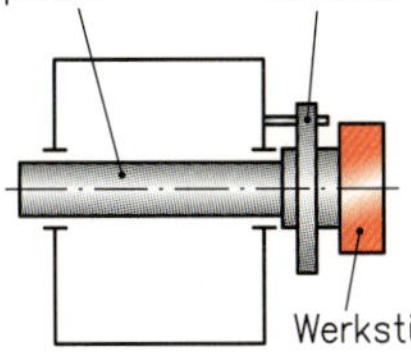	$n_l = \frac{n_L}{T}$ $n_L = n_l \cdot T$ $T = \frac{n_L}{n_l}$ $n_l = \frac{n_L \cdot \alpha}{360°}$ $n_L = \frac{360° \cdot n_l}{\alpha}$ $\alpha = \frac{360° \cdot n_l}{n_L}$	n_l Anzahl der Löcher je Teilschritt n_L Anzahl der Löcher der Teilscheibe T Teilung des Werkstücks, Teilzahl α Winkelteilung des Werkstücks	 in ° (Grad)

Indirektes Teilen mit dem Teilkopf

Benennung/Abbildung	Formel/Formelumstellung	Formelzeichen	Einheiten
Indirektes Teilen 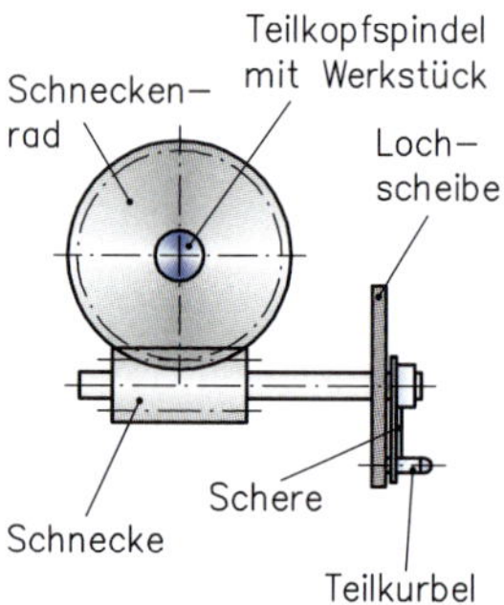	$n_k = \frac{i}{T}$ $i = n_k \cdot T$ $\quad T = \frac{i}{n_k}$ $n_k = \frac{i \cdot \alpha}{360°}$ $i = \frac{n_k \cdot 360°}{\alpha}$ $\quad \alpha = \frac{n_k \cdot 360°}{i}$ $n_k = \frac{i \cdot l_B}{\pi \cdot d}$ $i = \frac{n_k \cdot d \cdot \pi}{l_B}$ $\quad l_B = \frac{n_k \cdot d \cdot \pi}{i}$ $d = \frac{i \cdot l_B}{\pi \cdot n_k}$ **Lochkreise der Teilscheiben** 15 16 17 18 19 20 21 23 27 29 31 33 37 39 41 43 47 49 **oder** 17 19 23 24 26 27 28 29 30 31 33 37 39 41 42 43 47 49 51 53 57 59 61 63	n_k Anzahl der Teilkurbelumdrehungen für einen Teilschritt i Übersetzungsverhältnis des Teilkopfs T Teilung des Werkstücks α Winkelteilung des Werkstücks l_B Bogenteilung des Werkstücks d Durchmesser des Teilkreises des Werkstücks	 in ° (Grad) mm mm

Benennung/Abbildung	Formel/Formelumstellung	Formelzeichen	Einheiten
Zuschnittlänge, gestreckte Längen, Verkürzungsfaktor	$L = a + b + c + d + ... - n \cdot v$	L gestreckte Länge	mm, cm
	v für $\alpha = 90°$ $v \approx 0{,}5 \cdot R + 1{,}5 \cdot t$ oder v aus Tabellen	a, b, c, d ... Außenmaße der Schenkel	mm, cm
	v für $0° \leq \alpha \leq 165°$ $L = a + b + ... - v_1 - v_2 - ...$	n Anzahl der Kantungen	
	v für $165° < \alpha \leq 180°$ $L = a + b + c + ...$	v, v_1, v_2, v_3 Verkürzungswerte, Ausgleichswerte	mm
	Ausgleichs- bzw. Verkürzungswerte für $\beta = 90°$ und andere β-Werte können den nachfolgenden Tabellen entnommen oder berechnet werden.	t Blechdicke	mm
	Die Lage der Biegekanten wird jeweils von den Außenkanten ermittelt.	R Biegeradius	mm, cm
		α Biegewinkel	in ° (Grad)
		β Öffnungswinkel	in ° (Grad)
		B Streifenbreite	mm, cm

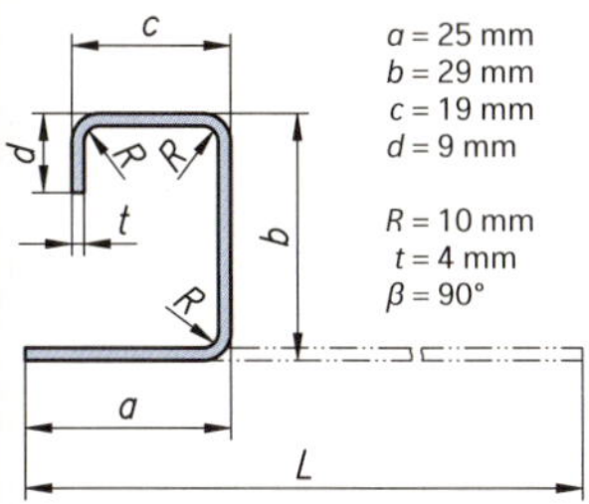

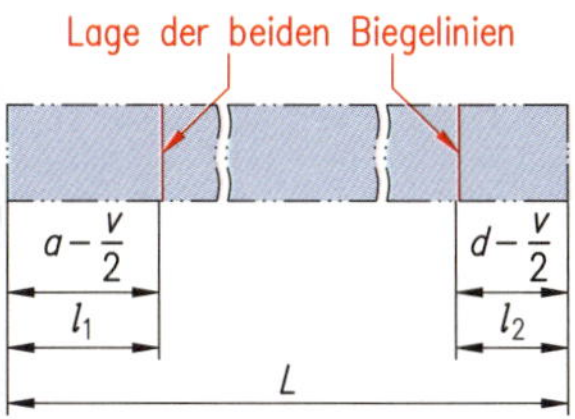

Beispiel: Gegeben sind $R = 10$ mm, $t = 4$ mm.
Berechnen Sie für das gezeichnete Werkstück die Zuschnittlänge L.
Der Verkürzungsfaktor v ist mit der Tabelle zu bestimmen.
Berechnen Sie die zwei Biegelinien l_1 und l_2.

Lösung:

$L = a + b + c + d - 3 \cdot v$ $\quad L = 25\text{ mm} + 29\text{ mm} + 19\text{ mm} + 9\text{ mm} - 3 \cdot 9{,}6\text{ mm}$

$L = 82\text{ mm} - 28{,}8\text{ mm}$ $\quad L = 53{,}2\text{ mm}$; $\underline{\underline{L = 54\text{ mm}}}$

$l_1 = a - \frac{v}{2}$ $\quad l_1 = 25\text{ mm} - \frac{9{,}8}{2}$ $\quad l_1 = \underline{\underline{20{,}1\text{ mm}}}$

$l_2 = d - \frac{v}{2}$ $\quad l_2 = 9\text{ mm} - 4{,}9\text{ mm}$; $\quad l_2 = \underline{\underline{4{,}1\text{ mm}}}$

Biegetechnik, Kanten, Biegewinkel, Verkürzungs- bzw. Ausgleichswerte

Benennung/Abbildung	Formel/Formelumstellung	Formelzeichen	Einheiten

Zuschnittlänge, gestreckte Länge, Verkürzungsfaktor *v*

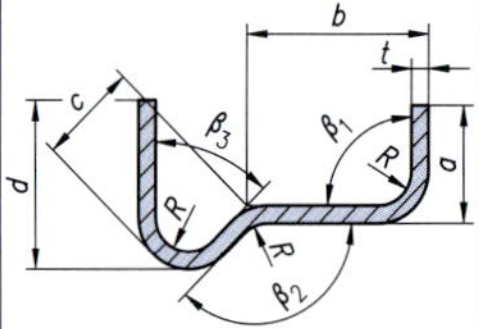

$a = 33$ mm $R = 10$ mm
$b = 50$ mm $t = 4$ mm
$c = 31$ mm
$d = 47$ mm Nach Tabelle:
$\beta_1 = 90° \rightarrow v_1 = ?$
$\beta_2 = 135° \rightarrow v_2 = ?$
$\beta_3 = 45° \rightarrow v_3 = ?$

$$L = a + b + c + d - v_1 - v_2 - v_3$$

Beispiel: Berechnen Sie die Zuschnittlänge *L*. Die Verkürzungswerte sind der nebenstehenden Tabelle zu entnehmen.
$v_1, v_2, v_3 = ?$

$L = 33\text{ mm} + 50\text{ mm} + 31\text{ mm} + 47\text{ mm} - v_1 - v_2 - v_3$

$v_1 = 9{,}6$ mm
$v_2 = 2{,}4$ mm
$v_3 = 0{,}4$ mm
$L = 161\text{ mm} - 9{,}6\text{ mm} - 2{,}4\text{ mm} - 0{,}4\text{ mm}$
$L = 161\text{ mm} - 12{,}4\text{ mm}$
$L = 148{,}6$ mm
$L \approx \underline{\underline{149\text{ mm}}}$

Ausgleichswerte *v* in mm für das Kaltbiegen von Stahl

t in mm	Biegeradius *R* in mm								
	1	**1,6**	**2,5**	**3**	**4**	**6**	**10**	**12**	**16**
$\beta = 120°$									
1	0,9	0,9	1,0	1,0	1,1	1,3	1,7	1,9	2,4
1,5		1,4	1,4	1,4	1,5	1,6	2,0	2,2	2,7
2			1,8	1,9	1,9	2,0	2,3	2,6	3,0
2,5			2,3	2,3	2,3	2,4	2,7	2,9	3,3
3				2,8	2,8	2,9	3,1	3,3	3,6
4						3,7	3,9	4,1	4,4
5						4,6	4,8	4,7	5,1
6							5,6	5,7	5,9
8								7,4	7,6
$\beta = 90°$									
1	1,9	2,1	2,4	2,6	3,0	3,8	5,5	6,4	8,1
1,5		2,9	3,2	3,3	3,7	4,5	6,1	7,0	8,7
2			4,0	4,1	4,5	5,2	6,7	7,6	9,3
2,5			4,8	4,9	5,2	5,9	7,4	8,2	9,9
3				5,8	6,0	6,7	8,1	8,9	10,5
4						8,3	9,6	10,4	11,7
5						9,9	11,2	11,6	13,3
6							12,7	13,4	14,7
8								16,5	17,8
$\beta = 45°$									
1	0,9	0,5	0,1	−0,1	−0,6	−1,3	−2,7	−3,5	−4,9
1,5		1,3	0,8	0,5	0,1	−0,8	−2,3	−3	−4,5
2			1,5	1,2	0,7	−0,2	−1,9	−2,6	−4,1
2,5			2,2	1,9	1,4	0,4	−1,4	−2,2	−3,6
3				2,6	2,1	1,0	−0,8	−1,6	−3,2
4						2,4	0,4	−0,5	−2,2
5						3,8	1,7	0,8	−1,0
6							3,1	2,1	0,2
8								4,8	2,8
$\beta = 30°$									
1	0,5	0	−0,7	−1,0	−1,7	−3	−5,5	−6,7	−9,2
1,5		0,7	0	−0,4	−1,2	−2,6	−5,1	−6,4	−8,9
2			0,6	0,2	−0,6	−2,0	−4,8	−6,0	−8,5
2,5			1,3	0,9	0,1	−1,5	−4,3	−5,7	−8,2
3				1,6	0,7	−0,9	−3,8	−5,2	−7,8
4						0,4	−2,6	−4,1	−6,9
5						1,8	−1,4	−2,9	−5,8
6							−0,2	−1,7	−4,7
8								0,9	−2,3

Das (−)-Zeichen vor dem Wert *v* bedeutet: Verlängerung des Zuschnitts

Formelzeichen		Einheiten
L	gestreckte Länge	mm, cm
a, b, c, d …	Außenmaße der Schenkel	mm, cm
n	Anzahl der Kantungen	
v_1, v_2, v_3	Verkürzungswerte, Ausgleichswerte	mm
t	Blechdicke	mm
R	Biegeradius	mm
α	Biegewinkel	in ° (Grad)
$\beta_1, \beta_2, \beta_3$	Öffnungswinkel	in ° (Grad)
B	Streifenbreite	mm, cm

Beachten Sie: Ist der Öffnungswinkel $\beta = 0°$ bis 65°, sind die Werte *v* positiv oder negativ, ist $\beta \geq 65°$, sind sie stets positiv.

Ausgleichswerte nach Faustformel, Näherungsformel

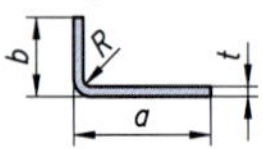

Für einfache Biegearbeiten mit $\alpha = 90°$ und $t < 5$ mm gilt:

$$v \approx \frac{R}{2} + t \qquad v \approx 2 \cdot t$$

Bei mehr als drei 90°-Biegungen und kleineren Toleranzen gilt für den Wert *v* folgende Näherungsformel: $v \approx 0{,}43 \cdot R + 1{,}48 \cdot t$

Formelzeichen		Einheiten
R	Biegeradius	mm, cm
v	Verkürzungswert	mm, cm
a, b	Außenmaße der Schenkel	mm, cm
t	Blechdicke	mm

Biegetechnik, Ausgleichswerte für beliebige Biegewinkel

Benennung/Abbildung	Formel/Formelumstellung	Formelzeichen	Einheiten
Ausgleichswert v für $\alpha > 90°$; $\beta = 0° \dots 90°$ 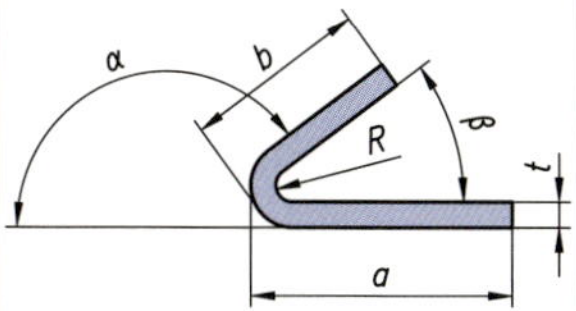	Ausgleichswert v für $\beta = 0° \dots 90°$ $$v = 2 \cdot (R + t) - \pi \cdot \left(R + \frac{t}{2} \cdot k\right) \cdot \left(\frac{180° - \beta}{180°}\right)$$ Beispiel: Gesucht: v des Biegeteils. Gegeben: Öffnungswinkel $\beta = 70°$; Blechdicke $t = 6$ mm; $R = 10$ mm; k ist mit dem Diagramm zu bestimmen. Lösung: $\frac{R}{t} = \frac{10\ \text{mm}}{6\ \text{mm}} = 1{,}66$ Nach Diagramm: $k = 0{,}75$ $v = 2 \cdot (10\ \text{mm} + 6\ \text{mm}) - \pi \cdot \left(10\ \text{mm} + \frac{6\ \text{mm}}{2} \cdot 0{,}75\right) \cdot \left(\frac{180° - 70°}{180°}\right)$ $v = \underline{\underline{8{,}48\ \text{mm}}}$	L gestreckte Länge a, b Außenmaße der Schenkel v Ausgleichswert, Verkürzungswert t Blechdicke R Biegeradius α Biegewinkel β Öffnungswinkel k Korrekturfaktor*	mm, cm mm, cm mm, cm mm mm, cm in ° (Grad) in ° (Grad)
Ausgleichswert v für $\beta > 90° \dots 165°$ 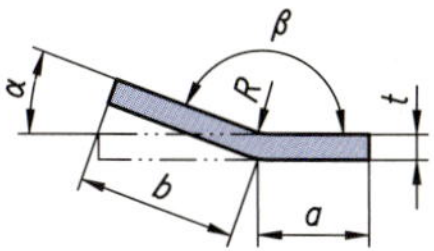	Ausgleichswert v für $\beta > 90° \dots 165°$ $$v = 2 \cdot (R + t) - \tan\frac{180° - \beta}{2} - \pi \cdot \left(R + \frac{t}{2} \cdot k\right) \cdot \left(\frac{180° - \beta}{180°}\right)$$	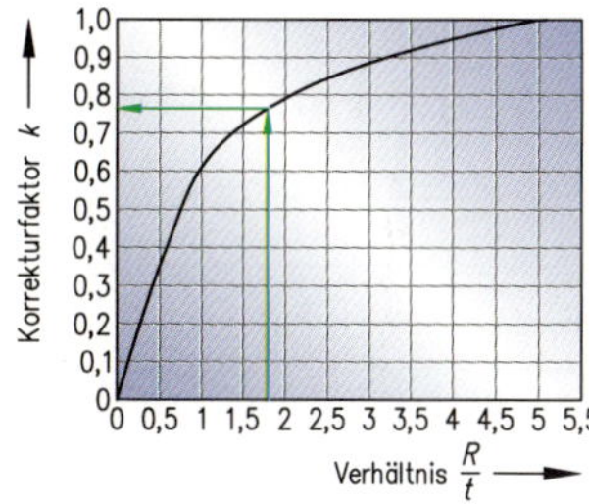	
Ausgleichswert v für $\beta > 165° \dots 180°$ 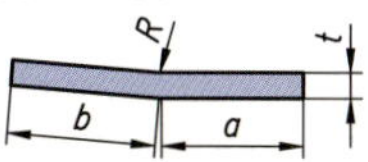	Ausgleichswert v für $\beta > 165° \dots 180°$ $v = 0$ $L \approx a + b$	* Dieser Korrekturfaktor k gibt die Abweichung der Lage der Biegelinie von der neutralen Faser $\frac{t}{2}$ an.	

Benennung/Abbildung	Formel/Formelumstellung	Formelzeichen	Einheiten
Zuschnittlängen/Randversteifungen, Wulste 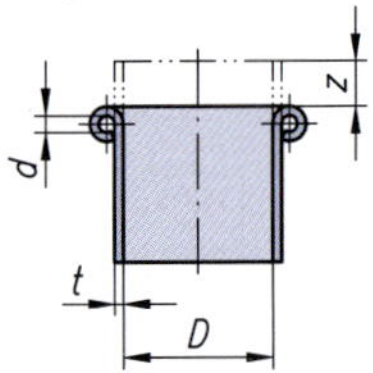	Drahteinlagen und Falznähte $z = 2{,}5 \cdot d$ $L \approx h + (2 \cdot d) - t$ $l = \pi \cdot (D + 2 \cdot t)$	L_s Zuschnittlänge L Gestreckte Länge z, z_1, z_2 Zugaben d Durchmesser der Drahteinlage D Innendurchmesser der Zarge, des Zylinders, Übergangskörpers t Blechdicke h Höhe des Zylinders oder Übergangskörpers l Drahtlänge	mm, cm mm, cm mm, cm mm mm, cm mm mm, cm mm, cm
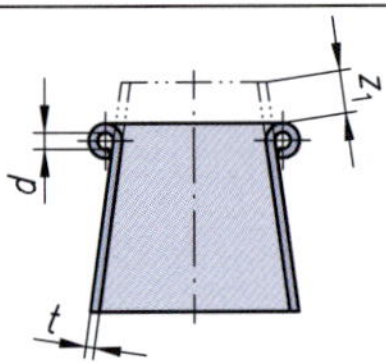	$z_1 = 2 \cdot d$ $L \approx h + (1{,}7 \cdot d) - t$		
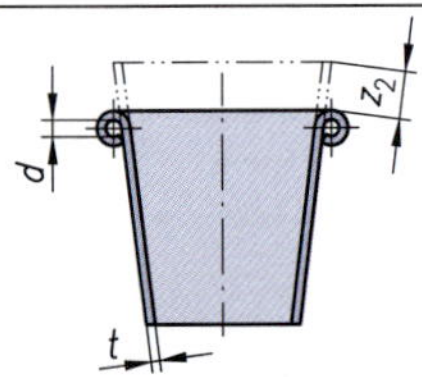	$z_2 = 3 \cdot d$ $L \approx h + (2{,}4 \cdot d) - t$		

Biegetechnik, Falze, Falznaht, Falzverbindungen

Benennung/Abbildung	Formel/Formelumstellung	Formelzeichen	Einheiten
Bördelnaht 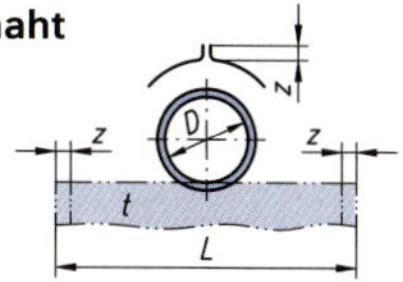	$L = \pi \cdot (D + t) + 2 \cdot z$ $z = 1{,}5 \cdot t$	*L* gestreckte Länge, Abwicklungslänge *D* Innendurchmesser der Zarge *t* Blechdicke *z* Zugabe	mm, cm mm, cm mm mm
Falznaht einfach 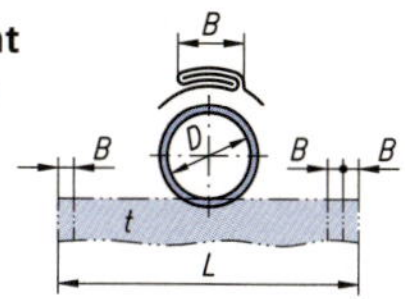	$L = \pi \cdot (D + t) + 3 \cdot B$ $z = 3 \cdot B$ $B \approx 10 \cdot t$ links: $1 \cdot B$ rechts: $2 \cdot B$	*L* gestreckte Länge, Abwicklungslänge *D* Innendurchmesser der Zarge *t* Blechdicke *z* Zugabe *B* Falzbreite	mm, cm mm, cm mm mm mm
Falznaht doppelt 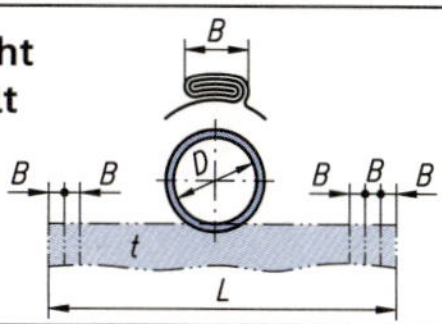	$L = \pi \cdot (D + t) + 5 \cdot B$ $z = 5 \cdot B$ $B \approx 10 \cdot t$ links: $2 \cdot B$ rechts: $3 \cdot B$		
Überlappung 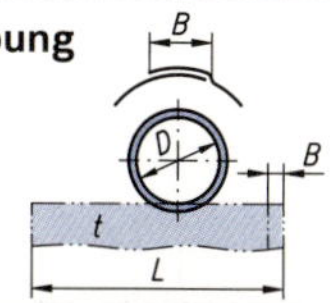	$L = \pi \cdot (D + t) + B$ $z = B$ $B \approx 10 \cdot t$	*L* gestreckte Länge, Abwicklungslänge *D* Innendurchmesser *t* Blechdicke *z* Zugabe *B* Falzbreite	mm, cm mm, cm mm mm mm

Biegebeanspruchung, Festigkeitsberechnungen

Benennung/Abbildung	Formel/Formelumstellung
Beanspruchung auf Biegung 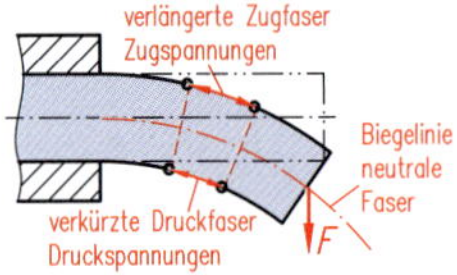	$\sigma_b = \frac{M_b}{W}$ $W = \frac{M_b}{\sigma_b}$ $M_b = \sigma_b \cdot W$ $W_{erf} = \frac{M_b}{\sigma_{bzul}}$ $\sigma_{bzul} = \frac{M_b}{W_{erf}}$ $M_b = \sigma_{bzul} \cdot W_{erf}$ $\sigma_{bzul} = \frac{\sigma_{bF}}{\nu}$ $\sigma_{bF} \approx 1{,}2 \cdot R_e$ bei Stahl und statischer Belastung
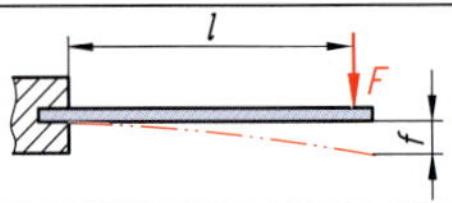	$M_b = F \cdot l$ $f = \frac{F \cdot l^3}{3 \cdot E \cdot I}$ $F = \frac{M_b}{l}$ $l = \frac{M_b}{F}$
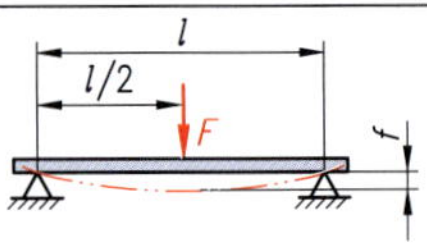	$M_b = \frac{F \cdot l}{4}$ $F = \frac{4 \cdot M_b}{l}$ $f = \frac{1}{48} \cdot \frac{F \cdot l^3}{E \cdot I}$ $l = 4 \cdot \frac{M_b}{F}$
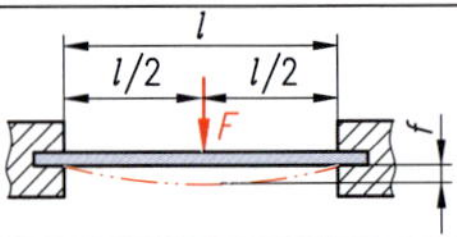	$M_b = \frac{F \cdot l}{8}$ $F = \frac{8 \cdot M_b}{l}$ $f = \frac{1}{192} \cdot \frac{F \cdot l^3}{E \cdot I}$ $l = \frac{8 \cdot M_b}{F}$
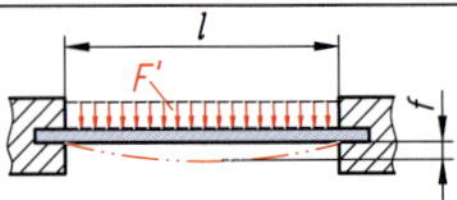	Mit Streckenlast F' $M_b = \frac{F' \cdot l^2}{24}$ $F' = \frac{24 \cdot M_b}{l^2}$ $f = \frac{F' \cdot l^4}{384 \cdot E \cdot I}$

Formelzeichen		Einheiten
M_b	Biegemoment	N · m
σ_b	Biegespannung	N/mm^2
W	axiales Widerstandsmoment	cm^3
F	Kraft	N
l	wirksame Hebellänge der Kraft	m
h	Höhe des Trägers	cm
b	Breite des Trägers	cm
f	Durchbiegung	mm
E	Elastizitätsmodul (für Stahl, Stahlguss = 210 000 N/mm^2)	N/mm^2 $E = 210\ kN/mm^2$ $E = 2{,}1 \cdot 10^5\ N/m^2$
I	Flächenmoment 2. Grades	cm^4
F'	Streckenlast (Last pro Längeneinheit, z. B. N/cm)	N/cm
W_{erf}	erforderliches axiales Widerstandsmoment	cm^3
σ_{bzul}	zulässige Biegespannung	N/mm^2
σ_{bF}	Biegefließgrenze b. Stahl und statischer Belastung	N/mm^2 $\sigma_{bF} \approx 1{,}2\ R_e$
R_e	Streckgrenze	N/mm^2

Widerstandsmomente, Querschnitte mit Formeln				Formelzeichen	Einheiten
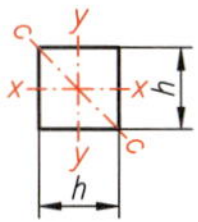	$W_x = W_y = \frac{h^3}{6}$ $W_C = \sqrt{2} \cdot \frac{h^3}{12}$	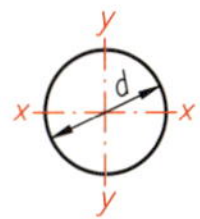	$W_x = W_y = \frac{\pi \cdot d^3}{32}$	W_x axiales Widerstandsmoment für die x-Achse W_y axiales Widerstandsmoment für die y-Achse W_c axiales Widerstandsmoment für die C-Achse	cm^3 cm^3 cm^3
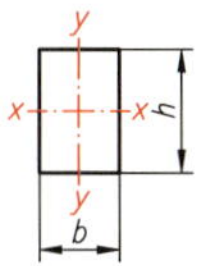	$W_x = \frac{b \cdot h^2}{6}$ $W_y = \frac{h \cdot b^2}{6}$	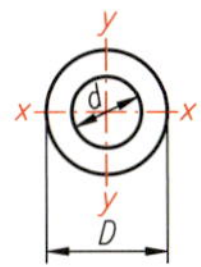	$W_x = W_y = \frac{\pi \cdot (D^4 - d^4)}{32 \cdot D}$	W_x axiales Widerstandsmoment für die x-Achse W_y axiales Widerstandsmoment für die y-Achse b Breite h Höhe	cm^3 cm^3 cm cm
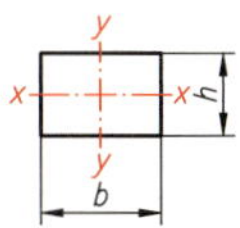	$W_x = \frac{b \cdot h^2}{6}$ $W_y = \frac{h \cdot b^2}{6}$	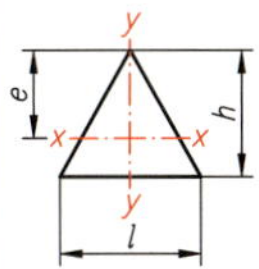	$W_x = \frac{l \cdot h^2}{24}$ $W_y = \frac{h \cdot l^2}{24}$ $e = \frac{2}{3} \cdot h$	W_x axiales Widerstandsmoment für die x-Achse W_y axiales Widerstandsmoment für die y-Achse e Maß für Lage der x-Achse	cm^3 cm^3 mm, cm
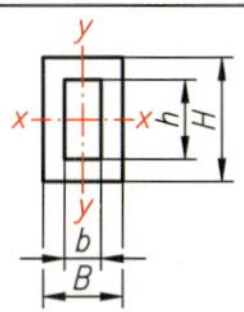	$W_x = \frac{B \cdot H^3 - b \cdot h^3}{6 \cdot H}$ $W_y = \frac{H \cdot B^3 - h \cdot b^3}{6 \cdot B}$	U 200 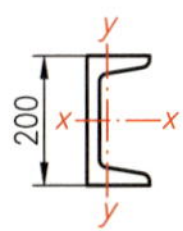	$W_x = 191\ cm^3$ $W_y = 27\ cm^3$	U 200 Beispiel nach Tabellenbuch Formeln f. Widerstandsmomente s. Tab.-Bücher	

Berechnung der Zuschnittdurchmesser *D* der Ronde

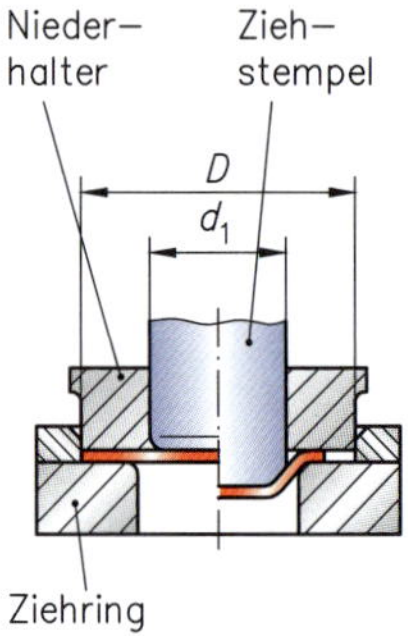

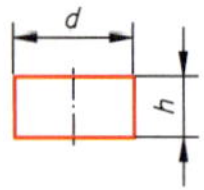

$D = \sqrt{d^2 + 4 \cdot d \cdot h}$

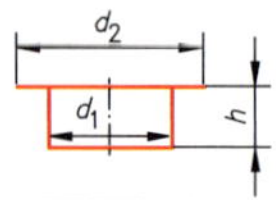

$D = \sqrt{d_2^2 + 4 \cdot d_1 \cdot h}$

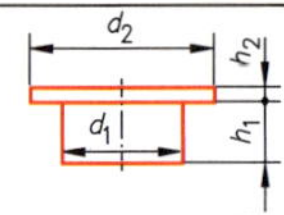

$D = \sqrt{d_2^2 + 4 \cdot (d_1 \cdot h_1 + d_2 \cdot h_2)}$

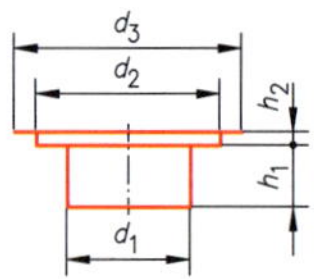

$D = \sqrt{d_3^2 + 4 \cdot (d_1 \cdot h_1 + d_2 \cdot h_2)}$

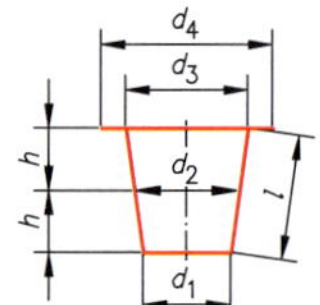

$D = \sqrt{d_1^2 + 4 \cdot d_2 \cdot l + (d_4^2 - d_3^2)}$

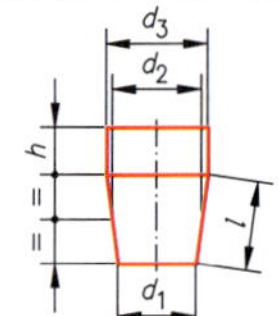

$D = \sqrt{d_1^2 + 4 \cdot d_2 \cdot l + 4 \cdot d_3 \cdot h}$

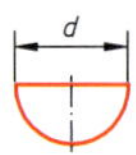

$D = \sqrt{2 \cdot d} = 1{,}414 \cdot d$

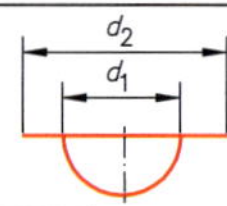

$D = \sqrt{d_1^2 + d_2^2}$

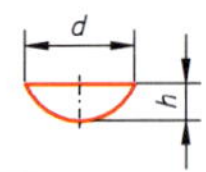

$D = \sqrt{d^2 + 4 \cdot h^2}$

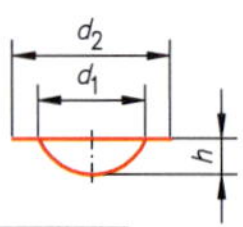

$D = \sqrt{d_2^2 + 4 \cdot h^2}$

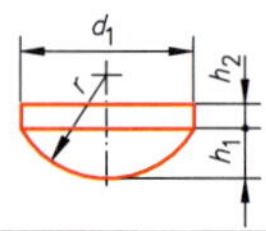

$D = \sqrt{d_1^2 + 4 \cdot h_1^2 + 4 \cdot d_1 \cdot h_1}$

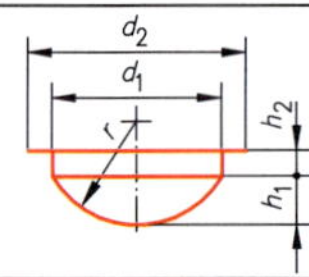

$D = \sqrt{d_1^2 + 4 \cdot h_1^2 + 4 \cdot d_1 \cdot h_2 + (d_2^2 - d_1^2)}$

ø-Maße sind jeweils Innenmaße.

Fortsetzung

Benennung/Abbildung	Formel/Formelumstellung	Formelzeichen	Einheiten
Fortsetzung **Ziehstufen und Ziehverhältnis**	1. Zug $\beta_1 = \frac{D}{d_1}$ $D = \beta_1 \cdot d_1;\ \ d_1 = \frac{D}{\beta_1}$ 2. Zug $\beta_2 = \frac{d_1}{d_2}$ $d_1 = \beta_2 \cdot d_2;\ \ d_2 = \frac{d_1}{\beta_2}$ 3. Zug $\beta_3 = \frac{d_2}{d_3}$ $d_2 = \beta_3 \cdot d_3;\ \ d_3 = \frac{d_2}{\beta_3}$ $\beta_{ges} = \beta_1 \cdot \beta_2 \cdot \beta_3 \ldots$	D Zuschnittdurchmesser d_1 Stempeldurchmesser 1. Zug d_2 Stempeldurchmesser 2. Zug d_3 Stempeldurchmesser 3. Zug β_1 Ziehverhältnis für 1. Zug β_2 Ziehverhältnis für 2. Zug β_3 Ziehverhältnis für 3. Zug β_{ges} Gesamtziehverhältnis s Blechdicke	mm mm mm mm mm

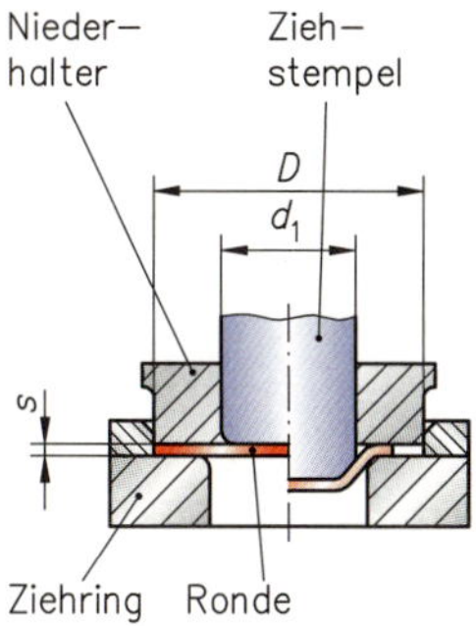

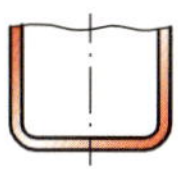

Werkstoff	Erreichbares Ziehverhältnis* β_1	β_2 ohne Zwischenglühen	β_2 mit Zwischenglühen
DC 01 (St12)	1,8	1,2	1,6
DC 03 (St13)	1,9	1,25	1,65
DC 04 (St14)	2,0	1,3	1,7
S185 (St33)	1,9	1,3	1,7
CuZn 30–R270	2,1	1,3	1,9
CuZn 37–R300	2,1	1,4	2,0
CuZn 37–R410	1,9	1,2	1,7

Werkstoff	Erreichbares Ziehverhältnis* β_1	β_2 ohne Zwischenglühen	β_2 mit Zwischenglühen
EN AW – Al99,5 H111	2,1	1,6	2,0
EN AW – Al99,8 H111	1,95	1,4	1,8
EN AW – AlMg1 T4	1,85	1,3	1,75
X15CrNiSi2520	2,0	1,2	1,8
EN AW – AlMn1 H112	1,85	1,3	1,75
EN AW – AlSi1MgMn T6	2,05	1,4	1,85
EN AW – AlCu4Mg1 T3	2,0	1,5	1,8

* Die Werte für β gelten bis $d_1 : s = 300$; sie wurden für $d_1 = 100$ mm und $s = 1$ mm ermittelt. Für andere Blechdicken und Stempeldurchmesser ändern sich die Werte geringfügig.

Benennung/Abbildung	Formel/Formelumstellung	Formelzeichen		Einheiten
Kräfte beim Tiefziehen: Bodenreiß-, Tiefzieh- und Niederhalterkraft 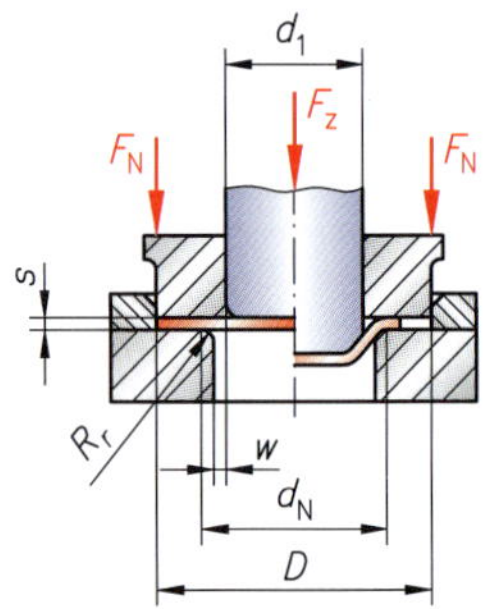	$F_B = \pi \cdot (d_1 + s) \cdot s \cdot R_m$ $F_z = \pi \cdot (d_1 + s) \cdot s \cdot R_m \cdot 1{,}2 \cdot \frac{\beta - 1}{\beta_{max} - 1}$ $d_N = 2 \cdot (R_r + w) + d_1$ $R_r = \frac{d_N - d_1}{2} - w; \quad w = \frac{d_N - d_1}{2} - R_r$ $F_N = \frac{\pi}{4}(D^2 - d_N^2) + p$ $D = \sqrt{\frac{4 \cdot F_N}{\pi \cdot p} + d_N^2}$ $d_N = \sqrt{D^2 - \frac{4 \cdot F_N}{\pi \cdot p}}$ $p = \frac{4}{\pi} \cdot \frac{F_N}{(D^2 - d_N^2)}$	F_B	Bodenreißkraft	N
		F_z	Tiefziehkraft	N
		F_N	Niederhalterkraft	N
		d_1	Stempeldurchmesser	mm
		s	Blechdicke	mm
		R_m	Zugfestigkeit	$\frac{N}{mm^2}$
		β	Ziehverhältnis	
		β_{max}	höchstmögliches Ziehverhältnis	
		D	Zuschnittdurchmesser, Rondendurchmesser	mm
		d_N	Auflagedurchmesser des Niederhalters	mm
		R_r	Radius des Ziehrings	mm
		w	Ziehspalt	mm
		p	Niederhalterdruck	$\frac{N}{mm^2}$

Werte für Niederhalterdruck p in $\frac{N}{mm^2}$

Werkstoff	p
Al-Legierungen	1,2...1,5
Cu-Legierungen	2,0...2,4
Stahl	2,5

Benennung/Abbildung	Formel/Formelumstellung	Formelzeichen		Einheiten
Maße am Tiefziehwerkzeug: Ziehspalt, Radien am Ziehring und -stempel	$R_r = 0{,}035 \cdot [50 + (D - d)] \cdot \sqrt{s}$	R_r	Radius am Ziehring	mm
$w = \frac{d_r - d}{2}$ $R_r < R_{st}$	$D = \frac{R_r}{0{,}035 \cdot \sqrt{s}} - 50 + d$	D	Zuschnittdurchmesser, Rondendurchmesser	mm
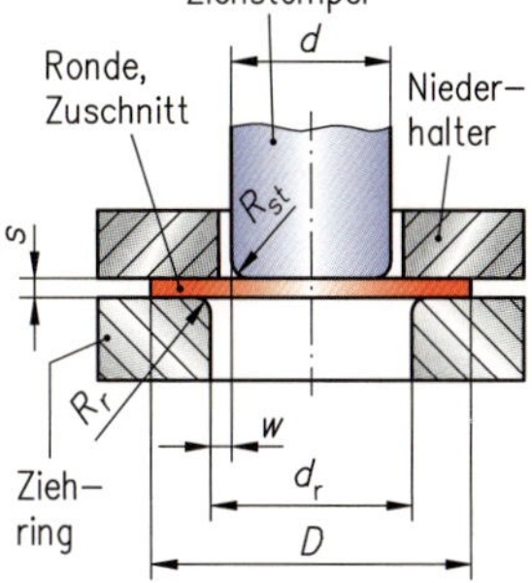	$d = D + 50 - \frac{R_r}{0{,}035 \cdot \sqrt{s}}$	d	Ziehstempel-durchmesser	mm
	$s = \left\{\frac{R_r}{0{,}035 \cdot [50 + (D - d)]}\right\}^2$	s	Blechdicke	mm
	$w = s + k \cdot \sqrt{10 \cdot s}$	w	Ziehspalt	mm
	$R_{st} = (4 \ldots 5) \cdot s$	k	Werkstofffaktor	
		R_{st}	Radius am Ziehstempel	mm
		d_r	Ziehringdurchmesser	mm

Werte für Werkstofffaktor *k*	
Stahl	0,07
Sonstige NE-Metalle	0,04
Al	0,02

Benennung/Abbildung	Formel/Formelumstellung	Formelzeichen		Einheiten
Schneiden	$F = S \cdot \tau_{aBmax}$	F	Schneidkraft	N
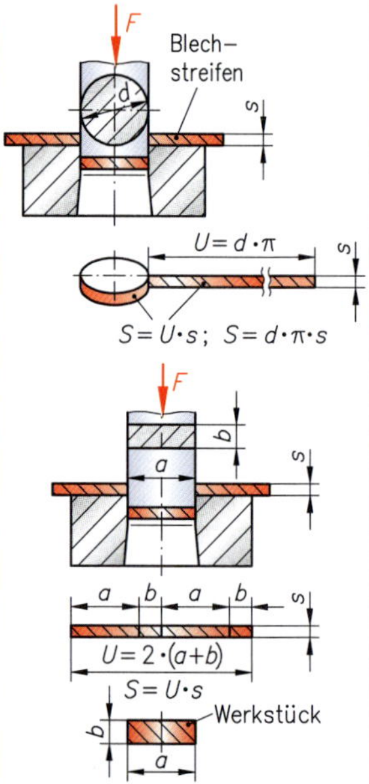	$S = \frac{F}{\tau_{aBmax}}$	S	Scherfläche	mm^2
	$\tau_{aBmax} = \frac{F}{S}$	s	Materialdicke	mm
	$S = U \cdot s$	U	Schnittkantenlänge, Umfang	mm
	$U = \frac{S}{s}$	R_m	Zugfestigkeit	$\frac{N}{mm^2}$
	$s = \frac{S}{U}$	$R_{m\,max}$	maximale Zugfestigkeit	$\frac{N}{mm^2}$
		ν	Sicherheitszahl	
		τ_{aBmax}	maximale Scherfestigkeit	$\frac{N}{mm^2}$
		$\tau_{aBmax} \approx 0{,}8 \cdot R_{m\,max}$		

Benennung/Abbildung	Formel/Formelumstellung	Formelzeichen	Einheiten
Streifenausnutzung 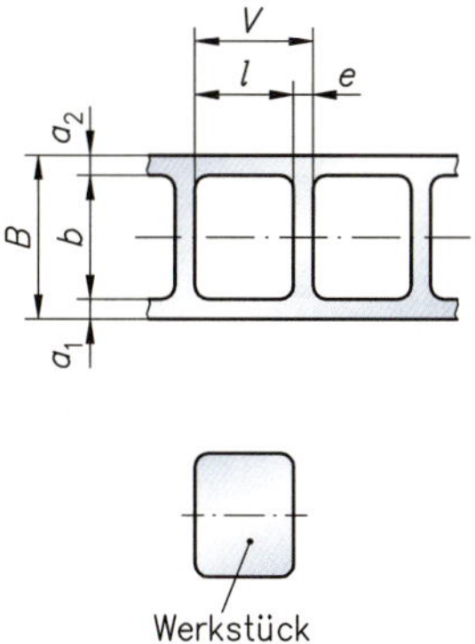 	$V = l + e$ $B = a_1 + b + a_2$ $\eta = \frac{R \cdot A}{V \cdot B}$ $R = \frac{\eta \cdot V \cdot B}{A}$ $A = \frac{\eta \cdot V \cdot B}{R}$ $V = \frac{R \cdot A}{\eta \cdot B}$ $B = \frac{R \cdot A}{V \cdot \eta}$	V Streifenvorschub l Werkstücklänge e Stegbreite B Streifenbreite a_1, a_2 Randbreite b Werkstückbreite η Ausnutzungsgrad R Anzahl der Reihen A Fläche eines Werkstücks, einschließlich Lochungen	mm mm mm mm mm mm mm^2

Benennung/Abbildung	Formel/Formelumstellung	Formelzeichen	Einheiten
Ohm'sches Gesetz 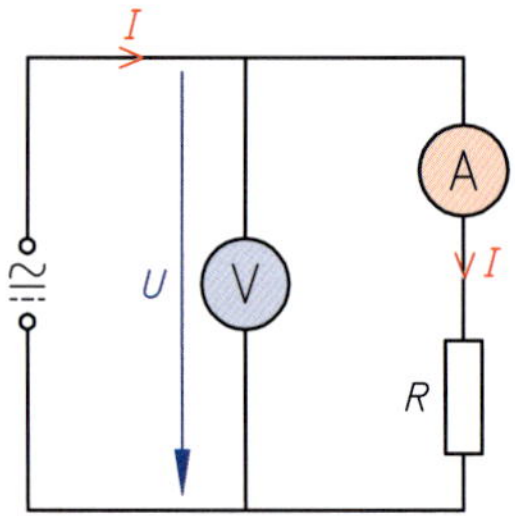 	$I = \frac{U}{R}$ $U = R \cdot I$ $R = \frac{U}{I}$	I Strom U Spannung R Widerstand	A V Ω $1\ \Omega = \frac{1\ \text{V}}{1\ \text{A}}$
Leitwiderstand 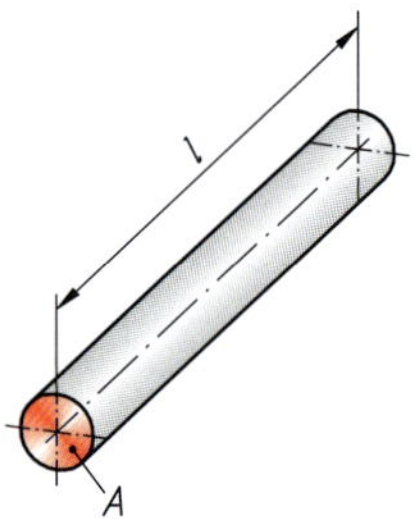 	$R = \frac{\varrho \cdot l}{A}$ $\varrho = \frac{A \cdot R}{l}$ $l = \frac{A \cdot R}{\varrho}$ $A = \frac{\varrho \cdot l}{R}$	R Widerstand ϱ spezifischer elektrischer Widerstand l Leiterlänge A Leiterquerschnitt	Ω $\frac{\Omega \cdot \text{mm}^2}{\text{m}}$ m mm^2

Benennung/Abbildung	Formel/Formelumstellung	Formelzeichen		Einheiten
Reihenschaltung von Widerständen 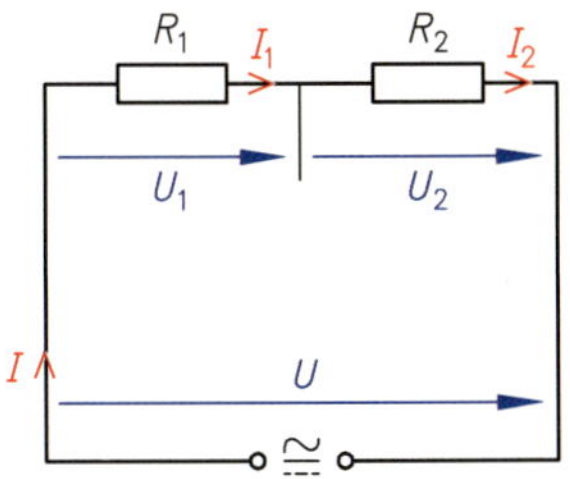	$R = R_1 + R_2 + \dots$	R	Gesamtwiderstand	Ω
	$U = U_1 + U_2 + \dots$	R_1, R_2	Einzelwiderstände	Ω
	$I = I_1 = I_2 = \dots$	U	Gesamtspannung	V
	$U_1 = R_1 \cdot I$ $\quad U_2 = R_2 \cdot I$	U_1, U_2	Teilspannungen	V
	$\frac{U_1}{R_1} = \frac{U_2}{R_2}$ $\quad \frac{U_1}{U_2} = \frac{R_1}{R_2}$	I	Gesamtstrom	A
	$U_1 = \frac{U_2 \cdot R_1}{R_2}$ $\quad U_2 = \frac{U_1 \cdot R_2}{R_1}$	I_1, I_2	Teilströme	A
	$R_1 = \frac{U_1 \cdot R_2}{U_2}$ $\quad R_2 = \frac{R_1 \cdot U_2}{U_1}$			

Benennung/Abbildung	Formel/Formelumstellung	Formelzeichen	Einheiten
Parallelschaltung von Widerständen 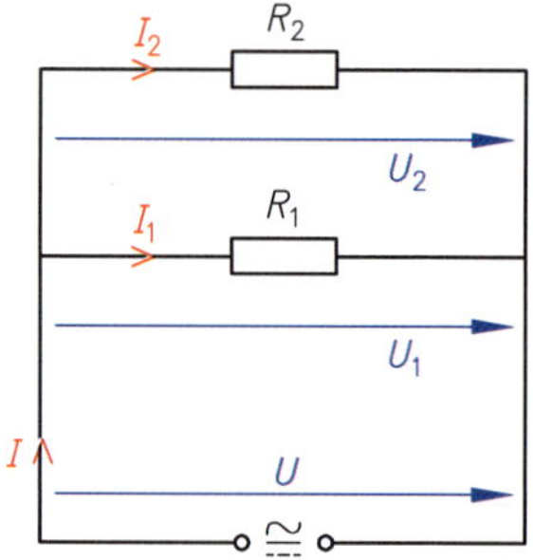	$\frac{1}{R} = \frac{1}{R_1} + \frac{1}{R_2} + \ldots$ $R = \frac{R_1 \cdot R_2}{R_1 + R_2}$ (gilt nur bei zwei Widerständen) $U = U_1 = U_2 = \ldots$ $I = I_1 + I_2 + \ldots$ $R_1 = \frac{U}{I_1}$ $R_2 = \frac{U}{I_2}$ $R = \frac{U}{I}$ $U = R \cdot I$ $I = \frac{U}{R}$	R Gesamtwiderstand R_1, R_2 Einzelwiderstände U Gesamtspannung U_1, U_2 Teilspannungen I Gesamtstrom I_1, I_2 Teilströme	Ω Ω V V A A

Benennung/Abbildung	Formel/Formelumstellung	Formelzeichen	Einheiten
Drehstrom (Dreiphasen-Wechselstrom) 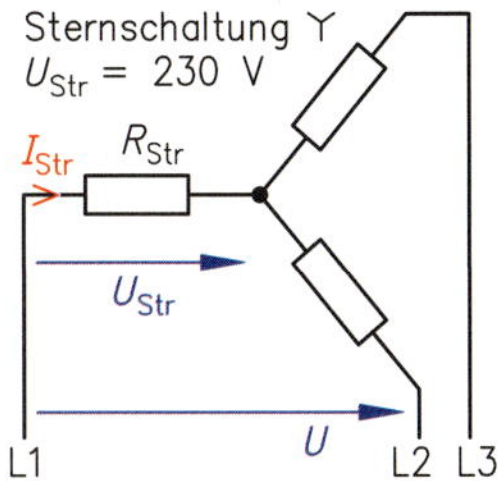 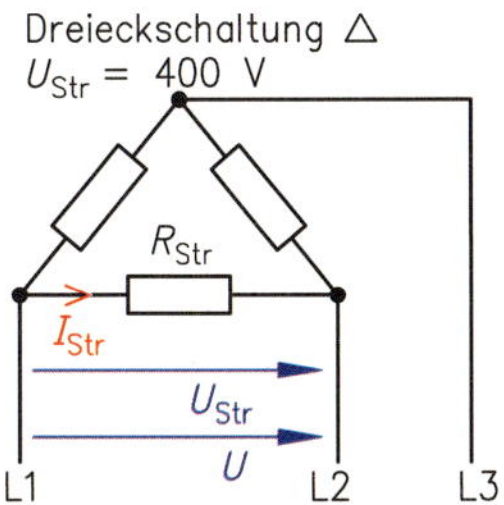	**Bei Sternschaltung:** $I = I_{Str}$ Leiterstrom $U = \sqrt{3} \cdot U_{Str}$ Leiterspannung **Bei Stern- oder Dreieckschaltung:** $I_{Str} = \frac{U_{Str}}{R_{Str}}$ Strangstrom $P = \sqrt{3} \cdot U \cdot I$ Leistung ohne induktiven Lastanteil $P = \sqrt{3} \cdot U \cdot I \cdot \cos\varphi$ Leistung mit induktivem Lastanteil **Bei Dreieckschaltung:** $I = \sqrt{3} \cdot I_{Str}$ Leiterstrom $U = U_{Str}$ Leiterspannung	I Leiterstrom I_{Str} Strangstrom U Leiterspannung U_{Str} Strangspannung R_{Str} Strangwiderstand P Wirkleistung $\cos\varphi$ Leistungsfaktor	A A V V Ω A · V = W *Fortsetzung*

Benennung/Abbildung	Formel/Formelumstellung	Formelzeichen	Einheiten
Fortsetzung **Drehstrom (Dreiphasen-Wechselstrom)** 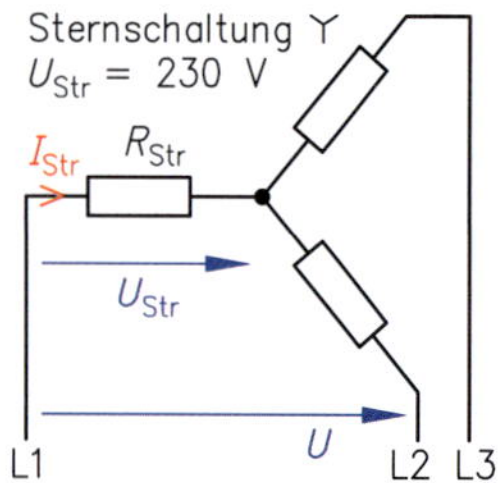 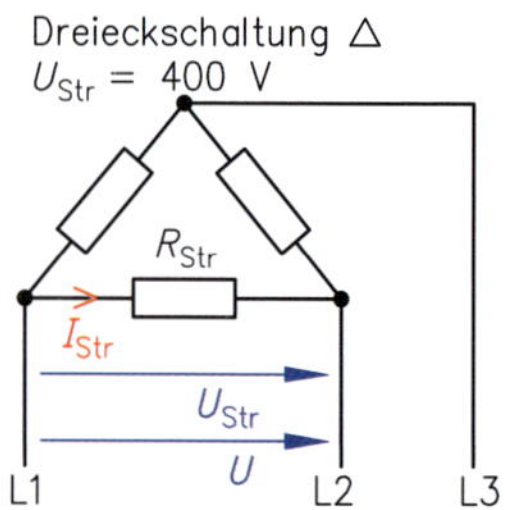 	**Wirkleistung bei induktivem Lastanteil:** $P = \sqrt{3} \cdot I \cdot U \cdot \cos\varphi$ $I = \frac{P}{\sqrt{3} \cdot U \cdot \cos\varphi}$ $U = \frac{P}{\sqrt{3} \cdot I \cdot \cos\varphi}$ **Wirkleistung bei induktionsfreiem Strang:** $P = \sqrt{3} \cdot I \cdot U$ $I = \frac{P}{\sqrt{3} \cdot U}$ $U = \frac{P}{\sqrt{3} \cdot I}$	I Leiterstrom U Leiterspannung P Wirkleistung $\cos\varphi$ Leistungsfaktor I_{Str} Strangstrom R_{Str} Strangwiderstand U_{Str} Strangspannung	A V A · V = W A Ω V

Benennung/Abbildung	Formel/Formelumstellung	Formelzeichen	Einheiten
Transformator Primärspule (Eingangsseite) 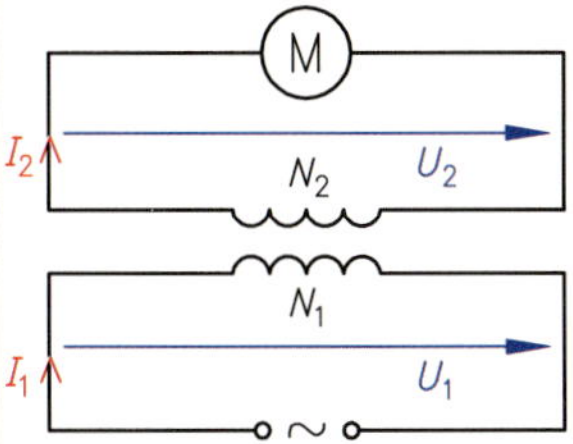 Sekundärspule (Ausgangsseite)	$\frac{I_1}{I_2} = \frac{N_2}{N_1}$ $I_1 = \frac{N_2 \cdot I_2}{N_1}$ $I_2 = \frac{I_1 \cdot N_1}{N_2}$ $N_1 = \frac{N_2 \cdot I_2}{I_1}$ $N_2 = \frac{N_1 \cdot I_1}{I_2}$ $\frac{U_1}{U_2} = \frac{N_1}{N_2}$ $U_1 = \frac{N_1 \cdot U_2}{N_2}$ $U_2 = \frac{U_1 \cdot N_2}{N_1}$ $N_1 = \frac{U_1 \cdot N_2}{U_2}$ $N_2 = \frac{N_1 \cdot U_2}{U_1}$	I_1 Stromstärke U_1 Spannung N_1 Windungszahl I_2 Stromstärke U_2 Spannung N_2 Windungszahl	A V A V

Benennung/Abbildung	Formel/Formelumstellung	Formelzeichen	Einheiten
Elektrische Leistung für Gleichstrom und Wechselstrom 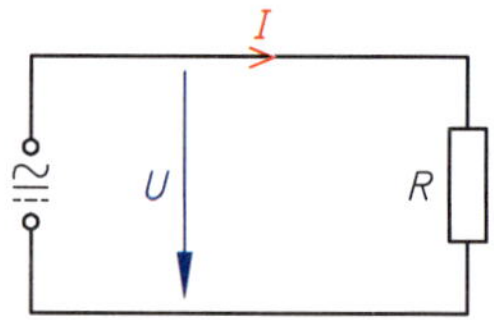 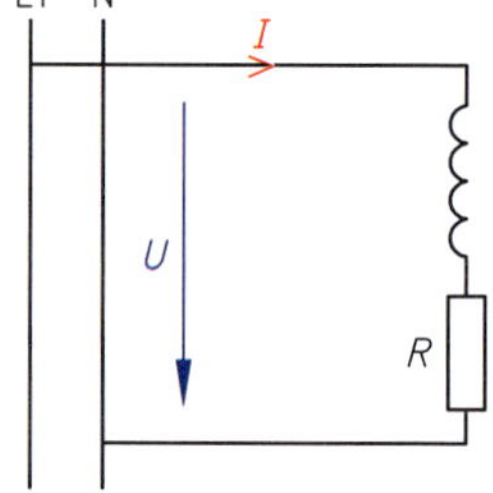 	**Für Gleichstrom und für Wechselstrom ohne Induktions-Lastanteil:** $P = U \cdot I$ $\quad U = \frac{P}{I}$ $\quad I = \frac{P}{U}$ $P = \frac{U^2}{R}$ $U = \sqrt{P \cdot R}$ $\quad R = \frac{U^2}{P}$ $P = I^2 \cdot R$ $I = \sqrt{\frac{P}{R}}$ $\quad R = \frac{P}{I^2}$ **Wechselstrom mit Induktions-Lastanteil:** $P = U \cdot I \cdot \cos\varphi$ $U = \frac{P}{I \cdot \cos\varphi}$ $I = \frac{P}{U \cdot \cos\varphi}$	P elektrische Leistung U Spannung I Stromstärke R Widerstand $\cos\varphi$ Leistungsfaktor	V · A = W V A Ω

<table>
<tr><th>Benennung/Abbildung</th><th>Formel/Formelumstellung</th><th>Formelzeichen</th><th>Einheiten</th></tr>
<tr>
<td>Elektrische Arbeit

</td>
<td>$W = U \cdot I \cdot t$
$U = \frac{W}{I \cdot t}$ $I = \frac{W}{U \cdot t}$
$t = \frac{W}{U \cdot I}$
$W = P \cdot t$
$P = \frac{W}{t}$ $t = \frac{W}{P}$
$W = I^2 \cdot R \cdot t$ $t = \frac{W}{I^2 \cdot R}$
$I = \sqrt{\frac{W}{R \cdot t}}$ $R = \frac{W}{I^2 \cdot t}$
$W = \frac{U^2 \cdot t}{R}$ $R = \frac{U^2 \cdot t}{W}$
$U = \sqrt{\frac{W \cdot R}{t}}$ $t = \frac{W \cdot R}{U^2}$</td>
<td>W Elektrische Arbeit
U Spannung
I Stromstärke
t Zeit
P Elektrische Leistung
R Widerstand</td>
<td>V · A · s = W · s
V
A
s
V · A = W
Ω

1 kW = 1 000 W
1 kW · s = 1 000 W · s
1 kW · h = 3 600 000 W · s
= 3,6 MJ
= 3,6 · 10^3 kJ
1 J = 1 W · s</td>
</tr>
</table>

Benennung/Abbildung	Formel/Formelumstellung

Binäre Verknüpfungen (SPS, Pneumatik, E-Pneumatik)

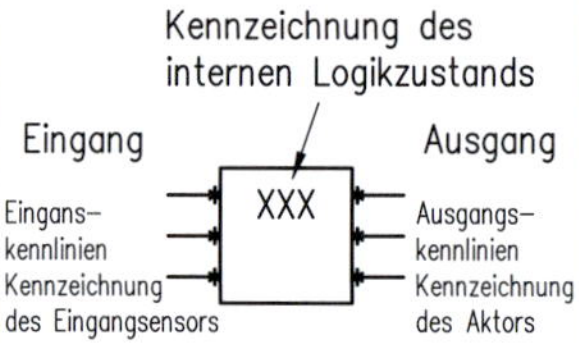

Für alle Verknüpfungen binärer Elemente sind grafische Symbole festgelegt. In der Tabelle wird gezeigt, mit welchen Bau- und Schaltelementen in der Pneumatik bzw. in der Hydraulik die logischen Grundfunktionen in elektrischen Stromlaufplänen verwirklicht werden.

Logische Funktionen	Schaltzeichen Logische Gleichung	Schalttabelle	Technische Realisierung Pneumatisch	Technische Realisierung Elektrisch
UND (AND)	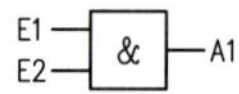 $A1 = E1 \wedge E2$	**E1 E2 A1** 0 0 **0** 0 1 **0** 1 0 **0** 1 1 **1**	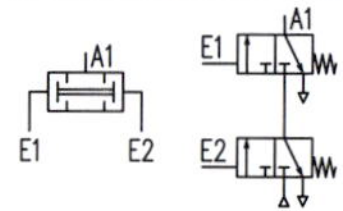	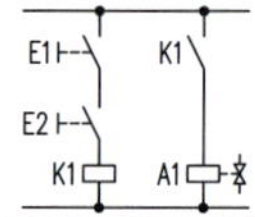
ODER (OR)	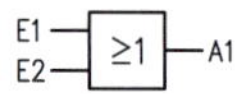 $A1 = E1 \vee E2$	**E1 E2 A1** 0 0 **0** 0 1 **1** 1 0 **1** 1 1 **1**	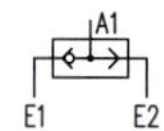	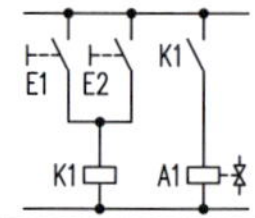
NICHT (NOT)	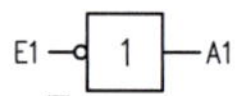 $\overline{E1} = A1$	**E1 A1** 0 **1** 1 **0**	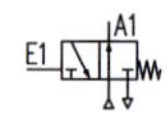	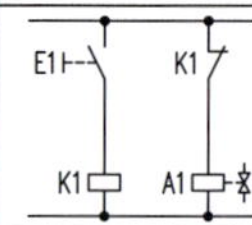
UND-NICHT (NAND)	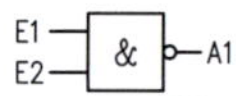 $A1 = \overline{E1 \wedge E2}$	**E1 E2 A1** 0 0 **1** 0 1 **1** 1 0 **1** 1 1 **0**	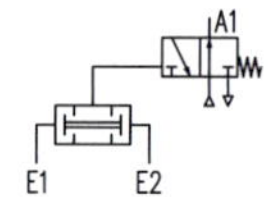	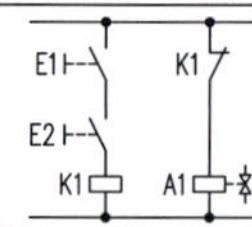
ODER-NICHT (NOR)	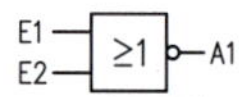 $A1 = \overline{E1 \vee E2}$	**E1 E2 A1** 0 0 **1** 0 1 **1** 1 0 **1** 1 1 **0**	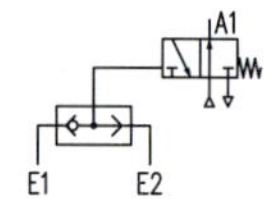	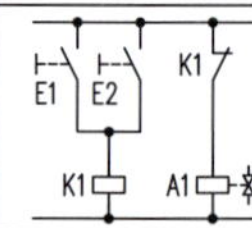

Qualitätsmanagement, Qualitätsplanung

Normen der EN ISO 9001 : 2015

Mit dieser Norm ist ein internationales Regelwerk entstanden, das Leitmaßnahmen zur Qualitätssicherung gibt. Sie klärt Grundlagen und Begriffe zum Verwirklichen von Qualitätsmanagement-Systemen und gibt Hilfen beim Handel auf nationaler und internationaler Ebene.

Die o. g. Norm gilt als Modell eines prozessorientierten QM-Systems und sie gilt für jeden Industrie- oder Wirtschaftssektor unabhängig von dem Produkt. Sie enthält konkrete Anforderungen von der Entwicklung über die Produktion, der Montage bis hin zum Kundenservice. Ziele: Anzustreben ist das Erhöhen der Kundenzufriedenheit sowie die ständige Verbesserung der Prozesse der Systeme. (Die EN ISO 9001 : 2015 ist von den nationalen Normungsinstituten zu übernehmen.)

Zehner-Regel, Fehlerkosten

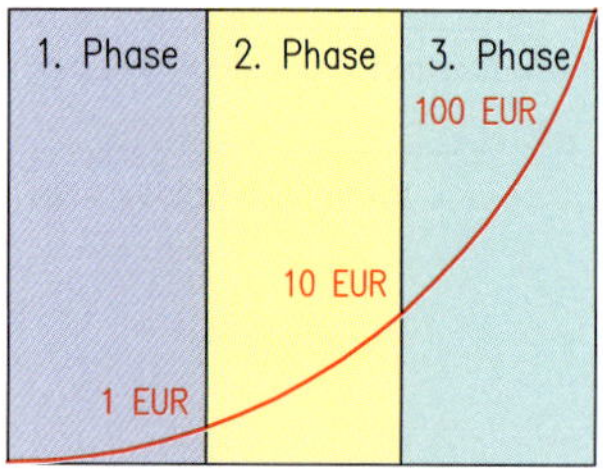

Die Verzehnfachungs-Regel zeigt, dass die Folgekosten eines Fehlers im Produktlebenslauf von **Phase 1** bis **Phase 3** etwa um den Faktor 10 steigen.
Ein Fehler in der Entwicklung z. B. in der CAD-Konstruktion verursacht i. d. R. weniger Mehrkosten in der Korrektur als ein Fehler in der Fertigung, der zu Funktionsstörungen am Fertigprodukt führt. Riesige Kosten entstehen bei Phase 3, z. B. bei den Rückrufaktionen von PKW's mit Fehlern.

Einflussgrößen auf die Qualität

Die „7M"

Die Einflussgrößen auf die Qualität fasst man unter der Bezeichnung „7M" zusammen. Mensch, Maschine, Material, Methode, Mitwelt (Milieu), Management und Messbarkeit.

Einflussgröße	Beispiel
Mensch	Motivation, Qualifikation, Innovation, Kreativität
Maschine	Fertigungs- und Positioniergenauigkeit, Steifigkeit, schwingungsarm
Material	Werk- und Hilfsstoffe, Vorprodukte, Komponenten
Methode	Fertigungsverfahren, Prüfbedingungen
Mitwelt (Milieu)	betriebsbedingtes Sozialgefüge, Licht, Luft, Lärm, Schmutz
Management	Führungsstil, Mitarbeitervorschläge, Personalpolitik, Entlohnung
Messbarkeit	Zahlenmäßig erfassbare Merkmale bei der Entstehung des Produkts

Qualitätsprüfungsarten

Prüfplan und -anweisung	→	Art und Umfang der Prüfung festlegen, Prüfmerkmal, -mittel, -methode, -zeitpunkt dokumentieren
Vollständige Prüfung	→	Prüfung z. B. eines Werkstücks bezüglich aller Forderungen und Qualitätserfüllungen
100%-Prüfung	→	Es werden alle Einheiten bezüglich der gestellten Qualitätsanforderungen geprüft. Da in der Serienfertigung die 100 %-Prüfung zu viel Aufwand ist, werden Stichproben gezogen
Stichprobe	→	Aus der Grundgesamtheit (= Gesamtheit aller Teile „N" z. B. 500 Teile) wird eine Stichprobe (z. B. 50 Teile) entnommen und geprüft
Stichprobenprüfung [1] Statistische Prüfung	→	Dem Fertigungsprozess werden in gleichen Zeitabständen Stichproben von gleichem Umfang „n" entnommen. (*n* = kleine Anzahl von z. B. gedrehten Bolzen)
Prüflos (Stichproben-Prüfung.)	→	Die Gesamtheit der betrachteten Einheiten wie z. B. die Produktion von 7 000 gleichen gedrehten Bolzen bzw. Wellen.

[1] Bei der Entnahme einer Stichprobe aus der Grundgesamtheit müssen alle Teile z. B. Bolzen, Wellen in Serie (direkt hintereinander) gefertigt worden sein.

Fehlerwahrscheinlichkeit

Wahrscheinlichkeit eines nicht fehlerfreien Werkstücks innerhalb einer bestimmten Gesamtzahl von Werkstücken

P Wahrscheinlichkeit in %
g Anzahl der fehlerhaften Werkstücke
m Gesamtzahl der Werkstücke

$$P = \frac{g \cdot 100\ \%}{m}$$

In einem Behälter lagern $m = 800$ Teile. Es sind $g = 15$ Teile fehlerhaft. Wie groß ist die Wahrscheinlichkeit P, wenn man in den Behälter greift, ein fehlerhaftes Teil herauszunehmen? $P = \frac{15 \cdot 100\ \%}{800} = \underline{\underline{1{,}88\ \%}}$

Statistische Prozessregelung

- Sie hat in der Serienfertigung das Hauptziel, Fehler zu vermeiden.
- Die Produktqualität wird angezeigt und negative Prozesseinflüsse kompensiert.

Zufällige Einflüsse	Ursache (Beispiele)	Wirkung	Maßnahmen
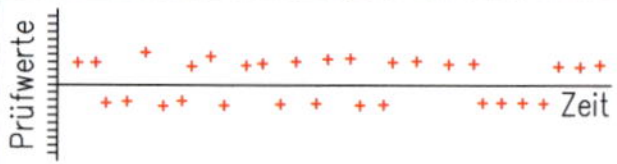	– Fehler durch unterschiedliche Temperaturen der Werkstücke beim Prüfen	– Häufung der Messwerte symmetrisch um einen bestimmten Wert	Wiederholungsmessung bei Prüftemperatur Parallaxe-Fehler vermeiden
	– Verschleiß am Werkzeug – Fehler in der Messkalibrierung	– Häufung der Messwerte unsymmetrisch bei Wiederholungsmessung	Korrektur am Werkzeug Eichung des Messwerkzeugs

Urliste mit Beispiel und **Messprotokoll:**
Stichprobenumfang:
50 Wellen; Prüfmerkmal:
Wellen-Ø *d* = 7 ± 0,05 mm
Maschine: Drehmaschine

Messwerte	Anzahl der Stichproben (*m*)									
	1	2	3	4	5	6	7	8	9	10
x_1	6,970	6,950	6,990	7,010	7,030	6,970	7,030	6,980	6,990	7,000
x_2	6,970	6,990	7,000	7,020	7,010	6,990	7,020	7,010	7,000	7,000
x_3	6,980	7,050	7,055	7,000	7,030	6,990	6,980	6,990	7,010	7,020
x_4	7,030	7,010	7,000	6,970	7,000	7,000	7,010	7,020	7,000	7,010
x_5	7,000	7,030	7,000	6,970	7,000	6,950	7,030	7,000	7,000	6,960

In der **Urliste** werden die Messwerte (x_1, x_2, x_3 usw.) aus der **Stichprobe** in der **Reihenfolge**, in der sie anfallen, eingetragen.

Aus dem **Messprotokoll** wird abgelesen: x_{max} = größter Messwert, x_{min} = kleinster Messwert.
Es werden berechnet: $\sum x$ = Summe aller x-Werte, $\bar{x}$ = Arithmetischer Mittelwert, R = Spannweite, $\tilde{x}$ = Medianwert

Aus x_{max} = 7,055 mm und x_{min} = 6,950 mm aus der Tabelle wird die **Spannweite *R***, dann die **Anzahl der Klassen *k*** und die **Klassenweite *w*** berechnet.

Mit diesen Messwerten berechnet man $\sum x$, $\bar{x}$, R, $\bar{\bar{x}}$, $\bar{R}$

$\sum x$	34,950	35,030	35,045	34,970	35,070	34,900	35,070	35,000	35,000	34,990
$\bar{x}$	6,990	7,006	7,009	6,994	7,014	6,980	7,014	7,000	7,000	6,998
R	0,06	0,100	0,065	0,050	0,030	0,050	0,050	0,040	0,020	0,060

Strichliste und Histogramm

Klassen		Strichliste und Histogramm	Häufigkeit	
Nr.	Messwerte von > ... bis <		n_j	h_j in %
1	6,950–6,965	II	2	4
2	6,965–6,980	IIIII I	6	12
3	6,980–6,995	IIIII IIII	9	18
4	6,995–7,010	IIIII IIIII IIIII	15	30
5	7,010–7,025	IIIII IIIII	10	20
6	7,025–7,040	IIIII I	6	12
7	7,040–7,055	II	2	4

Strichliste ins Histogramm eingebaut

Berechnungen um das Histogramm zu erstellen

$R = x_{max} \cdot x_{min}$ (dem Messprotokoll entnehmen)

$R = 7{,}055 \text{ mm} - 6{,}95 \text{ mm} = 0{,}105 \text{ mm}$

$R = 0{,}11 \text{ mm}$ (gerundet)

$k = \sqrt{n}$

$k = \sqrt{50}$

$k = 7{,}07$

$k = 7$ (gewählt)

$w = \frac{R}{k}$

$w = \frac{0{,}11}{7}$

$w = 0{,}015 \text{ mm}$ (gerundet)

Nach Berechnung von w können die Messwerte des Messprotokolls den einzelnen Klassen zugeordnet werden.

$k_1 = x_{min}$ bis $x_{min} + w$
$k_2 = x_{min} + w$ bis $x_{min} + 2w$
usw.

Die **Strichliste** gibt eine übersichtliche Darstellung der Messwerte und eine Einteilung in:
Anzahl der **Klassen, Klassenweite, Häufigkeit**

$k = \sqrt{n}$

$h_j = \frac{n_j \cdot 100\,\%}{n}$

$w = \frac{R}{k}$

$R = x_{max} - x_{mim}$

n	Anzahl der Einzelwerte
k	Anzahl Klassen
w	Klassenweite
n_j	absolute Häufigkeit
h_j	relative Häufigkeit in %
R	Spannweite
x_{max}	größter Messwert
x_{min}	kleinster Messwert

Das Histogramm zeigt die Häufigkeitsverteilung der Messdaten in Klassen eingeteilt.
Die Darstellung erfolgt als Balkendiagramm.

Erkenntnis:
Anhand der Strichliste und der Länge der Säulen im Balkendiagramm erkennt man, dass der Fertigungsprozess etwa normalverteilt und auch zentriert ist.

Verteilungskurve

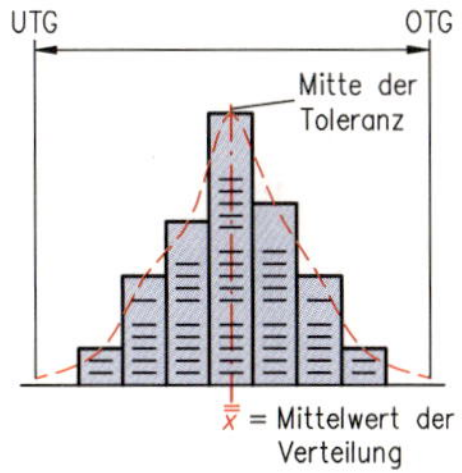

Bewertung der Verteilungskurve bzgl. der Messergebnisse:
- diese ist optimal, wenn die Form der Kurve eine **Gauß'sche Glocke** hat
- die Mitte der **Glockenkurve** mittig im Toleranzfeld platziert ist
- **Größt-** und **Kleinstwert** von **Ø 7 ± 0,05 mm** genügend Abstand zu den Toleranzgrenzen (**OTG** und **UTG**) nach rechts und links haben.

Kennwerte Normalverteilung von Stichproben

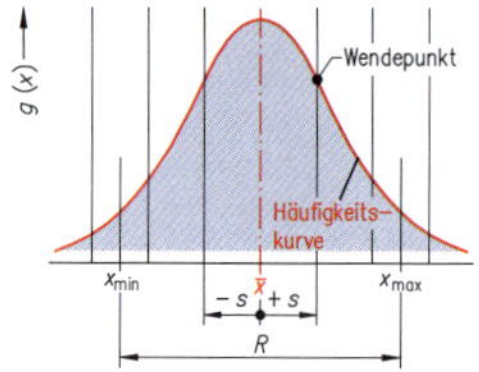

Der **Mittelwert** $\bar{x}$ liegt auf der Mitte der Kurve und ist ein Maß für die Lage der Verteilung.

Die **Standardabweichung** s und die **Spannweite** R sind ein Maß für die **Streuung**, die Breite der Kurve.

Die Differenz zwischen dem **größten** und dem **kleinsten Wert** einer Stichprobe ist die **Spannweite** R.

$$R = x_{max} - x_{min}$$

Die Häufigkeitskurve wird aus $\bar{x}$ und s ermittelt; sind die Merkmalswerte normal verteilt, entsteht bei der Häufigkeitsverteilung eine **Gauß'sche**** **Glockenkurve**. Die Fläche unter der **Gauß'schen Kurve** ist das Maß für die Gesamtheit aller Teile eines Prüfloses.

Normalverteilung in Stichproben

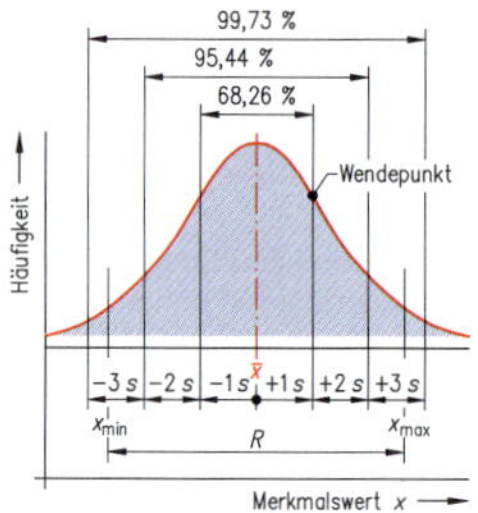

Prozentsätze für Teilmengen:

Die Teilmengen entstehen durch Bereiche der Standardabweichungen s sowie dem $\bar{x}$, dem **Arithmetischen Mittelwert** (siehe Diagramm).

Wird nicht auf eine Stichprobe Bezug genommen, sondern auf die **Grundgesamtheit**, so wird der Wert $\bar{x}$ mit μ und der Wert s mit σ bezeichnet. vgl. S. 219

Zwischen:

$\bar{x} + 1s$ und $\bar{x} - 1s$ liegen → 68,26 %

$\bar{x} + 2s$ und $\bar{x} - 2s$ liegen → 95,44 %

$\bar{x} + 3s$ und $\bar{x} - 3s$ liegen → 99,73 %

* Medianwert bei ungerader Anzahl der Einzelwerte: z. B. x_1, x_2, x_3, x_4, x_5

$$\tilde{x} = x_3$$

gerade Anzahl der Einzelwerte: z. B. $x_1, x_2, x_3, x_4, x_5, x_6$

$$\tilde{x} = (x_3, x_4) : 2$$

** Gauß, deutscher Mathematiker und Astronom 1777–1855

Statistische Auswertung von Messungen

$$k \approx \sqrt{n} \qquad w \approx \frac{R}{K}$$

$$h_j = \frac{n_j}{n} \cdot 100\ \%$$

$$R = x_{max} - x_{min}$$

$$\bar{x} = \frac{x_1 + x_2 + ... + x_n}{n}$$

$$s = \sqrt{\frac{\sum(x_i - \bar{x})^2}{n-1}}$$

$$s^2 = \frac{\sum(x_i - \bar{x})^2}{n-1}$$

Standardabweichung näherungsweise

$$s = 0{,}4 \cdot \bar{R}$$

$$\bar{R} = \frac{R_1 + R_2 + ... + R_m}{m}$$

$$\bar{\bar{x}} = \frac{\bar{x}_1 + \bar{x}_2 + ... + \bar{x}_m}{m}$$

$$\bar{s} = \frac{s_1 + s_2 + ... + s_m}{m}$$

Kennwerte zur Auswertung der Strichliste

n	Anzahl der Einzelwerte
k	Anzahl der Klassen
w	Klassenweite
R	Spannweite
n_j	absolute Häufigkeit
h_j	relative Häufigkeit vgl. S. 168

Kennwerte der Stichprobe

n	Anzahl der Einzelwerte (Stichprobenumfang)
x_i	Wert des messbaren Merkmals, z. B. Einzelwert
x_{max}	größter Messwert
x_{min}	kleinster Messwert
$\bar{x}$	Arithmetischer Mittelwert
$\tilde{x}$	Medianwert (Zentralwert)*, mittlerer Wert der nach Größe geordneten Messwerte
s, σ	Standardabweichung
R	Spannweite
$g_{(x)}$	Wahrscheinlichkeitsdichte

Kennwerte bei Auswertung mehrerer Stichproben

m	Anzahl der Stichproben
$\bar{R}$	mittlere Spannweite
$\bar{\bar{x}}$	Gesamtmittelwert
$\bar{s}$	Mittelwert der Standardabweichungen

Kennwerte der Grundgesamtheit

$\hat{\mu}$	geschätzter Prozessmittelwert
$\hat{\sigma}$	geschätzte Prozessstandardabweichung

Fortsetzung S. 219

Maschinenfähigkeits- und Prozessfähigkeitsindizes

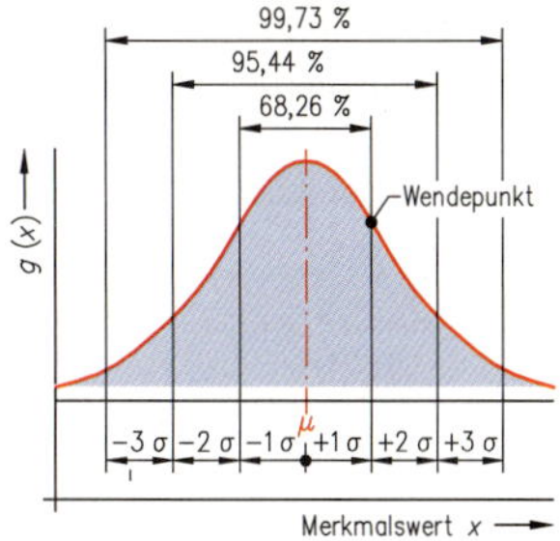

Ermitteln der kritischen Fähigkeitsindizes

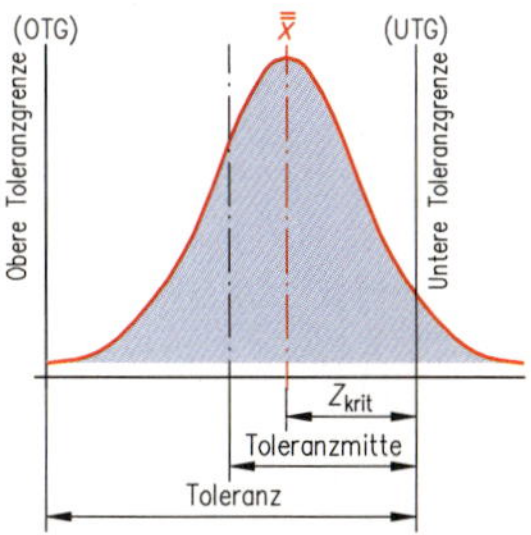

Die **Maschinenfähigkeit** ist ein Maß für die kurzzeitige Fertigungssteuerung, die größtenteils von der Maschine ausgeht. Aus dem nebenstehenden Bild ist zu entnehmen: $2 \cdot \sigma \triangleq 68{,}25\ \%$, $2 \cdot 3\sigma \triangleq 95{,}44\ \%$ der **Messwerte**. Mithilfe der Tabelle[1)] ist $\hat{\sigma}$ (sprich Sigma Dach) zu berechnen.

$$\hat{\sigma} = \frac{\overline{R}}{d_2}$$

= $\hat{\sigma}$ geschätzte Standardabweichung
$\overline{R}$ mittlere Spannweite
d_2 Faktor (s. Tabelle)*

Stichprobenumfang	Faktor d_2
2	1,128
3	1,693
4	2,059
5	2,326
6	2,543
7	2,704

Die Standardabweichung s ist schwer zu berechnen. Deshalb wird $\hat{\sigma}$ gerechnet.

$$\hat{\sigma} = \frac{\overline{R}}{d_2}$$

Nachweise:
Maschinenfähigkeitsindex

$$c_m = \frac{T}{6 \cdot \hat{\sigma}} \geq 1{,}33 \qquad c_{mk} = \frac{Z_{krit}}{3 \cdot \hat{\sigma}} \geq 1{,}0$$

Prozessfähigkeitsindex

$$c_p = \frac{T}{6 \cdot \hat{\sigma}} \geq 1{,}33 \qquad c_{pk} = \frac{Z_{krit}}{3 \cdot \hat{\sigma}} \geq 1{,}0$$

$$Z_{krit} = \text{OTG} - \overline{\overline{x}} \qquad Z_{krit} = \overline{\overline{x}} - \text{UTG}$$

Der kritische Wert wird immer aus dem kleineren er beiden Werte gebildet.

Qualitätssicherung in der Produktion durch Statistische Prozessregelung

MFU = Maschinenfähigkeitsuntersuchung

MFU = Bewertung einer Maschine, ob diese im Rahmen der vorgegebenen Grenzwerte fertigen kann. Die Fähigkeitskennzahl wird mittels Formel berechnet. Ist der Fähigkeitsindex $c_m \geq 1{,}33$ und $c_{mk} \geq 1{,}0$ bedeutet dies 99,994 % aller Merkmalswerte liegen innerhalb der Grenzwerte. Die Maschinenfähigkeit ist nachgewiesen.

PFU = Prozessfähigkeitsuntersuchung

PFU = Bemerkungen des Fertigungsprozesses (Langzeitfähigkeit) ob dieser im Rahmen der normalen Schwankungen die festgelegten Grenzwerte erzielt. Die Prozessfähigkeitszahl auch -index genannt, wird mittels Formel berechnet. Ergibt der Prozessfähigkeitsindex $c_p \geq 1{,}33$ und der $c_{pk} \geq 1{,}0$ ist die Prozessfähigkeit nachgewiesen.

c_m	Maschinenfähigkeitsindex
T	Toleranz
$\hat{\sigma}$	geschätzte Standardabweichung
c_{mk}	kritischer Maschinenfähigkeitsindex
c_p	Prozessfähigkeitsindex
c_{pk}	kritischer Prozessfähigkeitsindex
Z_{krit}	kleinster Abstand zwischen Gesamtmittelwert $\overline{\overline{x}}$ und Toleranzgrenze
$\hat{\mu}$	geschätzter Mittelwert
OTG	obere Toleranzgrenze
UTG	untere Toleranzgrenze
$\overline{\overline{x}}$	Gesamtmittelwert

* Der Faktor d_2 ist abhängig vom Stichprobenumfang n tabelliert und mit der Wahrscheinlichkeitsrechnung abgesichert.

Lage und Streuung von Prozessen

Mit einer fähigen Maschine und einem fähigen Prozess erzeugt man Qualitätsprodukte. Dies wird erzielt, wenn die Fertigungsstreuung ausreichend klein im Verhältnis zur Toleranz ***T*** ist.
Der Fertigungsprozess ist:

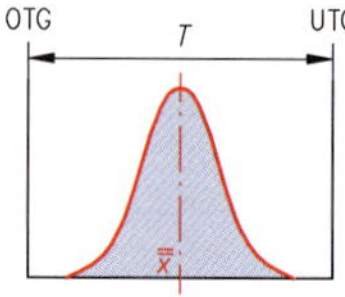

auf **Mitte** der **Toleranz *T***,
ist **zentriert**.
c_p und c_{pk} = 1,33

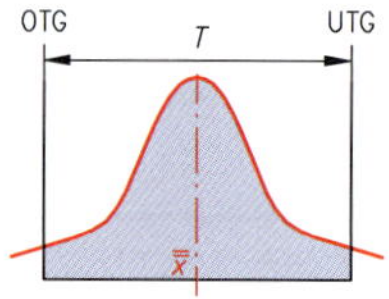

hat eine breite **Streuung**,
ist **nicht fähig**, Streuung verkleinern.
c_p und c_{pk} < 1,0

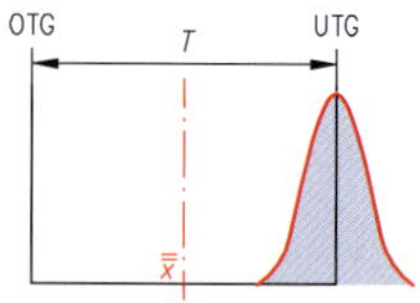

arbeitet über der **UTG**,
muss **zentriert** werden.
c_p = 1,33 **c_{pk} = 0**

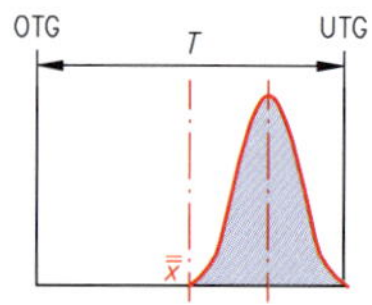

Ist zu nahe an **UTG**, muss **zentriert** werden.
c_p = 1,33 **c_{pk} = 1,0**

OTG = obere Toleranzgrenze, UTG = untere Toleranzgrenze

Arten von Qualitätsregelkarten (QRK)

Der Umfang der Stichproben und die Berechnung der verschiedenen Kennwerte ergeben die unterschiedlichen Namen und die Verwendung der **Qualitätsregelkarten** (QRK).

Typische Kennwerte für QRK's, die zu berechnen sind:

- $\bar{x}$ Mittelwert*
- R Spannweite*
- $\tilde{x}$ Medianwert (Zentralwert)*
- s Standardabweichung*

* Berechnung vgl. S. 218, 219

aus $\bar{x}$ Mittelwert → die Mittelwertkarte ($\bar{x}$-Regelkarte)
aus R Spannweite → die Spannweitenkarte (R-Regelkarte)
aus $\tilde{x}$ Medianwert → die Medianwertkarte ($\tilde{x}$-Regelkarte)
aus s Standardabweichung → die Standardabweichungskarte (s-Regelkarte)

Die Art der Regelkarte wird durch die Größe der Stichprobe bestimmt. Regelkarten werden häufig **kombiniert**.

Kombinationen:

Stichprobengröße 3–5 Teile	→	**$\bar{x}$/R-Regelkarte**
Stichprobengröße 3 oder 5 Teile	→	**$\tilde{x}$/R-Regelkarte**
Stichprobengröße mehr als 10 Teile	→	**$\bar{x}$/s-Regelkarte**

QRKs zeigen den zeitlichen Verlauf von Merkmalswerten sowie das Auftreten an Störungen.

Qualitätsregelkarten (QRK)

1. **QRKs** werden zur ständigen **Prozessüberwachung** verwendet.
2. Das Aufzeichnen von systematischen Streuungsursachen ermöglicht Maßnahmen der Fehlervermeidung.
3. Um schnell in den **Fertigungsprozess** einzugreifen, sind häufige **Stichproben** nötig.
4. Der **Stichprobenumfang** muss stets gleich sein und **Prozesseinflüsse** müssen dokumentiert werden.
5. Die **Eingriffsgrenzen** sind kleiner als die **Toleranzgrenzen**, und sie werden berechnet.

Mittelwertverlauf

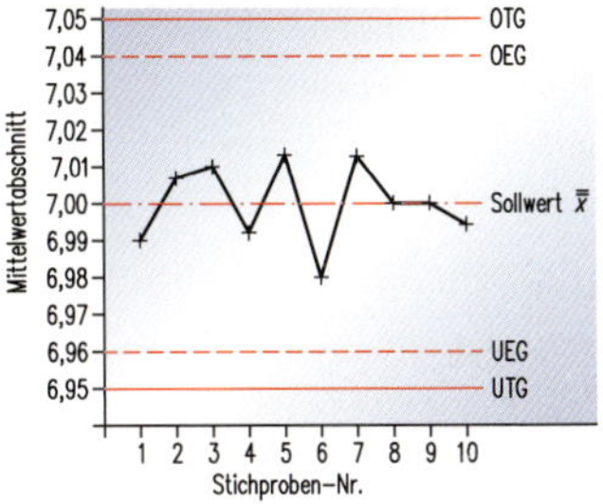

Stichprobenfaktor	A2	D3	D4
2	1,880	0	3,267
3	1,023	0	2,574
4	0,729	0	2,282
5	0,577	0	2,114
6	0,483	0	2,004

* Diese Faktoren basieren auf einer statistischen Sicherheit von 99,73 %.

OTG = obere Toleranzgrenze
UTG = untere Toleranzgrenze
OEG = obere Eingriffsgrenze
UEG = untere Eingriffsgrenze

Mittelwert	Spannweiten
$OEG_{\overline{x}} = \overline{\overline{x}} + A_2 \cdot \overline{R}$	$OEG_{\overline{R}} = D_4 \cdot \overline{R}$
$UEG_{\overline{x}} = \overline{\overline{x}} - A_2 \cdot \overline{R}$	$UEG_{\overline{R}} = D_3 \cdot \overline{R}$

Sollwert, Toleranz- und **Eingriffsgrenzen** werden in die **QRKs** eingetragen. Aus dem Verlauf der Kurve werden Schlüsse auf den Fertigungsprozess gezogen.

Beispiel:

geg: $\overline{\overline{x}} = 7{,}00$ mm
$\overline{R} = 0{,}0525$ mm

OEG$_x$ $= \overline{\overline{x}} + A_2 \cdot \overline{R}$
$= 7{,}00 + 0{,}577 \cdot 0{,}0525$ (mm)
$= 7{,}039$ mm
$= \underline{7{,}04 \text{ mm}}$ (gerundet)

UEG$_x$ $= \overline{\overline{x}} - A_2 \cdot \overline{R}$
$= 7{,}00 - 0{,}577 \cdot 0{,}0525$ (mm)
$= \underline{6{,}96 \text{ mm}}$ (gerundet)

Für Spannweite $\overline{R}$

OEG $= 2{,}114 \cdot 0{,}0525$ mm
$= 0{,}11$ mm (gerundet)

UEG $= D_3 \cdot \overline{R}$
$= 0 \cdot 0{,}0525$ mm
$= \underline{0 \text{ mm}}$

Spannweitenverlauf

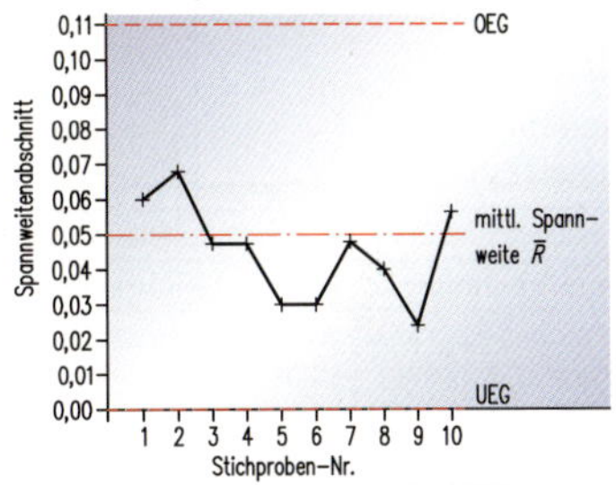

Datum:	01.08.									
Zeit:	8	9	10	11	12	13	14	15	16	17 Uhr

Kostenrechnung, -artenrechnung, -stellenrechnung, -trägerrechnung

Benennung/Abbildung	Formel/Formelumstellung	Formelzeichen	Einheiten
Berechnung der Einzelkosten 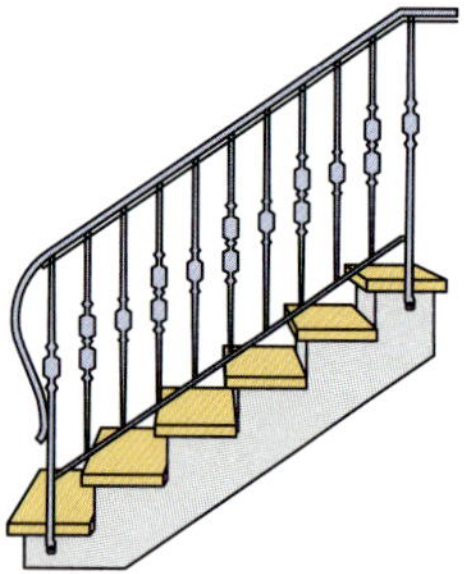 Einzelanfertigung des Treppengeländers	In einem Betrieb werden bei der Kostenartenrechnung anfallende Kosten für die verschiedenen Betriebsbereiche jeweils einzeln errechnet. Für das Produkt werden die Einzelkosten sowie die Gemeinkosten unterschieden. Die Gemeinkosten müssen jeweils auf die angefertigten Produkte verteilt werden. Berechnung der Einzelkosten: $MEK = m_{Ma} - K_{Ma}$ $m_{Ma} = \frac{MEK}{K_{Ma}}$ $K_{Ma} = \frac{MEK}{m_{Ma}}$ $FLK = n_h \cdot K_l$ $n_h = \frac{FLK}{K_L}$ $K_L = \frac{FLK}{n_h}$	MEK Materialeinzelkosten m_{Ma} verbrauchtesMaterial K_{Ma} Kosten des Materials n_h Arbeitsstunden, Anzahl der Stunden F_{LK} Fertigungslohnkosten K_L Stundenlohn	€ kg €/kg € €/h

Einzelkosten
Fertigungsmaterial Fertigungslöhne Sondereinzelkosten z. B. Galvanik oder Verzinken u. a. Verpackung für Transport
Gemeinkosten
Hilfs- und Betriebsstoffe Gehälter, Hilfslöhne Soziale Abgaben Abschreibungen Bürobedarf Werbung Betriebliche Steuern Energie

Die betriebliche Kostenrechnung unterscheidet zwischen drei Hauptbereichen:

Kostenartenrechnung	Kostenstellenrechnung	Kostenträgerrechnung
Welche Kosten fallen an; Wodurch verursacht für ...?	Wofür und wo entstanden Kosten für ...?	Wie werden die Kosten getragen? Wie hoch sind z. B. Herstell- und Selbstkosten für...?
Material Personal Gemeinkosten Sonderkosten usw.	Fertigung Materiallager Werkstatt Arbeitsvorbereitung Verwaltung	Erzeugnisse Stückzahlen Dienstleistungen usw.

Benennung/Abbildung	Formel/Formelumstellung	Formelzeichen	Einheiten
Berechnung der Gemeinkostenzuschlagssätze  Roboter in der Fertigungshalle für Maschinenbau	Die Kostenstellenrechnung liefert Zuschlagssätze in Prozent, die für die Vorkalkulation entsprechende Zuschläge ergeben. Zur Berechnung der Zuschlagssätze werden die jeweiligen Kostensummen dem BAB (= Betriebsabrechnungsbogen) für einen bestimmten Abrechnungszeitraum (z. B. für ein Jahr) entnommen. $MGKZ = \frac{\sum MGK \cdot 100\,\%}{\sum MEK}$ $FGKZ = \frac{\sum FGK \cdot 100\,\%}{\sum FLK}$ $V_WGKZ = \frac{\sum V_WGK \cdot 100\,\%}{\sum HK}$ $VtGKZ = \frac{\sum VtGK \cdot 100\,\%}{\sum HK}$	*MGK* Materialgemeinkosten *MEK* Materialeinzelkosten (Lagerbestand) *FGK* Fertigungsgemeinkosten V_WGK Verwaltungsgemeinkosten *VtGK* Vertriebsgemeinkosten *FLK* Fertigungslohnkosten *HK* Herstellkosten *MGKZ* Materialgemeinkostenzuschlag *FGKZ* Fertigungsgemeinkostenzuschlag V_WGKZ Verwaltungsgemeinkosten zuschlag *VtGKZ* Vertriebsgemeinkostenzuschlag	€ € € € € € € % % % %
Kostenträgerrechnung Vereinfachte Zuschlagskalkulation (bei Handwerksbetrieben üblich) 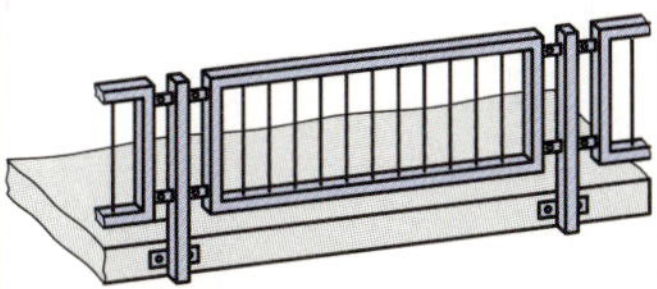	**Berechnung der Herstell- und Selbstkosten** Vereinfachte Zuschlagskalkulation (nur bei Kleinstbetrieben üblich): Es wird ein einziger Zuschlagssatz bezogen auf die Lohn- oder die Materialkosten ermittelt, um dann das Erzeugnis zu kalkulieren. $GK = MK \cdot GKZ$ $GK = FLK \cdot GKZ$ $HK = MEK + FLK + GK$	*GK* Gemeinkostensatz *GKZ* Gemeinkostenzuschlag *MK* Materialkosten *MEK* Materialeinzelkosten *FLK* Fertigungslohnkosten *HK* Herstellkosten *SK* Selbstkosten	€ % € € € € €

Benennung/Abbildung	Formel/Formelumstellung	Formelzeichen	Einheiten

Erweiterte Zuschlagskalkulation

BAB Betriebsabrechnungsbogen Kostenstellen (Angaben in €)

Kostenarten	I. Material	II. Fertigung	III. Verwaltg.	IV. Vertrieb
Fertigungslöhne	45.630,–	–	–	–
Material	–	146.316,–	–	–
Gehälter	9.436,–	16.437,–	20.472,–	11.376,–
Hilfslöhne	7.794,–	2.713,–	–	4.219,–
Ges.Sozialvers.	8.943,–	1.318,–	5.235,–	3.728,–
Betriebl.Steuern	6.253,–	983,–	4.283,–	2.376,–
Summe der Gemeinkosten	91.638,–	29.436,–	46.483,–	28.230,–
Zuschlagssätze	12,6 %	84,3 %	14,6 %	4,7 %

Berechnung der Herstell- und Selbstkosten

Die erweiterte Zuschlagskalkulation wird mit einem BAB (= Betriebsabrechnungsbogen) erstellt, in den die einzelnen Kostenarten für das Produkt eingetragen werden und dann zu den SK (= Selbstkosten) zu addieren sind. Alle Zuschlagsätze des Betriebs müssen bekannt sein.

Lösungsweg: Berechnen der Herstell- und Selbstkosten bis zum Angebotspreis.

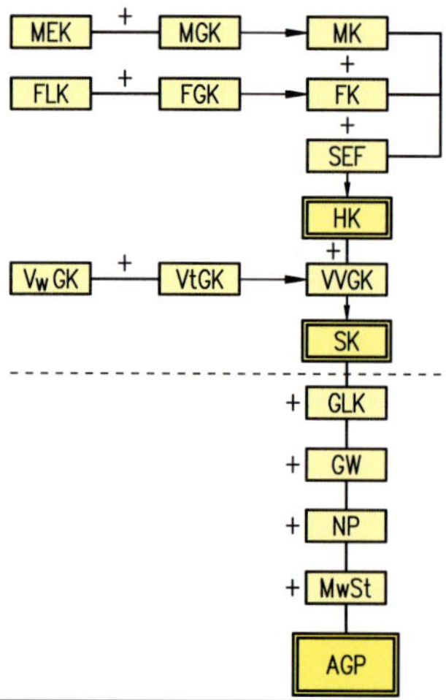

Formelzeichen		Einheiten
MEK	Materialeinzelkosten	€
MGK	Materialgemeinkosten	€
MK	Materialkosten	€
FLK	Fertigungslohnkosten	€
FGK	Fertigungsgemeinkosten	€
FK	Fertigungskosten	€
SEF	Sondereinzelkosten der Fertigung	€
HK	Herstellkosten	€
V_WGK	Verwaltungsgemeinkosten	€
VtGK	Vertriebsgemeinkosten	€
VVGK	Verwaltungs- und Vertriebsgemeinkosten	€
SK	Selbstkosten	€
GLK	Gewährleistungskosten	€
GW	Gewinn in % der SK	€
NP	Nettopreis	€
MwSt	Mehrwertsteuer	€
AGP	Angebotspreis	€

Ende der betrieblichen Kostenrechnung

Technik und Programmierung von CNC-Werkzeugmaschinen

Konstruktive Merkmale von CNC-Werkzeugmaschinen

Kugelumlaufspindel

Für die Achsbewegungen des Werkzeugschlittens verwendet man Kugelumlaufspindeln.
Sie gewährleisten Leichtgängigkeit, einen reibungsarmen und spielfreien Vorschubantrieb bei hoher Betriebsgeschwindigkeit und geringen Verschleiß.

Aufbau und Wirkungsweise

In den Vorschub-Antrieben darf kein Umkehrspiel auftreten. Dies wird erreicht, indem die beiden Hälften der Kugelgewinde-Mutter mittels eines Distanzringes gegeneinander und gegen die Kugelgewindespindel vorgespannt werden.

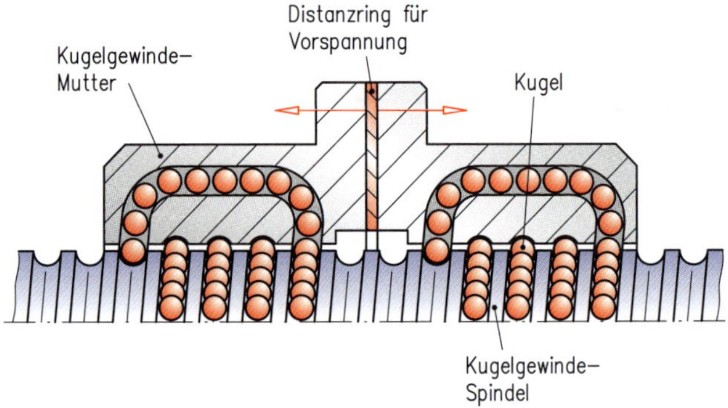

Kugelrückführung

Die Kugelrückführung erfolgt durch Innenumlenkungen oder Rohrrückführung.

Wegmesssysteme

Eine in zwei Achsen gesteuerte CNC-Drehmaschine benötigt zwei Regelkreise zur Lageregelung, um die Position des Werkzeugs an die Steuerung der Maschine zu geben. Jede Achse einer CNC-Maschine erfordert je eine Wegmesseinrichtung.

Je nach Messart unterscheidet man zwischen **zwei Messverfahren:**

Direkte Wegmessung

Der aus Glas bestehende Strichgittermaßstab ist am Werkzeugschlitten befestigt. Der zurückgelegte Verfahrweg wird über einen Messwertgeber in elektrische Impulse umgesetzt und auf Grund der Strichgitterteilung direkt als Verfahrweg angegeben.

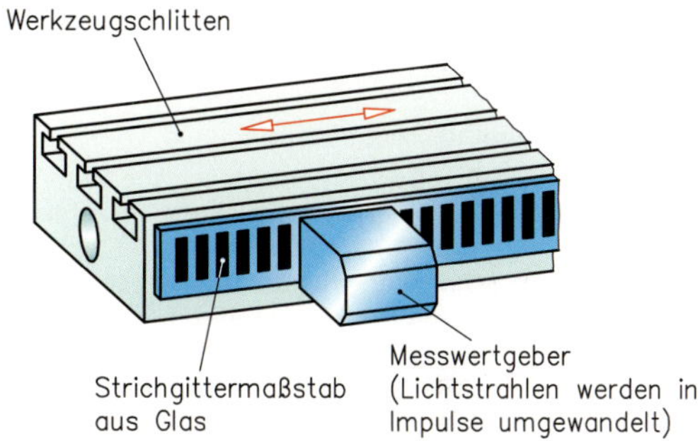

Indirekte Wegmessung

Ein inkrementaler* Drehwinkelmaßstab aus Glas ist an der Kugelumlaufspindel befestigt. Die Längsbewegung des Werkzeugschlittens wird über die Drehbewegungen der radialen Strichgittereinteilung mit einem Drehgeber in elektrischen Impulsen erfasst und als Verfahrweg angegeben.

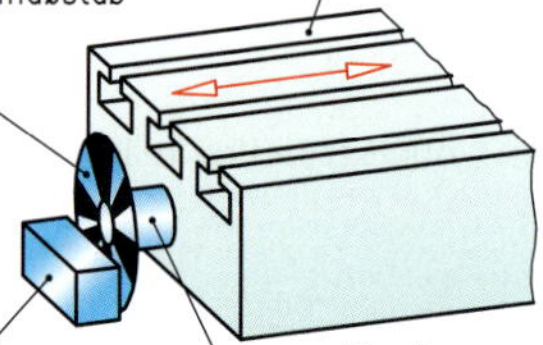

Digital-inkrementale Wegmessung

Der Strichgittermaßstab wird fotoelektrisch abgetastet. Beim Verfahren des Glas-Strichgittermaßstabes werden die Hell-Dunkel-Inkremente (Felder) in fotoelektrische Zählimpulse umgewandelt und der Verfahrweg im Wegmesszählwerk gemessen.

Die Nullpunktverschiebung erfolgt durch einfaches Nullpunktsetzen des Zählwerks.

Um beim Einschalten der Steuerung einen festen Bezugspunkt zu haben, legt der Hersteller einen Maschinen-Referenzpunkt fest. Die Steuerung arbeitet von diesem Referenzpunkt aus.

Die untere Fotozelle ertastet den Referenzpunkt. Nur Steuerungen mit inkrementaler Wegmessung benötigen den Referenzpunkt, da bei Stromausfall bzw. Störungen die Istwerte verloren gehen. Nocken am Maschinenschlitten oder Zeichen am Glasgittermaßstab kennzeichnen den Referenzpunkt.

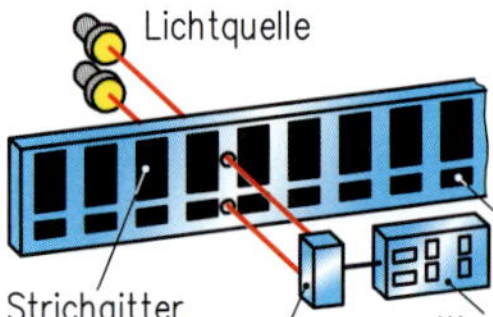

* Inkrement = Zuwachs.

Digital-Absolute-Wegmessung

Bei dieser Wegmessung wird die jeweils augenblickliche Maschinen-Schlittenposition gemessen, d. h. die Messwerteerfassung erfolgt vom Koordinaten-Nullpunkt aus. Die Glasmaßstäbe sind dualkodiert und können bis zu 18 Spuren haben. Für jede Spur wird eine Fotozelle benötigt. Die fotoelektrischen Leseköpfe liefern für jede Schlittenposition das jeweilige Messsignal. Jeder Spur des Glasmaßstabes, mit dual gestufter Teilung, ist eine Hochzahl von 2 zugeordnet. In unserem Beispiel tasten 5 Leseköpfe über Fotozellen die Hell-Dunkel-Felder ab. Die Spuren 1, 2 und 5 liefern binär je die Ziffer 0. Die Spuren 3 und 4 liefern binär je die Ziffer 1. Durch Addieren der zugehörigen Ergebnisse 4 plus 8 aus den Hochzahlen von 2, erhält man die Schlittenposition 12.

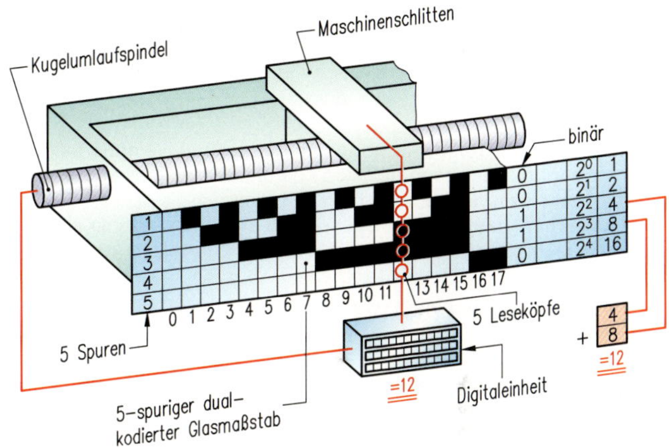

Datenträger, Informationsverarbeitung

Datenträger in der NC-Technik sind **Lochstreifen, Magnetbandkasetten, Disketten oder CD–ROMs**. So können einmal optimierte Programme für Werkstücke (Teilprogramme) gespeichert und für Folgeaufträge wieder abgerufen werden.

Bezugspunkte, Nullpunkte

In der Praxis unterscheidet man neben den Bezugspunkten in einem Koordinatensystem weitere Punkte im Arbeitsraum einer CNC-Werkzeugmaschine.

Drehmaschine

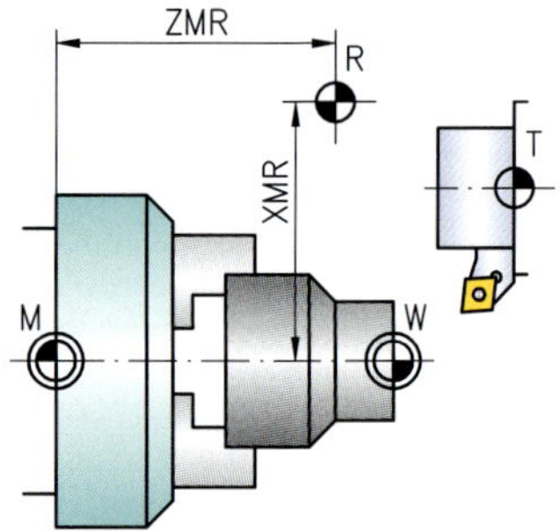

M = Maschinen-Nullpunkt

Der M (Maschinen-Nullpunkt) wird vom Hersteller unveränderbar festgelegt, befindet sich im Ursprung 0 des Koordinatensystems und wird durch die Lage der Messsysteme bestimmt. Befinden sich die Achsschlitten in **M**, erhält die Koordinatenanzeige die Werte 0 und ist Startpunkt aller Achsschlitten.

Drehteilbemaßung

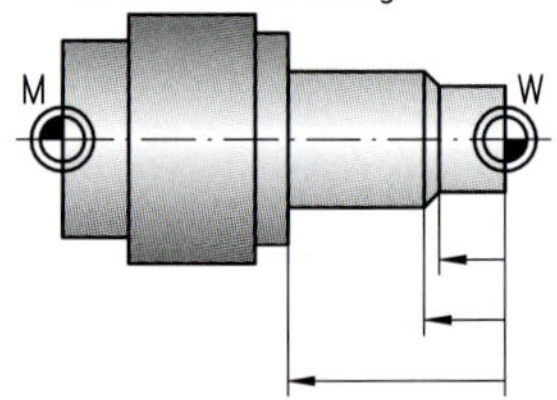

R = Maschinen-Referenzpunkt

Um beim Einschalten der Steuerung einen festen Bezugspunkt zu haben, legt der Hersteller einen Referenzspunkt **R** fest. Die Steuerung arbeitet von diesem Referenzpunkt **R** aus.
Das Wegemesssystem misst von diesem Referenzpunkt aus die Wegestrecken. Der Referenzpunkt liegt meist im Randbereich des Arbeitsraumes der CNC-Maschine.

W = Werkstück-Nullpunkt

W ist vom Programmierer frei festzulegen. Er ist identisch mit dem Nullpunkt des Werkstück-Koordinatensystems. Alle Fertigmaße auf der CNC-Maschine gehen vom **W** aus. Die Zeichnungsvermaßung sollte daher, wenn möglich, vom Punkt **W** ausgehen. Der Steuerung ist die Wegverschiebung vom Maschinen-Nullpunkt **M** zum Werkstück-Nullpunkt **W** einzugeben. Danach bezieht die Steuerung alle Wegeingaben auf diesen Punkt **W**.

Fräsmaschine

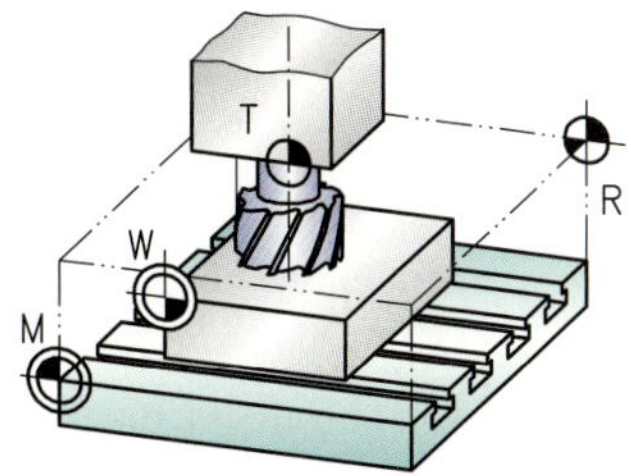

T* = Werkzeugträger-Bezugspunkt

T liegt in der Mitte auf der Anschlagfläche der Werkzeugaufnahme. Bei Drehmaschinen ist dies die Anschlagfläche des Werkzeughalters am Revolver. Bei Fräsmaschinen ist dies die Spindelachse. Mit diesem Bezugspunkt **T** wird der Referenzpunkt **R** angefahren. Die Lage des Bezugspunkts **T** ist der CNC-Steuerung bekannt.

Frästeilbemaßung

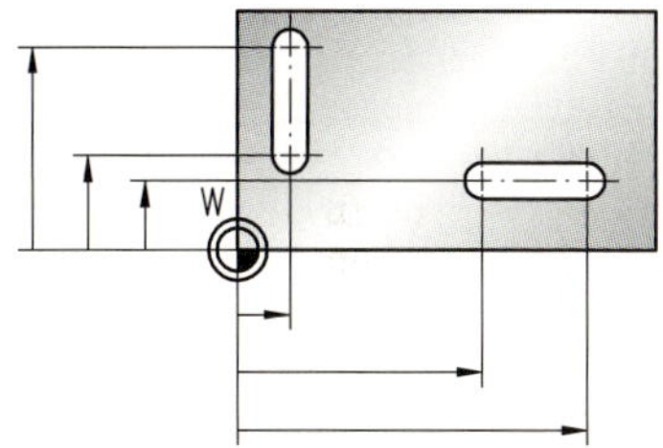

P0 = Programm-Nullpunkt, Programm-Startpunkt

Während **W**, z. B. bei einem Rohdrehteil, noch innerhalb des Werkstücks liegt, ist es aus fertigungstechnischen Gründen häufig erforderlich, **P0** festzulegen, der außerhalb des Werkstücks liegt. **P0** wird in der Regel so gelegt, dass ein einfacher Werkzeug- bzw. Werkstückwechsel möglich ist.

* Sinnbild und Buchstabe sind nicht genormt.

Bemaßung der Zeichnungen

Für die NC-Programmierung sind konventionelle Bemaßungen nicht geeignet. Nach DIN ist die Maßeintragung durch Koordinaten festgelegt. Der NC-Maschinen-Programmierer soll auf der Zeichnung die Maße als Weginformation für die X-, Y- und Z-Achse eingeben können. Man unterscheidet Bezugs- und Kettenbemaßung.

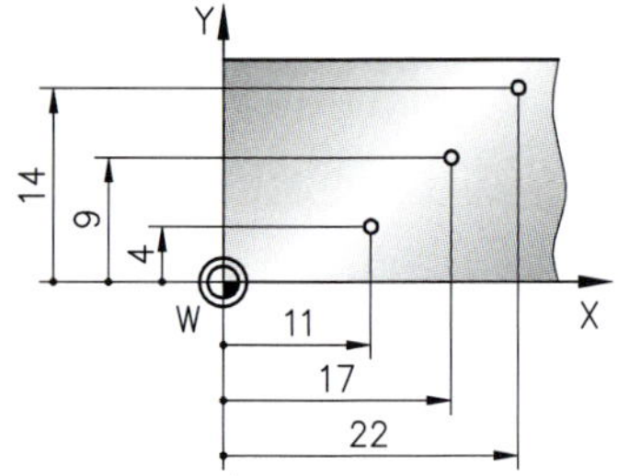

Bezugsbemaßung (Absolutbemaßung)

Bezugsbemaßung = Absolute Bemaßung G 90*

Bei dieser Bemaßung wird jeweils von einer Maßbezugskante aus bemaßt. Es sind absolute Wegmaße. Jedes Maß gibt die Entfernung jedes Punktes vom Werkstück-Nullpunkt und zugleich Koordinaten-Nullpunkt an.

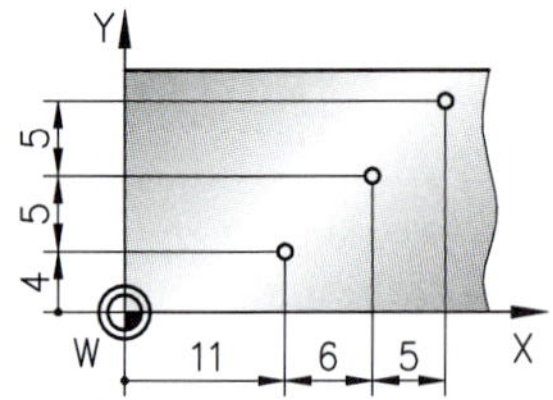

Kettenbemaßung
(Inkremental- oder Zuwachsbemaßung)

Kettenbemaßung = Inkremental- bzw. Zuwachsbemaßung G 91**

Bei dieser Bemaßungsart gibt man an, um welchen Maßzuwachs (Inkrement) sich das Werkzeug weiter bewegen muss. Die Kettenbemaßung (inkrementale Bemaßung) wird in der Praxis wenig verwendet.

* G 90 = Wegbedingung: Die Steuerung weiß, dass sich die absoluten Maßangaben auf den Werkstück-Nullpunkt beziehen.

** G 91 = Wegbedingung: Die Steuerung weiß, dass sich die programmierten X-, Y- und Z-Werte auf die letzte Werkzeugposition beziehen.

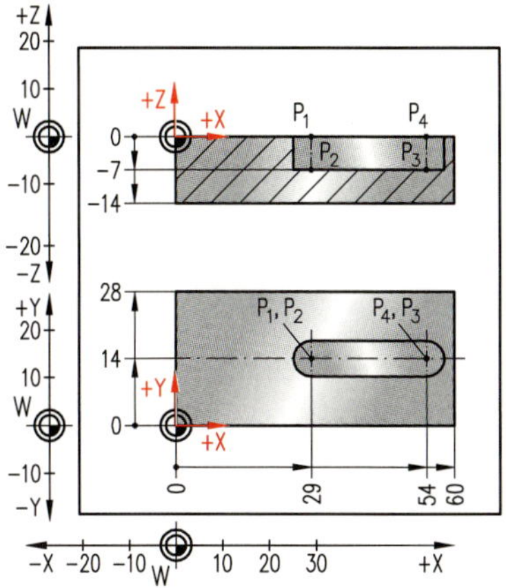

Werkstückpunkte	P_1	P_2	P_3	P_4
X-Koordinate	29	29	54	54
Y-Koordinate	14	14	14	14
Z-Koordinate	0	−7	−7	0

Das Koordinatensystem

Bevor das Koordinatensystem für CNC-Maschinen erklärt wird, zeigt das Werkstück-Koordinatensystem die Notwendigkeit, Verfahrwege in die **X-, Y** und **Z-Achse** eindeutig festzulegen. Anordnung und Richtung der Koordinatenachsen sind bei CNC-Maschinen nach DIN 66217 genormt.

Um das Langloch im Werkstück fräsen zu können, sind exakte Verfahrwege unverwechselbar für die Steuerung einzugeben. Der Fräser befindet sich im Werkstück-Nullpunkt W, auf der Z-Achse.

Werkstück und nebenstehende Tabelle zeigen, dass mittels eines festgelegten Koordinatensystems der Fräser vom Werkstück-Nullpunkt W aus, um zu P_1 zu gelangen, 29 mm in die positive X-Richtung, 14 mm in die positive Y-Richtung und 0 mm in die Z-Richtung fahren muss. (Der Fräser befindet sich direkt über dem Werkstück.)

Um auf Tiefe P_2 zu fräsen, bewegt sich der Fräser 7 mm in die negative Z-Richtung, während die X- und Y-Koordinaten unverändert bleiben. Um bis zu P_3 zu fräsen, bewegt sich der Fräser 54 mm in die positive X-Koordinate, wobei die Y-Koordinate von 14 mm und die negative Z-Koordinate von 7 mm unverändert beibehalten werden. Soll der Fräser P_4 erreichen, bleiben die X- und Y-Koordinate unverändert, während der Fräser 7 mm in die positve Z-Koordinate zurückfährt. Das Langloch ist gefräst.

Maschinenkoordinaten nach DIN 66217

Regel: Das Koordinatensystem ist immer auf das Werkstück bezogen.
Regel: Beim Programmschreiben geht man stets davon aus, dass das Werkzeug sich bewegt, das Werkstück aber immer still steht.

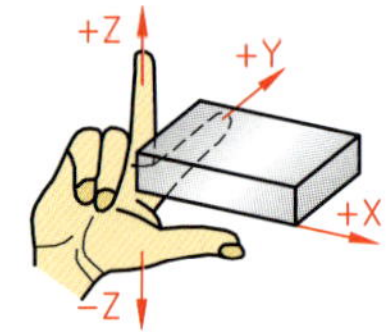

Achsenzuordnung mithilfe der Rechte-Hand-Regel

Anordnung und Richtung der Koordinatenachsen im Arbeitsraum einer CNC-Maschine sind genormt und danach vom Maschinenhersteller festgelegt.

Die Richtung der X-, Y- und Z-Achse entspricht den Bewegungsrichtungen der Schlittenführungen.

Rechte-Hand-Regel: Mit der Rechte-Hand-Regel kann man Anordnung und Richtung der positiven bzw. negativen Achsrichtungen X, Y oder Z gut darstellen:

Z-Achse: Sie fällt mit der Arbeitsspindel des Fräsers zusammen (beim Bohrvorgang mit der Bohrerachse) bzw. sie verläuft parallel zur Arbeitsspindel. Die positive Z-Achse verläuft somit vom Werkstück zum Werkzeug. Das Frästeil S. 182 zeigt: Es sind 7 mm in die negative Z-Richtung zu verfahren, will man vom P_1 nachw P_2 auf Tiefe im Langloch.
Die Lage der Arbeitsspindel einer Fräsmaschine bestimmt die Lage der Z-Koordinate. Dies ändert sich z. B. bei dem Waagerechtfräskopf.

X-Achse: Sie liegt bei Fräsmaschinen parallel zu der Aufspannfläche des Maschinentisches. Die positive X-Achse verläuft bei der Senkrechtfräsmaschine nach rechts, blickt man von der Arbeitsfläche hin zum Maschinenständer.

Y-Achse: Anordnung und Richtung der Y-Achse lassen sich mit der Rechte-Hand-Regel eindeutig bestimmen, wenn Z- und X-Achse festgelegt sind.

Die Werkstück-Koordinaten-Ebenen

Eine weitere Hilfe für den Programmierer, die Koordinaten richtig festzulegen und einzugeben, bildet das Koordinatensystem X, Y und Z mit seinen dazugehörenden Flächen bzw. Ebenen.

Die X-Z-Achse bildet eine X-Z-Ebene.
Die Y-Z-Achse bildet eine Y-Z-Ebene.
Die X-Y-Achse bildet eine X-Y-Ebene.

Drehbewegungen um die X-, Y- und Z-Achse sowie die Parallelbewegungen U, V und W zu den Hauptkoordinaten X, Y und Z.

CNC-Bearbeitungszentren benötigen für komplizierte Werkstücke neben den drei Hauptbewegungsrichtungen weitere Koordinaten und Drehrichtungen wie: Drehbewegungen A, B und C. Diese Drehbewegungen erfolgen jeweils um die Hauptachsen X, Y und Z.

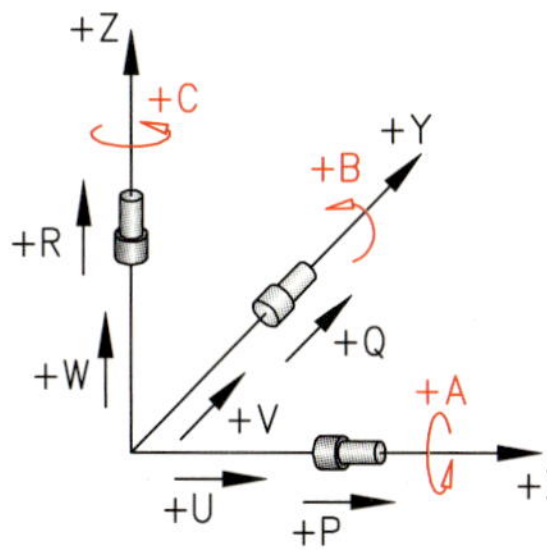

Die Schrauben veranschaulichen die Drehrichtungen von A, B und C. U, V und W zeigen die Parallelbewegungen zu den Hauptachsen.

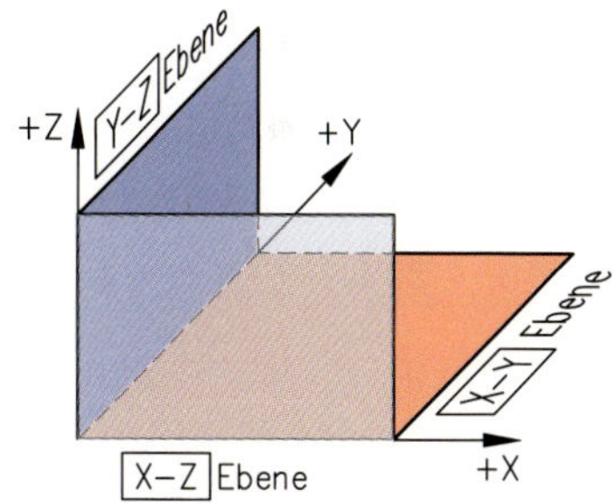

Hauptkoordinate	X	Y	Z
Drehbewegung	A	B	C
Parallele Bewegung zur Hauptkoordinate	U P	V Q	W R

Aus der Zeichnung geht hervor: Die positive Drehrichtung A, B und C ergibt sich aus der Schraubenbewegung mit Rechtsgewinde.
Für weitere Bewegungen parallel zu den Hauptkoordinaten X, Y und Z sind die Koordinaten U, V, W und P, Q, R vorgesehen und zugeordnet.

Achsbezeichnungen beim Drehen

Beim Drehen gibt es nur die X- und Z-Achse. Die Z-Achse fällt in die Arbeitsspindel der Drehmaschine. Die X-Achse liegt parallel zum Planschlitten der Drehmaschine.

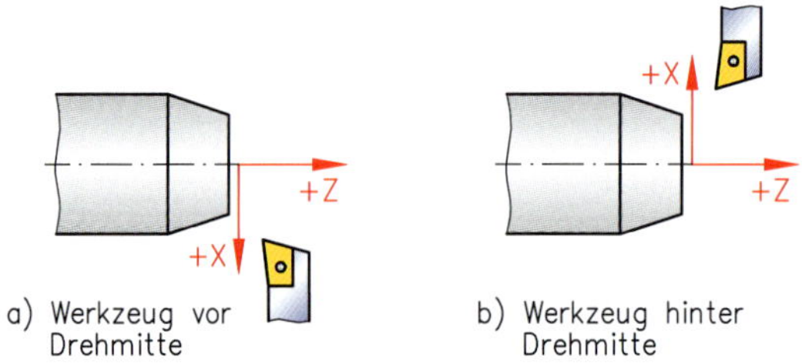

Z-Achse: Bewegt sich der Drehmeißel vom Drehteil weg, bedeutet das für den Programmierer +Z.

X-Achse: Bewegt sich der Planschlitten mit dem Drehmeißel von der Drehteilmitte weg, bedeutet das für den Programmierer +X.

X-Koordinaten für Drehen sind vom Programmierer immer durchmesserbezogen einzugeben.

Zuordnung der Koordinatensysteme an CNC-Werkzeugmaschinen

An den drei CNC-Arbeitsmaschinen wie Drehmaschine, Senkrecht-Konsolfräsmaschine und Bearbeitungszentrum werden die nach DIN 66217 genormten und zugeordneten Bewegungsachsen gezeigt.

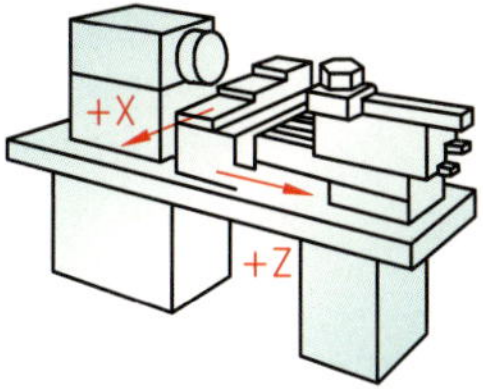

Drehmaschine

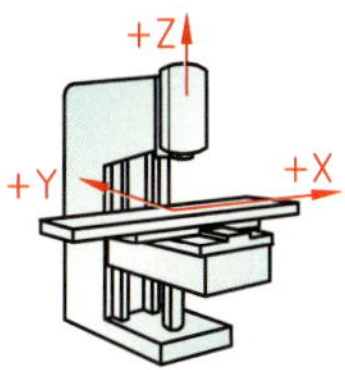

Senkrecht-Konsolfräsmaschine

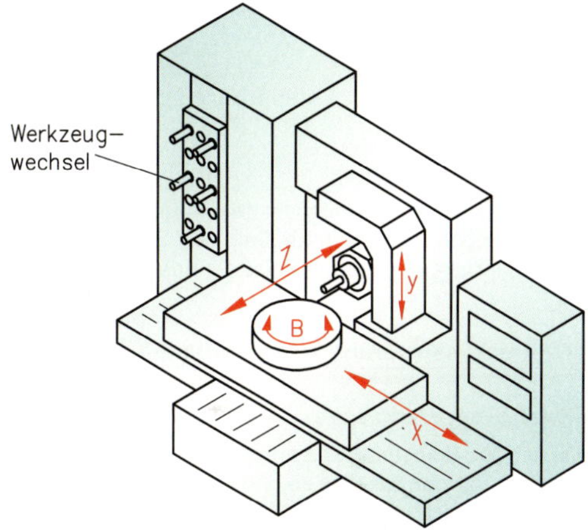

Bearbeitungszentrum mit 4-Achsen = 4D-Steuerung
D = Dimension

Steuerungsarten

Bei den CNC-Maschinen unterscheidet man **drei** verschiedene Steuerungsarten:
1. Punktsteuerung
2. Streckensteuerung
3. Bahnsteuerung

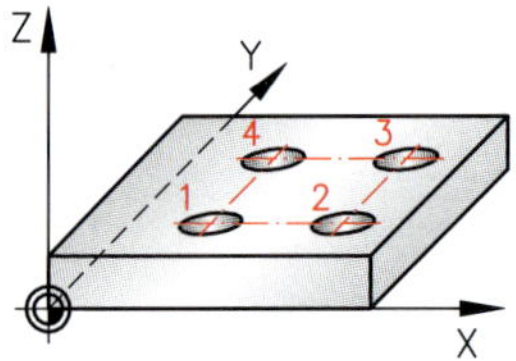

Maschinen
Bohrmaschinen
Stanzmaschinen
Punktschweißmaschinen

1D-Punktsteuerung = 1 steuerbare Achse

Verfahrweg, Werkzeug

Die Punktsteuerung ermöglicht das Anfahren des Werkzeugs zu den einzelnen programmierten Positionen 1–4 wie im Bild. Ist die X-Koordinate (z.B. für Zielpunkt 3) erreicht, erfolgt die Positionierung der Y-Koordinate für Bohrung 3. Nach jeder Positionierung im Eilgang erfolgt die Bearbeitung. Das Werkzeug ist während des Positioniervorgangs nicht im Eingriff.

2D-Streckensteuerung = 2 steuerbare Achsen

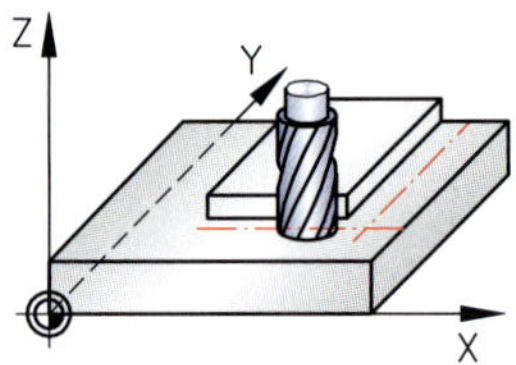

Maschinen
Fräsmaschinen
Drehmaschinen

Verfahrweg, Werkzeuge

Bei der Streckensteuerung erfolgt die Bearbeitung **nur parallel** zu den Koordinatenachsen. Das Werkzeug ist während des Arbeitsvorschubs im Eingriff.

3D-Bahnsteuerung = 3 steuerbare Achsen

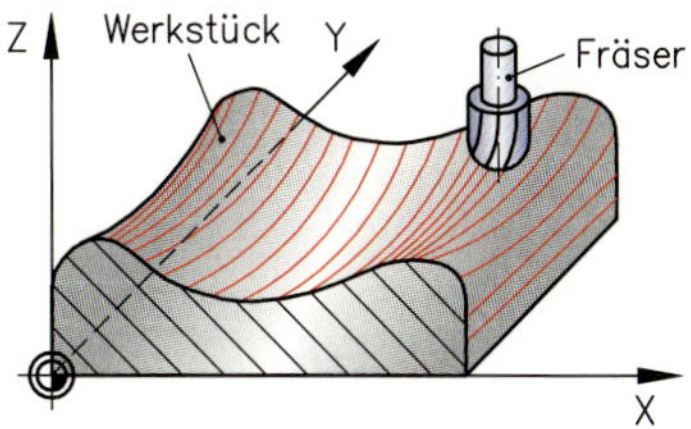

Maschinen:
Drahterodiermaschinen
Fräsmaschinen
Brennschneidmaschinen
Zeichenmaschinen
Bearbeitungszentren

Verfahrweg, Werkzeug

Die Bahnsteuerung ist die vielseitigste Steuerungsart. Jede Bahnsteuerung enthält auch die Punkt- und Streckensteuerung. Als Verfahrwege werden beliebige **Geraden, Kreisbögen** und **Winkel** in der Ebene oder im Raum erzielt. Zwischen den Verfahrbewegungen in die verschiedenen Achsrichtungen besteht ein funktionaler Zusammenhang. Das Werkzeug ist während des Verfahrwegs im Eingriff.

Grundbildzeichen für NC-Maschinen

Diese Grundsymbole werden als Grundlage zusammengesetzter Symbole zusammenhängender Funktionen verwendet. Die zusammengesetzten Symbole sind auf den Bedienungstafeln der NC-Maschine angegeben.

Grundbildzeichen für NC-Maschinen

Bild	Bezeichnung	Bild	Bezeichnung
	Richtungsweisender Pfeil		Korrektur oder Verschiebung
	Funktionspfeil		Bezugspunkt
	Datenträger		Speicher
	Programm ohne Maschinenfunktionen		Ändern
	Programm mit Maschinenfunktionen		Wechsel
	Satz		Löschen

Bildzeichenkombinationen (Auswahl)

Bild	Bezeichnung	Bild	Bezeichnung	Bild	Bezeichnung
	Programm – Anfang		Positioniergenauigkeit – fein		Werkzeug-Radius-korrektur
	Programm – Ende		Positioniergenauigkeit – mittel		Werkzeug-Längen-korrektur
	Dateneingabe in einen Speicher		Referenzpunkt		Werkzeug-korrektur
	Programm ändern		Koordinaten-Nullpunkt		Werkzeug-Schneiden-radiuskorrektur
	Handeingabe		Nullpunkt-Verschiebung		Programm-Speicher
	Daten im Speicher ändern		Absolute Maßangaben		Unterprogramm-Speicher
	In Position		Inkrementale Maßangaben		Unter-programm

Programmieren, Programmaufbau

Dieses Programmblatt zeigt auszugsweise den üblichen Aufbau eines CNC-Programms und wird hier erklärt.

	Programmblatt								
		Weg- bzw. geometrische Informationen				Technologische bzw. Schaltinformationen			
	Satz-Nr.	Wegbedingungen	Koordinaten-Achsen			Vorschub	Spindeldrehzahl	Werkzeug	Zusatzfunktion
	N	G	X	Y	Z	F	S	T	M
	N 10	G 90							
	N 20	G 95				F 0,2	S 200	T 01	M 04
	⋮	⋮				⋮	⋮	⋮	⋮
Satzbeispiel	N 90	G 00	X 75		Z 20	⋮	⋮	⋮	⋮
Erklärung	Satz Nr. 90	Punktsteuerungsverhalten	In die X-Koordinate nach X 75,000 mm fahren	Beim Drehen gibt es keine Y-Koordinate	In die Z-Koordinate nach Z 20,000 mm fahren	Vorschub von 0,2 mm	Umdrehungsfrequenz (Drehzahl) $n = 200\ min^{-1}$	Werkzeug Nr. 1	Spindel dreht sich im Gegenuhrzeigersinn

Jedes **Programm** besteht aus einer Folge von **Sätzen**, wie z. B. N 10, N 20, N 30, ..., N 90. Die Satznummer dient der Kennzeichnung eines Satzes. Man verwendet Zehnersprünge, um jederzeit Satzeinfügungen zu ermöglichen. Man verwendet oft 5er oder 10er Sprünge wie z. B. N 10, N 11, N 12, ... Ein Satz besteht aus mehreren **Wörtern** wie z. B. der Satz N 90:

Satz: →	N 90	G 00	X 75		Z 20	F 0,2	S 200	T 01	M 04	
			↓		↓	↓	↓	↓	↓	
Wort: →			X 75		Z 20	F 0,2	S 200	T 01	M 04	← Wort

Ein **Wort** besteht aus einer **Adresse** und einer **Ziffer.**

Die **Adressen** sind: X, Z, F, S, T, M.
Die Ziffern sind: 75, 20, 0,2, 200, 01, 04.

Merke: Ein Programm besteht aus einzelnen Sätzen, die aus Wörtern gebildet werden. Diese Wörter wiederum setzen sich aus Adressbuchstaben und Ziffern zusammen. Das entsprechende Programm für ein Werkstück, ein Teil, genannt Teileprogramm, legt die einzelnen Sätze mit den notwendigen geometrischen, technologischen sowie programmtechnischen Informationen fest.

Programmtechnische Informationen nennt man auch **Sonderzeichen** für das Erstellen von NC-Programmen. Nachstehend Sonderzeichen in Form einer Tabelle:

Zeichen	**Sonderzeichen** Bedeutung
%	Programmanfang, auch unbedingter Stopp des Programm-Rücksetzens
(	Anmerkungsbeginn
)	Anmerkungsende
+	plus
,	Komma
–	minus
.	Dezimalpunkt
/	Satzunterdrückung
:	Hauptsatz, auch bedingter Stopp des Programm-Rücksetzens
LF	Satzende

Die Weg- bzw. geometrischen Informationen:
Wie aus dem oberen Teil des Programmblattes S. 241 ersichtlich, beinhalten die Weg- bzw. die geometrischen Funktionen die **Wegbedingungen G** und die **Koordinatenachsen X, Y, Z.** Die G-Funktionen müssen erst dann im Satz neu geschrieben werden, wenn eine neue G-Funktion zum Einsatz kommt. Dies gilt auch für alle weiteren Informationen wie: **X, Y, Z, F, S, T, M.**
Diese Informationen halten ihre Gültigkeit im fortlaufenden Satz bei, bis sie von neuen Informationen überschrieben werden müssen.

Nachfolgende Tabelle zeigt die **G-Funktion**, auch Adressbuchstaben G genannt:
Wegbedingungen, Adressbuchstaben G und Koordinaten ...

Code	Funktion
G0	Verfahren im Eilgang
G1	Linearinterpolation im Arbeitsgang
G2	Kreisinterpolation im Uhrzeigersinn
G3	Kreisinterpolation entgegen dem Uhrzeigersinn
G4	Verweildauer
G9	Genauhalt
G14	Konfigurierten Werkzeugwechselpunkt anfahren
G17	Stirnseitenbearbeitungsebenen
G18	Drehebenenanwahl
G19	Mantelflächen/Sehnenflächenbearbeitungsebenen
G22	Unterprogrammaufruf
G23	Programmteilwiederholung
G29	Bedingte Programmsprünge
G30	Umspannen/Gegenspindelübernahme
G40	Abwahl der Schneidenradiuskorrektur SRK
G41/G42	Schneidenradiuskorrektur SRK
G50	Aufheben von inkrementellen Nullpunkt-Verschiebungen und Drehungen
G53	Alle Nullpunktverschiebungen und Drehungen aufheben
G54-G57	Einstellbare absolute Nullpunkte
G59	Inkrementelle Nullpunkt-Verschiebung kartesisch und Drehung
G61	Linearinterpolation für Konturzüge
G62	Kreisinterpolation im Uhrzeigersinn für Konturzüge
G63	Kreisinterpolation entgegen dem Uhrzeigersinn für Konturzüge
G70	Umschaltung auf Maßeinheit Zoll (Inch)
G71	Umschaltung auf Maßeinheit Millimeter (mm)
G90	Absolutmaßangabe einschalten
G91	Kettenmaßangabe einschalten
G92	Drehzahlbegrenzung

Code	Funktion
G94	Vorschub in Millimeter pro Minute
G95	Vorschub in Millimeter pro Umdrehung
G96	Konstante Schnittgeschwindigkeit
G97	Konstante Drehzahl
G31	**Gewindezyklus**
G32	**Gewindebohrzyklus**
G33	**Gewindestrehlgang**
G80	**Abschluss einer Bearbeitungszyklus-Konturbeschreibung**
G81	**Längsschruppzyklus**
G82	**Planschruppzyklus**
G83	**Konturparalleler Schruppzyklus**
G84	**Bohrzyklus**
G85	**Freistichzyklus**
G86	**Radialer Stechzyklus**
G87	**Radialer Konturstechzyklus**
G88	**Axialer Stechzyklus**
G89	**Axialer Konturstechzyklus**
	Koordinaten und Interpolationsparameter
XA, YA, ZA	Absolute Eingabe von Koordinatenwerten, bezogen auf das Werkstück-Koordinatensystem
XI, YI, ZI	Inkrementale Eingabe von Koordinatenwerten, bezogen auf das Werkstück-Koordinatensystem
IA, JA, KA	Absolute Eingabe der Interpolationsparameter bezogen auf das Werkstück-Koordinatensystem

Code	Funktion
G0	Verfahren im Eilgang
G1	Linearinterpolation im Arbeitsgang
G2	Kreisinterpolation im Uhrzeigersinn
G3	Kreisinterpolation entgegen dem Uhrzeigersinn
G4	Verweildauer
G9	Genauhalt
G10	Verfahren im Eilgang in Polarkoordinaten
G11	Linearinterpolation mit Polarkoordinaten
G12	Kreisinterpolation im Uhrzeigersinn mit Polarkoordinaten
G13	Kreisinterpolation entgegen dem Uhrzeigersinn mit Polarkoordinaten
G17	Ebenenanwahl 2 ½ D-Bearbeitung (Standardebene)
G18	Ebenenanwahl 2 ½ D-Bearbeitung (Standardebene)
G19	Ebenenanwahl 2 ½ D-Bearbeitung (Standardebene)
G22	Unterprogrammaufruf
G23	Programmteilwiederholung
G29	Bedingte Programmsprünge
G40	Abwahl der Fräserradiuskorrektur
G41/G42	Anwahl der Fräserradiuskorrektur
G45	Lineares tangentiales Anfahren an einer Kontur
G46	Lineares tangentiales Abfahren von der Kontur
G47	Tangentiales Anfahren an eine Kontur im ¼-Kreis
G48	Tangentiales Abfahren von einer Kontur im ¼-Kreis
G50	Aufheben von inkrementellen Nullpunkt-Verschiebungen und Drehungen
G53	Alle Nullpunktverschiebungen und Drehungen aufheben
G54-G57	Einstellbare absolute Nullpunkte
G58	Inkrementelle Nullpunkt-Verschiebung polar und Drehung
G59	Inkrementelle Nullpunkt-Verschiebung kartesisch und Drehung
G61	Linearinterpolation für Konturzüge
G62	Kreisinterpolation im Uhrzeigersinn für Konturzüge
G63	Kreisinterpolation entgegen dem Uhrzeigersinn für Konturzüge
G66	Spiegeln an der X- und/oder Y-Achse – Spiegelung aufheben

Code	Funktion
G67	Skalieren (Vergrößern bzw. Verkleinern oder Aufheben)
G70	Umschaltung auf Maßeinheit Zoll (Inch)
G71	Umschaltung auf Maßeinheit Millimeter (mm)
G90	Absolutmaßangabe einschalten
G91	Kettenmaßangabe einschalten
G94	Vorschub in Millimeter pro Minute
G95	Vorschub in Millimeter pro Umdrehung
G96	Konstante Schnittgeschwindigkeit
G97	Konstante Drehzahl
	Bearbeitungszyklen
G34	Eröffnung des Konturtaschenzyklus
G35	Schrupptechnologie des Konturtaschenzyklus
G36	Restmaterialschrupp-Technologie des Konturtaschenzyklus
G37	Schlichttechnologie des Konturtaschenzyklus
G38	Konturbeschreibung des Konturtaschenzyklus
G80	Abschluss einer G38 – Taschen/Insel-Konturbeschreibung
G39	Konturtaschenzyklusaufruf mit konturparalleler oder mäanderförmige Ausräumstrategie
G72	Rechtecktaschenfräszyklus
G73	Kreistaschen- und Zapfenfräszyklus
G74	Nutenfräszyklus
G75	Kreisbogennut-Fräszyklus
G81	Bohrzyklus
G82	Tiefbohrzyklus mit Spanbruch
G83	Tiefbohrzyklus mit Spanbruch und Entspänen
G84	Gewindebohrzyklus
G85	Reibzyklus
G86	Ausdrehzyklus
G87	Bohrfräszyklus
G88	Innengewindefräszyklus
G89	Außengewindefräszyklus
G76	Mehrfachzyklusaufruf auf einer Geraden (Lochreihe)
G77	Mehrfachzyklusaufruf auf einem Teilkreis (Lochkreis)
G78	Zyklusaufruf an einem Punkt (Polarkoordinaten)
G79	Zyklusaufruf an einem Punkt (kartesische Koordinaten)

G84 Bohrzyklus

NC-Satz mit verpflichtenden Adressen und optimalen Adressen:
G84 ZI/ZA [D] [V] [VB] [DR] [DM] [R] [DA] [U] [O] [FR] [E] [F] [S] [M]

Verpflichtende Adressen:

ZI/ZA **Tiefe** der Bohrung
- Z inkremental zur aktuellen Werkzeugposition
- ZA absolut, bezogen auf das Werkstückkoordinatensystem

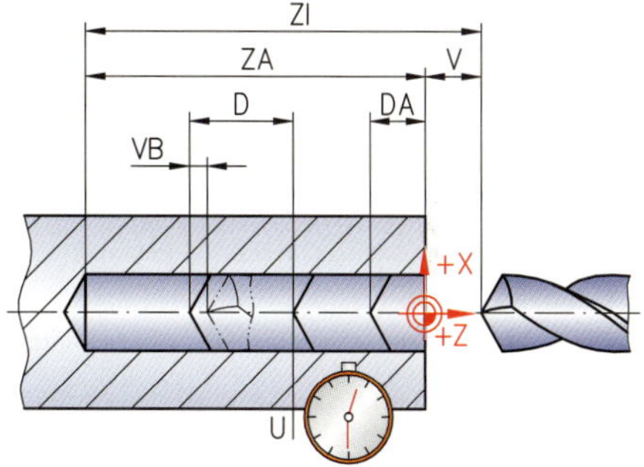

Bearbeitungsbeispiel

Optimale Adressen [...]:

D	Zustelltiefe: keine Eingabe von D, Zustellung bis Endbohrtiefe
V	Sicherheitsabstand
VB	Sicherheitsabstand vor dem Bohrgrund
DR	Reduzierwert der Zustelltiefe jeweils bei der zweiten, dritten, ... und folgender Bohrtiefe
DM	Mindestzustellung
R	Rückzugsabstand
DA	Anbohrtiefe
U	Verweildauer am Bohrungsgrund
O	Wahl der Verweildauer O1 Verweilzeit in Sekunden O2 Verweildauer in Umdrehungen
FR	Eilgangreduzierung in %
E	Anbohrvorschub
F	Vorschub
S	Drehfrequenz/Schnittgeschwindigkeit
M	Spindeldrehrichtung/Kühlmittelschaltung

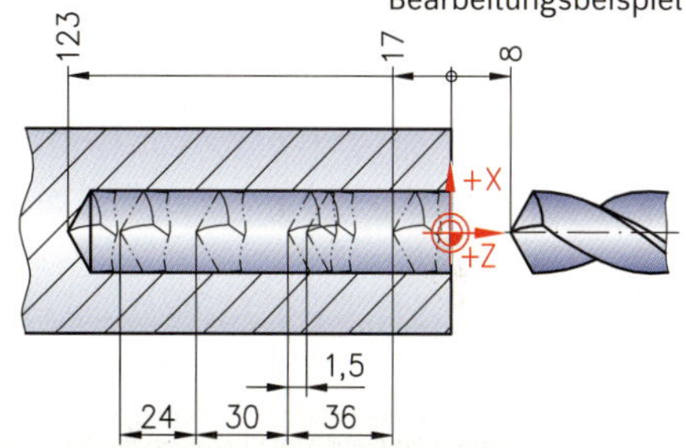

N10 G90
N15 G84 Z-123 D30 V8 VB1,5 DR6 U0,6

Beispiel NC-Satz

G72 Rechtecktaschenfräszyklen

NC-Satz mit verpflichtenden Adressen und Auswahl-Adressen

G72 ZI/ZA LP BP D V [W] [RN] [AK] [AL] [EP] [DB] [RH] [DH] [O] [Q] [H] [E] [F] [S] [M]

Verpflichtende Adressen:

ZI/ZA Tiefe der Rechtecktasche in der Zustellachse
- ZI inkremental ab Materialoberfläche
- ZA absolut in Werkstückkoordinaten

LP Länge der Rechtecktasche in X-Richtung

BP Breite der Rechtecktasche in Y-Richtung

D maximale Zustelltiefe

V Abstand der Sicherheitsebene von der Materialoberfläche

Auswahl-Adressen [...]:

W Höhe der Rückzugsebene absolut in Werkstückkoordinaten

RN Eckenradius der verrundeten Rechtecktasche

AK Aufmaß auf den Taschenrand

AL Aufmaß auf den Taschenboden

EP Festlegung des Setzpunktes beim Zyklusaufruf (G76 ... G79)
- EP0 Taschenmittelpunkt
- EP1, EP2, EP3, EP4: Eckpunkte in den Quadranten 1 bis 4 eines Achsenkreuzes im Taschenmittelpunkt

DB Fräserbahnüberdeckung in %

RH Radius der Mittelpunktbahn der Helixzustellung

DH Zustellung pro Helixumdrehung

O Zustellbewegung
- O1 senkrechtes Eintauchen des Werkzeugs
- O2 Eintauchen des Werkzeugs in einer Helixbewegung

Q Bearbeitungsrichtung
- Q1 Gleichlauf, Q2 Gegenlauf

H Bearbeitungsart
- H1 Schruppen
- H2 Planschruppen der Rechteckfläche
- H4 Schlichten (tangentiales Anfahren der Kontur)
- H14 Schruppen und Schlichten mit gleichem Wz

E Vorschub beim Eintauchen

F Vorschub beim Fräsen XY-Ebene

S Drehzahl/Schnittgeschwindigkeit

M Zusatzfunktionen

Bearbeitungsbeispiel

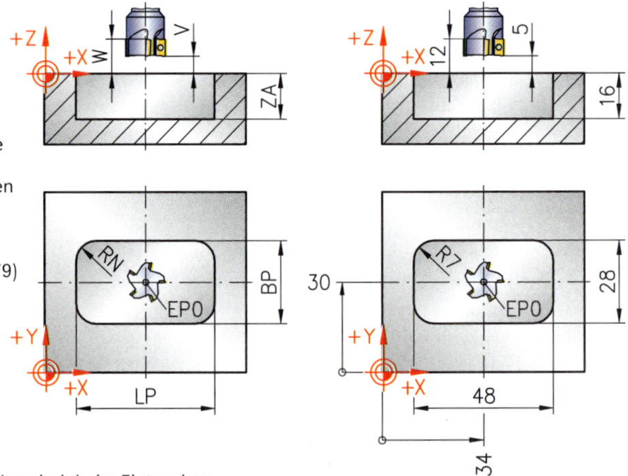

Beispiel NC-Satz

N15 G72, ZA-16 LP48 BP28 D4 V5 AK0,3 AL0,4 W12
N20 G79 X34 Y30 Zyklusaufruf für G72

G73 Kreistaschen und Zapfenfräszyklus

NC-Satz mit verpflichtenden Adressen und Auswahl-Adressen

G73 ZI/ZA R D V [W] [RZ] [AK] [AL] [DB] [RH] [DH] [O] [Q] [H] [E] [F] [S] [M]

Verpflichtende Adressen:

ZI/ZA Tiefe der Kreistasche in der Zustellachskoordinate
- ZI inkremental ab Materialoberfläche
- ZA absolut in Werkstückkoordinaten

R Radius der Kreisachse

D maximale Zustelltiefe

V Abstand der Sicherheitsebene von der Materialoberfläche

Auswahl-Adressen [...]:

W Höhe der Rückzugsebene absolut in Werkstückkoordinaten

RZ Radius des optionalen Zapfens

AK Aufmaß auf die Brandung/Taschenrand

AL Aufmaß auf den Taschenboden

DB Fräserbahnüberdeckung in %

RH Radius der Mittelpunktsbahn in Helixzustellung

DH Zustellung pro Helixumdrehung

O Zustellbewegung
- O1 senkrechtes Eintauchen des Werkzeugs
- O2 Eintauchen des Werkzeugs in Schraubenlinienbewegung (Helix)

Q Bearbeitungsrichtung
- Q1 Gleichlauf, Q2 Gegenlauf

H Bearbeitungsart
- H1 Schruppen
- H2 Planen zirkular von außen nach innen mit der durch DB definierten Zustellung ...
- H4 Schlichten (tangentiales Anfahren der Kontur ...)
- H14 Schruppen und Schlichten mit gleichem Wz

E Vorschub beim Eintauchen

F Vorschub beim Fräsen in der XY-Ebene

S Drehzahl/Schnittgeschwindigkeit

M Zusatzfunktionen

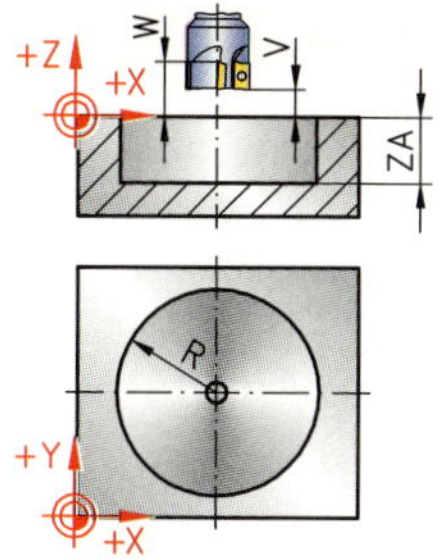

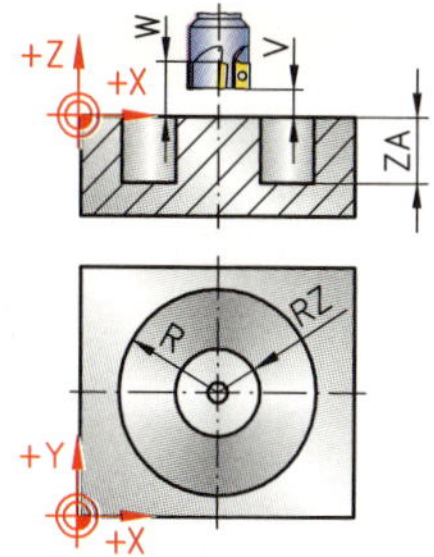

Bearbeitungsbeispiel

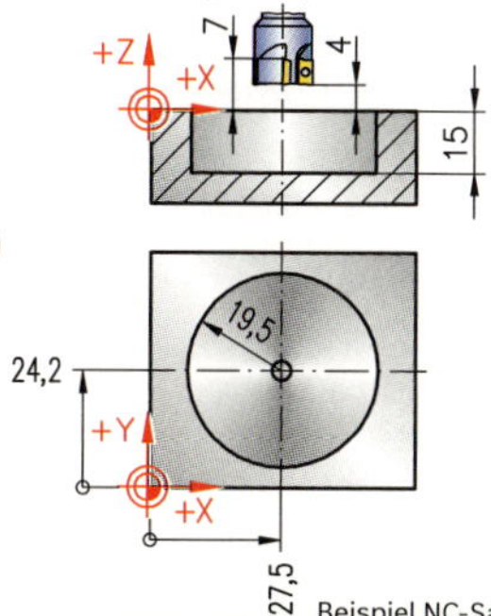

Beispiel NC-Satz

```
N15 G73 ZA-15 R19,5 D3,5 V4 AK0,3 AL0,4 W7
N20 G79 X27,5 Y24,2  Zyklus für G73
```

Bearbeitungsbeispiel

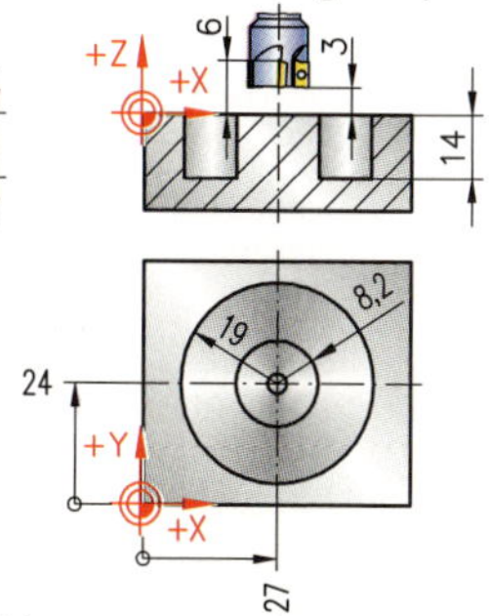

Beispiel NC-Satz

```
N15 G73 ZA-14 R19 D3 V3 RZ8,2 AK0,3 AL0,4 W6
N20 G79 X27 Y24  Zyklusaufruf für G73
```

G74 Nutenfräszyklus (Längsnut)

NC-Satz mit verpflichtenden Adressen und Auswahl-Adressen

G74 ZI/ZA LP BP D V [W] [AK] [AL] [EP] [O] [Q] [H] [E] [F] [S] [M]

Verpflichtende Adressen:

ZI/ZA Tiefe der Nut in der Zustellachse
- ZI inkremental ab Materialoberfläche
- ZA absolut in Werkstückkoordinaten

LP Länge der Nut in X-Richtung

BP Breite der Nut in Y-Richtung

D maximale Zustelltiefe

V Abstand der Sicherheitsebene von der Materialoberfläche

Auswahl-Adressen [...]:

W Höhe der Rückzugsebene absolut in Werkstückkoordinaten

RN Eckenradius der verrundeten Rechtecktasche

AK Aufmaß auf den Taschenrand

AL Aufmaß auf den Taschenboden

EP Festlegung des Setzpunktes beim Zyklusaufruf (G76 ... G79)
- EP0 Taschenmittelpunkt
- EP1, EP2, EP3, EP4: Eckpunkte in den Quadranten 1 bis 4 eines Achsenkreuzes im Taschenmittelpunkt

DB Fräserbahnüberdeckung in %

RH Radius der Mittelpunktbahn der Helixzustellung

DH Zustellung pro Helixumdrehung

O Zustellbewegung
- O1 senkrechtes Eintauchen des Werkzeugs
- O2 Eintauchen des Werkzeugs in einer Helixbewegung

Q Bearbeitungsrichtung
- Q1 Gleichlauf, Q2 Gegenlauf

H Bearbeitungsart
- H1 Schruppen
- H4 Schlichten (tangentiales Anfahren der Kontur)
- H14 Schruppen und Schlichten mit gleichem Wz

E Vorschub beim Eintauchen

F Vorschub beim Fräsen in der XY-Ebene

S Drehzahl/Schnittgeschwindigkeit

M Zusatzfunktionen

Bearbeitungsbeispiel

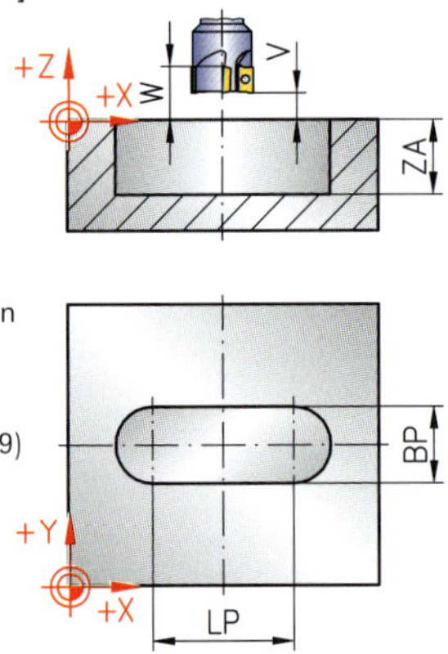

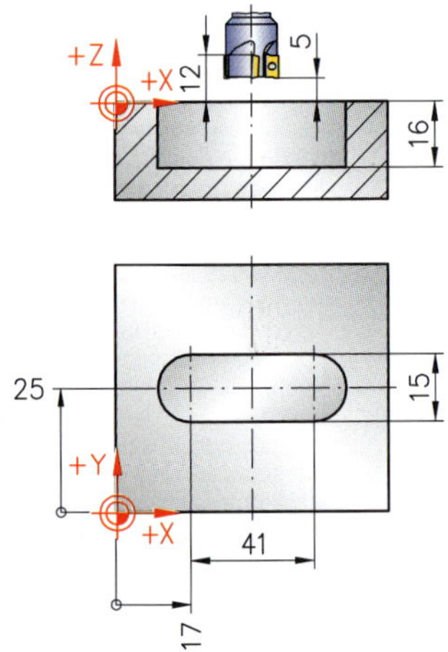

Beispiel NC-Satz

```
N15 G74 ZA-16 LP41 BP15 D3 V5 W12 AK0,3 AL0,4
N20 G79 X17 Y25; Zyklusaufruf an einem Punkt mit G79
```

G78 Zyklusaufruf an einem Punkt (mit Polarkoordinaten)

NC-Satz mit verpflichtenden Adressen und Auswahl-Adressen
G78 [I/IA] [J/JA] RP AP [Z/ZI/ZA] [AR] [W]

Verpflichtende Adressen:

I, IA	X-Koordinate des Drehpols
	I X-Koordinate des Drehpols
	IA X-Koordinate des Drehpols
J, JA	Y-Koordinate des Drehpols
	J Y-Koordinate des Drehpols
	JA Y-Koordinate des Drehpols
RP	Polradius
AP	Polwinkel bezogen auf die X-Achse

Auswahl-Adressen [...]:

Z, ZI, ZA	Z-Koordinate der Oberkante
AR	Drehwinkel des Objekts bezogen auf die X-Achse
W	Höhe der Rückzugsebene absolut in Werkstückkoordinaten

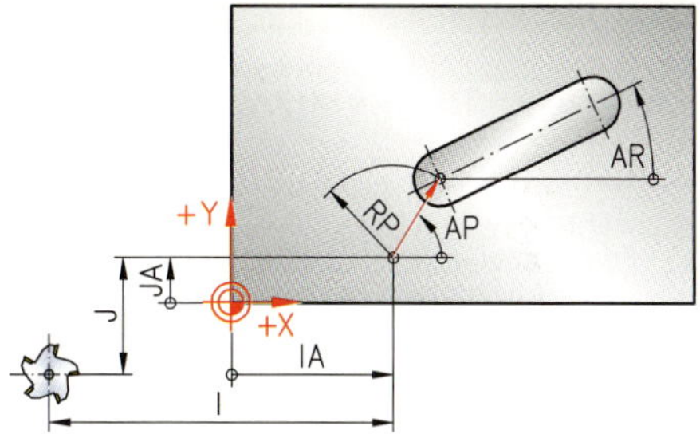

Bearbeitungsbeispiel

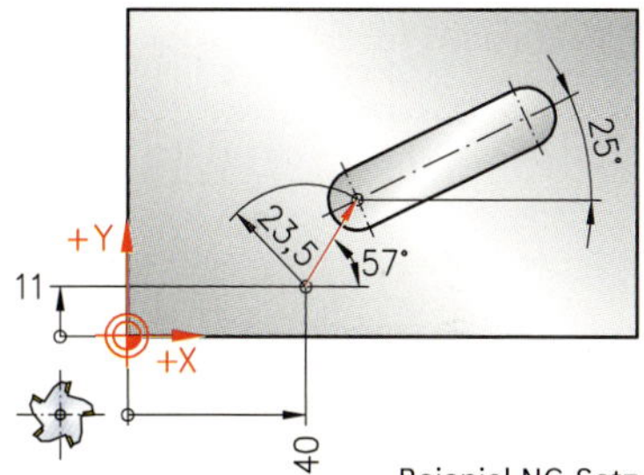

Beispiel NC-Satz

N15 G74 ZA-10 LP57 BP14 D3 W6 ...	Nutenfräszyklus mit G74
N20 G78 IA40 JA11 RP23,5 AP57 AR25	Zyklusaufruf G78

G79 Zyklusaufruf an einem Punkt (mit kartesischen Koordinaten)

NC-Satz mit verpflichtenden Adressen und Auswahl-Adressen
G79 [X/XI/XA] [Y/YI/YA] [Z/ZI/ZA] [AR] [W]

Auswahl-Adressen [...]:

X, XI, XA	X-Koordinate des ersten Punktes
Y, YI, YA	Y-Koordinate des ersten Punktes
Z, ZI, ZA	Z-Koordinate des ersten Punktes

AR	Drehwinkel des Objekts bezogen auf die X-Achse
W	Rückzugsebene absolut in Werkstückkoordinaten
F	Vorschub
S	Drehfrequenz/Schnittgeschwindigkeit
M	Zusatzfunktionen

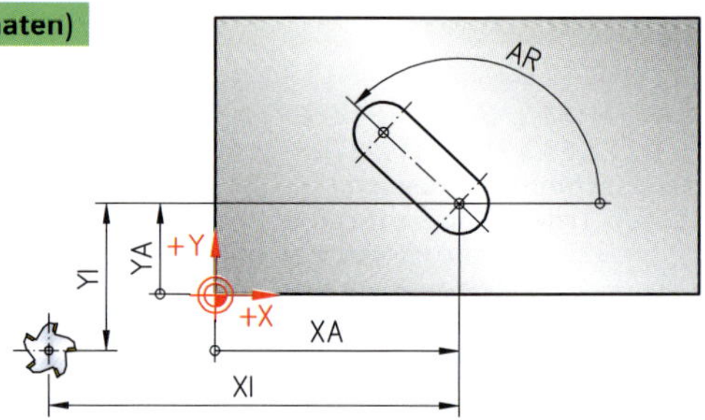

Bearbeitungsbeispiel

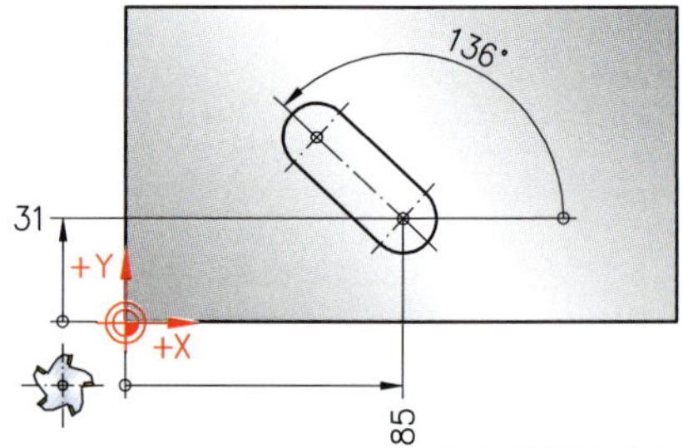

Beispiel NC-Satz

N15 G74 ZA... LP... BP... D...W...;	Nutenfräszyklus mit G74
N20 G79 XA85 YA31 AR136 ;	Zyklusaufruf G79

G82 Tiefbohrzyklus mit Spanbruch

G83 Tiefbohrzyklus mit Spanbruch und Entspänen

NC-Satz mit verpflichtenden Adressen und Auswahl-Adressen

G82 ZI/ZA V D [DA] [VB] [DR] [DM] [U] [O] [E] [F] [S] [M]

G83 ZI/ZA V D [DA] [VB] [DR] [DM] [U] [O] [E] [FR] [F] [S] [M]

Verpflichtende Adressen:

ZI/ZA Tiefe der Bohrung
- ZI Tiefe inkremental ab Bohrungsoberkante
- A Tiefe absolut in Werkstückkoordinaten

V Sicherheitsabstand über der Bohrungsoberkante

D Zustelltiefe

Auswahl-Adressen [...]:

DA Inkrementale Anbohrtiefe der ersten Zustellung

VB Rückzugsabstand vom aktuellen Bohrgrund

DR Reduzierwert der letzten Zustelltiefe

DM Mindestzustellung (ohne Vorzeichen)

U Wartezeit am Bohrgrund (zum Spanbruch)
- O1 Wartezeit in Sekunden
- O2 Wartezeit in Umdrehungen

E Anbohrvorschub

F Vorschub

S Drehfrequenz/Schnittgeschwindigkeit

M Zusatzfunktionen

G83 Tiefbohrzyklus mit Spanbruch und Entspänen:

Er hat die gleichen Adressen wie **G82**, jedoch wird zum Entspänen auf den Sicherheitsabstand V gefahren und zusätzlich: FR Eilgangreduzierung in %

G0 Eilgang - - - - - - - ►

G1 Vorschub ———►

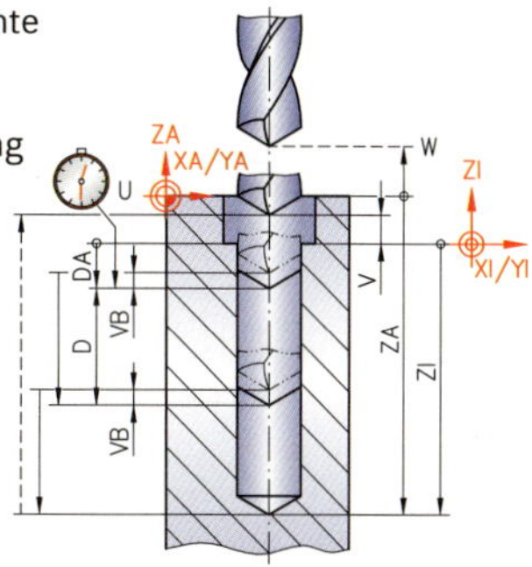

Bearbeitungsbeispiel

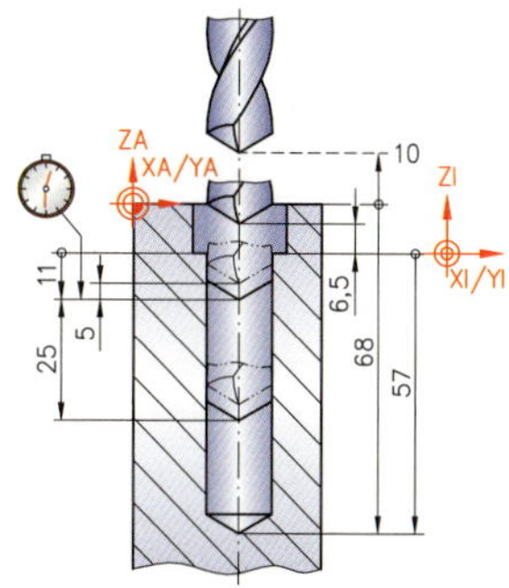

Beispiel NC-Satz

```
N10...
N15 G82 ZI-57 D25 V6,5 W10 VB5 DR4 U1 O1 DA11
N20 G79 X... Y... Z...; Zyklusaufruf
```

G76 Zyklusaufruf auf einer Geraden (Lochreihe)

NC-Satz mit verpflichtenden Adressen und Auswahl-Adressen

G76 [X/XI/XA] [Y/YI/YA] [Z/ZI/ZA] AS D O [AR] [W] [H]

Verpflichtende Adressen:

AS	Winkel der Geraden bezogen auf die 1. Geometrieachse + entgegen dem Uhrzeigersinn – im Uhrzeigersinn
D	Abstand der Zyklusaufrufpunkte auf der Geraden
O	Anzahl der Zyklusaufrufpunkte auf der Geraden

Auswahl-Adressen […]:

X, XI, XA	X-Koordinate des ersten Punkts X X-Koordinate absolut oder inkremental (G90, G91) XI Differenz der Koordinaten zwischen der aktuellen Werkzeugposition und dem ersten Punkt auf der Geraden XA absolute Koordinateneingabe des Startpunkts
Y, YI, YA	Y-Koordinate des ersten Punkts Y Y-Koordinate absolut oder inkremental (G90, G91) YI Differenz der Koordinaten zwischen der aktuellen Werkzeugposition und dem ersten Punkt auf der Geraden YA absolute Koordinateneingabe des Startpunkts
Z, ZI, ZA	Z-Koordinate des ersten Punkts Z Z-Koordinate absolut oder inkremental (G90, G91) ZI Differenz der Koordinaten zwischen der aktuellen Werkzeugposition und dem ersten Punkt auf der Geraden ZA absolute Koordinateneingabe des Startpunkts
AR	Drehwinkel bezogen auf die positive X-Achse
W	Rückzugsebene absolut
H	Rückfahrposition H1 Sicherheitsebene wird zwischen zwei Positionen angefahren und nach der letzten Position H2 Rückzugsebene wird zwischen zwei Positionen angefahren

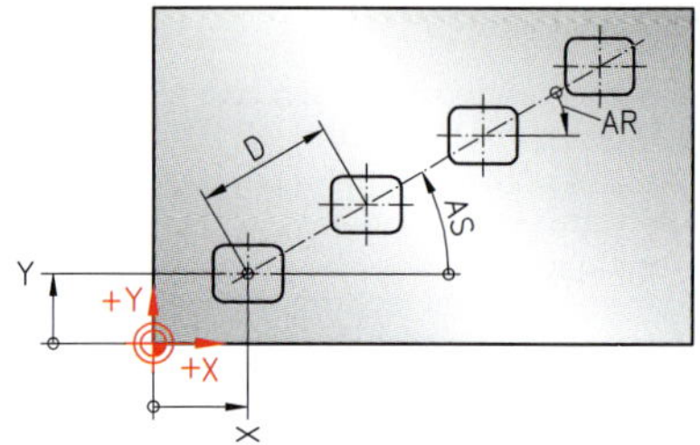

Bearbeitungsbeispiel

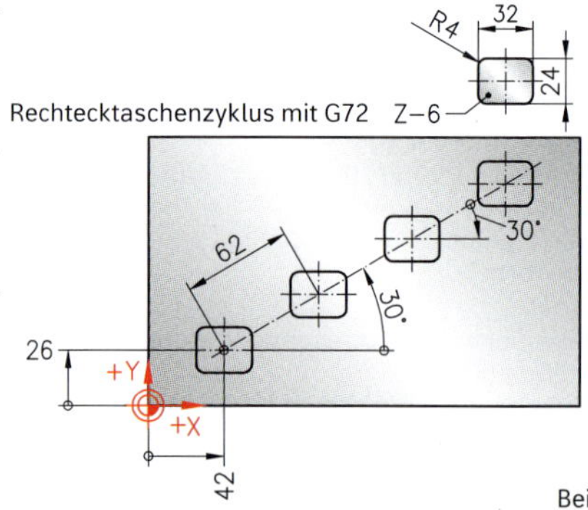

Beispiel NC-Satz

N15 G72 ZA-6 LP32 BP24 RN4 …; Definition Rechtecktasche mit G72
N20 G76 X42 Y26 Z0 AS30 D62 O4 AR-30 ; Zyklusaufruf

Technologische bzw. Schaltinformation

F = Vorschub, S = Umdrehungsfrequenz (Drehzahl) der Arbeitsspindel, **T 01 = Werkzeug**, wie Fräser, Drehmeißel o. a., sowie **M = Zusatzfunktionen** müssen für jedes herzustellende Werkstück, Teil, somit Teileprogramm, festgelegt und in das Programmblatt eingetragen werden.

Nachfolgende Tabelle zeigt einen Auszug der wichtigsten **Zusatzfunktionen M**:

Zusatzfunktionen, Adressbuchstaben M:

Code	Funktion	Code	Funktion
M 00	Programmierter Halt	M 19	Spindel-Halt in definierter Endstellung
M 01	Wahlweiser Halt	M 30	Programmende mit Rücksetzen (Reset)
M 02	Programmende	M 31	Aufheben einer Verriegelung
M 03	Spindel im Uhrzeigersinn	M 40-45	Getriebeschaltung oder vorläufig frei verfügbar
M 04	Spindel im Gegenuhrzeigersinn	M 48	Überlagerung wirksam
M 05	Spindel Halt	M 49	Überlagerung unwirksam
M 06	Werkzeugwechsel	M 58	konstante Spindeldrehzahl AUS
M 07	Kühl(schmier)mittel 2 EIN	M 59	konstante Spindeldrehzahl EIN
M 08	Kühl(schmier)mittel 1 EIN	M 60	Werkstückwechsel
M 09	Kühl(schmier)mittel AUS		
M 10	Klemmung EIN	Nicht aufgeführte Zusatzfunktionen bis M 99 sind teils frei verfügbar.	
M 11	Klemmung lösen (Werkstück)		
Freie Zusatzfunktionen (M-Funktionen) nach PAL			
M 13	Spindeldrehung rechts, Kühlmittel ein	M 17	Unterprogramm Ende
M 14	Spindeldrehung links, Kühlmittel ein	M 60	Konstanter Vorschub
M 15	Spindel und Kühlmittel aus	M 61	M 60 + Eckenbeeinflussung

Adressenzuordnung in einem Programmblatt

Unterhalb der Begriffe **Wegbedingung, Koordinatenachse** u.a. im Programmblatt S. 241 befinden sich die Angaben **N, G, X, Y, Z, F, S, T, M.** Diese und weitere Buchstaben sind in nachstehender Tabelle als Adresse genormt.

Adressenzuordnung

Buchstabe	Bedeutung	Buchstabe	Bedeutung	Buchstabe	Bedeutung
A	Drehbewegung um X-Achse	K	Interpolationsparameter oder Gewindesteigung parallel zur Z-Achse	S	Spindeldrehfrequenz
B	Drehbewegung um Y-Achse	L	(frei verfügbar)	T	Werkzeug
C	Drehbewegung um Z-Achse	M	Zusatzfunktion	U	zweite Bewegung parallel zur X-Achse
D	Werkzeugkorrekturspeicher	N	Satz-Nummer	V	zweite Bewegung parallel zur Y-Achse
E	Zweiter Vorschub	O	(frei verfügbar)	W	zweite Bewegung parallel zur Z-Achse
F	Vorschub	P	dritte Bewegung parallel zur X-Achse	X	Bewegung in Richtung der X-Achse
G	Wegbedingung	Q	dritte Bewegung parallel zur Y-Achse	Y	Bewegung in Richtung der Y-Achse
H	(frei verfügbar)	R	dritte Bewegung parallel zur Z-Achse oder Bewegung im Eilgang in Richtung der Z-Achse	Z	Bewegung in Richtung der Z-Achse
I	Interpolationsparameter oder Gewindesteigung parallel zur X-Achse				
J	Interpolationsparameter oder Gewindesteigung parallel zur Y-Achse				

Kreisprogrammierung

Fast alle schwierigen Konturen beim Drehen und Fräsen lassen sich in Geraden und Kreisbögen zerlegen.
Für die Programmierung von Kreibögen hat sich das Programmierverfahren nach **Endpunk** und **Mittelpunkt** der Kreisbearbeitung durchgesetzt.
Für die eindeutige Berechnung der Kreisbahn sind folgende Angaben für die Steuerung erforderlich:

1. Drehsinn der Kreisbewegung

   G 02 = im Uhrzeigersinn bzw.

   G 03 = im Gegenuhrzeigersinn

2. Ebenenfestlegung

   G 17 = X-Y Ebene

   G 18 = X-Z Ebene

   G 19 = Y-Z Ebene

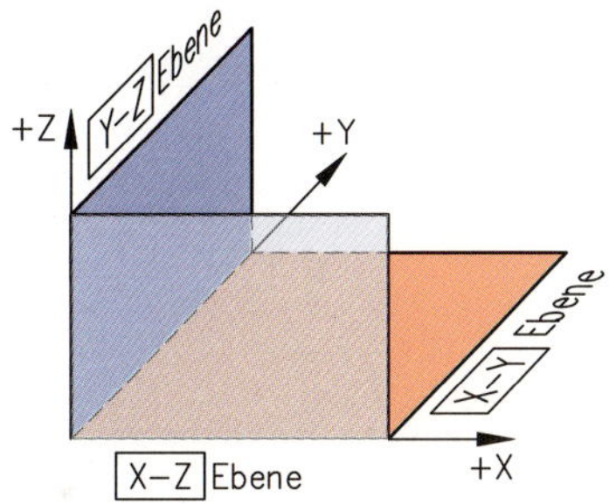

3. Koordinaten des **Endpunktes** der Kreisbearbeitung

4. Koordinaten des **Kreismittelpunktes M** der Kreisbearbeitung; Interpolationsparameter **I, J, K** genannt.

Man programmiert **I, J, K** inkremental (oder in Ausnahmefällen absolut) vom Ausgangspunkt der Kreisbearbeitung aus.

Bei inkrementaler Eingabe von **I, J, K** wird der **Mittelpunkt M** der Kreisbearbeitung von dem Punkt an gemessen, an dem das Werkzeug (Fräser, Drehmeißel) seine Kreisbearbeitung beginnt.

Die Koordinate des Mittelpunktes **M** in **X**-Richtung bezeichnet man mit **I.**
Die Koordinate des Mittelpunktes **M** in **Y**-Richtung bezeichnet man mit **J.**
Die Koordinate des Mittelpunktes **M** in **Z**-Richtung bezeichnet man mit **K.**

Moderne CNC-Steuerungen gestatten es, den **Radius R** des **Kreismittelpunktes M** der Kreisbearbeitung direkt einzugeben anstatt die Adressen **I, J, K.**

Zusammenhang von Ebenenfestlegung, Koordinatenachsen und Interpolationsparametern:

Ebene	Koordinatenachsen	Interpolationsparameter
G 17	± X ± Y	± I ± J
G 18	± X ± Z	± I ± K
G 19	± Y ± Z	± J ± K

Kreisprogrammierung mit X und Y absolut, sowie I und J inkremental

In diesen Beispielen geht es nur um die Erkenntnisse der Kreisprogrammierung mit G 02, G 03, wobei die **X-** und **Y-**Werte der Endpunkte P_1 der Kreisbearbeitung absolut eingegeben werden, die **I-** und **J-**Werte aber inkremental programmiert sind. Die **I-** und **J-**Werte sind vom Startpunkt P_0 zum **Mittelpunkt M** zu messen und einzugeben.

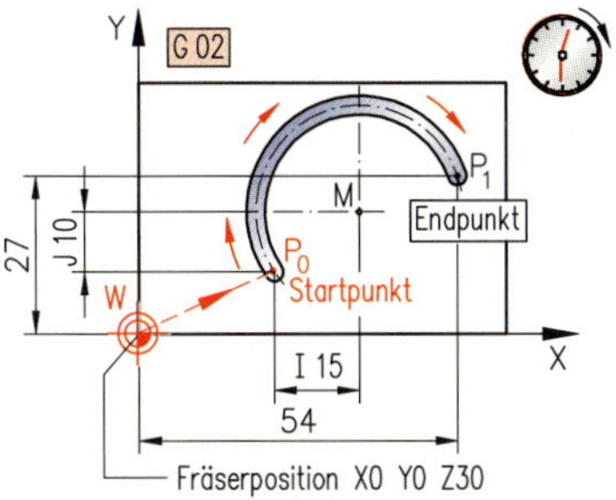

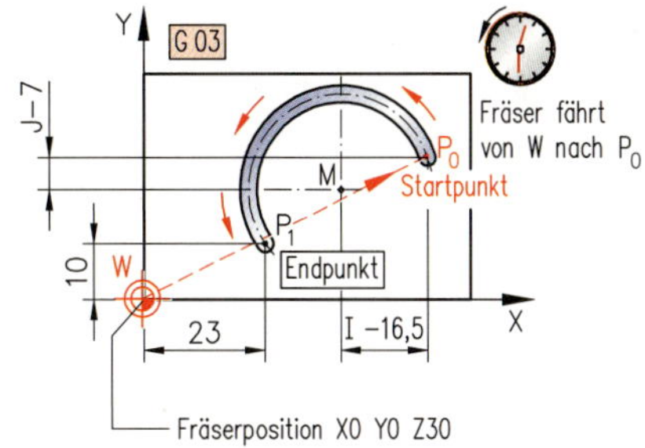

Satz-Nr.	Wegbedingung		Koordinaten			Interpolationsparameter		
N	G		X	Y	Z	I	J	K
N40	G02	G17	X54	Y27	–	I15	J10	–
Satz-Nr. N40	Kreisinterpolation im Uhrzeigersinn	Ebenenfestlegung X + Y E	nach X 54 mm zum Endpunkt	nach Y 27 mm zum Endpunkt	–	M ist 15 mm vom Startpunkt entfernt	M ist 10 mm vom Startpunkt entfernt	–

N	G		X	Y	Z	I	J	K
N40	G03	G17	X23	Y10	–	I–16,5	J–7	–
Satz-Nr. N40	Kreisinterpolation im Gegenuhrzeigersinn	Ebenenfestlegung X + Y E	nach X 23 mm zum Endpunkt	nach Y 10 mm zum Endpunkt	–	Von P_0–16,5 mm zum Mittelpunkt M	Von P_0–7 mm zum Mittelpunkt M	–

Fräserradius-Korrektur mit G 41 und G 42

Bei modernen CNC-Steuerungen ist es nicht erforderlich, die teils sehr komplizierte Frässermittelpunktbahn mit den dazugehörenden Stützpunkten zu programmieren.

Mit den Bahnkorrektur-Befehlen **G 41** oder **G 42** und der Eingabe des Fräserradius, errechnet die Steuerung automatisch die richtige Fräsermittelpunktbahn, um das Werkstück ohne Konturfehler zu fräsen.
Somit braucht der Progammierer lediglich die Werkstück-Koordinaten, bzw. die Zeichnungsmaße einzugeben.

Mit **G 40** wird die Werkzeugkorrektur gelöscht.

Vorteile:

- bei Wechsel der Fräserdurchmesser errechnet die Steuerung die Fräsermittelpunktbahn neu; d. h. andere Fräserradien werden berücksichtigt
- die Werkstückkontur kann direkt nach Zeichnungsmaßen programmiert werden
- Konturfehler werden vermieden, weil die Steuerung die Stützpunkte der Fräsermittelpunktbahn berechnet.

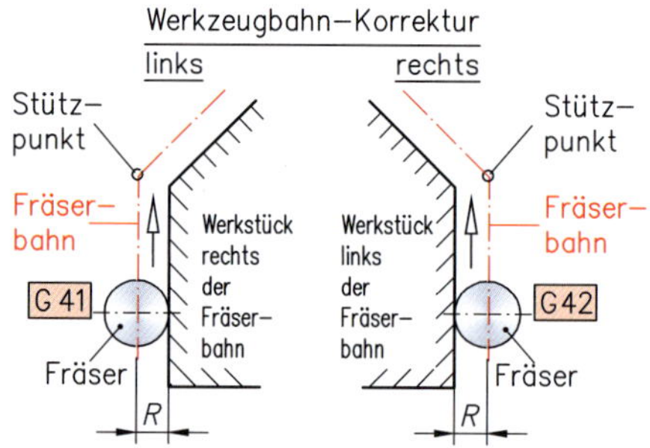

G 41 = Werkzeugbahnkorrektur links, der Fräser arbeitet links vom Werkstück.

G 42 = Werkzeugbahnkorrektur rechts, der Fräser arbeitet rechts vom Werkstück.

G 40 = Löschen der Werkzeugbahnkorrektur.

Vorsatzzeichen nach DIN 1301 für dezimale Vielfache und Teile

Zehnerpotenz	Bezeichnung	Vorsatz	Kurzzeichen	Einheiten mit Vorsatz und Beispiele	
10^{12}	Billion	Tera	T	TΩ	Teraohm
10^{9}	Milliarde	Giga	G	GHz	Gigaherz
10^{6}	Million	Mega	M	MW	Megawatt
10^{3}	Tausend	Kilo	k	kW	Kilowatt
10^{2}	Hundert	Hekto	h	hl	Hektoliter
10^{1}	Zehn	Deka	da	daN	Dekanewton
10^{-1}	Zehntel	Dezi	d	dm	Dezimeter
10^{-2}	Hundertstel	Zenti	c	cm	Zentimeter
10^{-3}	Tausendstel	Milli	m	mm	Millimeter
10^{-6}	Millionstel	Mikro	µ	µV	Mikrovolt
10^{-9}	Milliardstel	Nano	n	nF	Nanofarad
10^{-12}	Billionstel	Pico	p	pF	Picofarad

Griechisches Alphabet

Α α Alpha (a)	Β β Beta (b)	Γ γ Gamma (g)	Δ δ Delta (d)	Ε ε Epsilon (e)	Ζ ζ Zeta (z)	Η η Eta (e)
Θ ϑ Theta (th)	Ι ι Jota (i)	Κ ϰ Kappa (k)	Λ λ Lambda (l)	Μ μ Mü (m)	Ν ν Nü (n)	Ξ ξ Xi (x)
Ο ο Omikron (o)	Π π Pi (p)	Ρ ϱ Rho (r)	Σ σ Sigma (s)	Τ τ Tau (t)	Υ υ Ypsilon (ü)	Φ φ Phi (ph)
		Χ χ Chi (ch)	Ψ ψ Psi (ps)	Ω ω Omega (o)		

A

Abminderungsfaktor Knickung 112
Abscheren, Scheren 114, 202
–, Konstante 114
Absolute Temperatur 14, 143
Absoluter Druck, Überdruck 142, 143
–, Nullpunkt 129
Abstände v. Rand/Schraube 115
Abwicklungen, Kegelstumpf 37, 39, 40
–, Rohr schräg geschnitten, -abzweig 34, 35
–, Segmentkrümmer 36
Aceton 146
Acetylenverbrauch b. Schweißen 146
Achsabstand Zahnräder 124, 125, 127, 128
–, Außenverzahnung 124
–, Innenverzahnung 125
Addieren von Kräften 83, 84
Allgemeine Gasgleichung 143
Amontons, Gesetz von 144
Anreiß-Wurzelmaße 116
Anzahl Schrauben 115
Arbeit, elektrische 15, 211
–, mechanische 14, 95, 98
–, mechanische Hubarbeit 98
Arbeitskolben, Pumpenkolben 157
Atmosphärischer Druck 142
Aufdruckkraft 154
Auflagerkräfte, Drehmomente 87
Auftrieb in Flüssigkeiten 154
Ausdehnungskoeffizient 129, 130
Ausführungsformen Schraubenverbindungen 114, 115
Ausgleichs-, Verkürzungswerte/Biegen 191–193
Ausnutzungsgrad Scherschneiden 203
Axiales Widerstandsmoment 196, 197

B

Bandsäge, Hauptnutzungszeit 180
Baumaterialien mit Wärmedämm-Vergleich 136
Beanspruchbarkeit 110, 111
Bemessungswerte der Spannung, Kraft 110–115
–, Schweißverbindungen 151
Beschleunigung, Verzögerung 12, 76, 80, 81
Bewegung, beschleunigte mit Anfangsgeschwindigkeit 76, 77, 80
–, geradlinige 76, 77
–, verzögerte 80, 81
Beziehungen zw. Einheiten 10–15
Bezugsschlankheitsgrad 112
Biegebeanspruchung 196
Biegefließgrenze 196
Biegeknicknachweis 113
–, Sicherheit 113
Biegemoment 196
Biegespannung 196
Biegetechnik, Kanten, Biegewinkel 191–194
Binäre Verknüpfungen 212
Blechtafelgröße b. Kegelabwicklung 37, 38
–, Kegelstumpf 39, 40
Bogenlänge, -maß 28–30
Bohren, Hauptnutzungszeit 176
Boyle-Mariotte, Gesetz von 144
Brenngasvolumen 132
Brennstoffe, feste, flüssige, gasförmige 132
Bruchdehnung 104, 106
– einschnürung 106

C

Celsius 14, 129–131
Charakteristische u. Bemessungswerte 110, 111
Cosinussatz, Sinussatz 27
–, Flächenberechnung 27

D

Darstellen von Kräften 83
Dehngrenze 104, 106

Dehnung 104, 106, 110
– bei Kunststoffen 105
Dichte 13, 68, 101, 153, 154
– der Flüssigkeit 153, 154
Direktes Teilen, Teilkopf 189
Drahtlängen b. Zug-, Druckfedern 82
Drehen 164, 167–173
Drehen, Rautiefe theor. 171
Drehmoment 13, 85–88, 102
– bei mechanischer Leistung 102
– bei Pumpenleistung 160
– bei Zahnradtrieben 88
Drehpunkt 85–87
Drehstrom, Stern-, Dreieckschaltung 207, 208
Drehwinkel b. Zahnstangentrieb 126
Drehzahl, Umdrehungsfrequenz 11
Dreieck, – ohne Breitenmaß 20
–, gleichschenkliges 21
–, gleichseitiges 21
–, rechtwinkliges 20
–, Schaltung, Elektrotechnik 207, 208
Dreiecksarten 20, 21
Dreiphasen-Wechselstrom 207, 208
Druck 13
– beanspruchung 107
– feder u. Drahtlänge 82
– festigkeit 107
–, hydrostatischer 153, 154
– kraft 107, 108
– schwerer, Schweredruck 153
– spannung 107
– Übersetzer, Hydraulik 161
Durchflussgeschwindigkeit, Kontinuitätsgleichung 158

E

Ebener Winkel 11
Eckenradius, Rautiefe b. Drehen 171
Einfacher Riementrieb 117
Einfacher Zahntrieb 120
Einseitiger Hebel 85
Einwirkungen ständig, veränderlich 110
–, außergewöhnlich 110
Elastizitätsmodul, Hooke'sches Gesetz 106, 112, 196
Elektrische Arbeit 15, 211
– Leistung 15, 210
– Leitfähigkeit 15
– Spannung 15, 204–211
Elektrischer Leiterwiderstand 204
– Strom, – Widerstand 15, 204–211
Elektrodenbedarf 149
Elektrodentyp 149
Elektrodenverbrauch Schweißnaht, Kehl, V-Naht 147, 148
Elektrotechnik 15, 204–211
Ellipse 32
Energie 14, 98, 99
– Bilanzverfahren 140, 141
– der Bewegung 99
– der Lage 98
–, kinetische 99
–, potenzielle 98, 99
–, Verbrauch b. Schmelzen, Schmieden, Verdampfen 132
Erdbeschleunigung, Fallbeschleunigung 12, 80, 81, 98, 101, 153, 154
Euklid, Lehrsatz 25

F

Fallbeschleunigung, Erdbeschleunigung 12, 80, 81, 98, 101, 153, 154
– höhe 80
Falze, Falznaht, Falzverbindungen 195
Feder, konstante 82
– kraft, Hooke'sches Gesetz 82
– rate, -weg 82, 99
Federenergie, kinetische, potenzielle 99
Fenster Wärmetechnik 137, 138
Fensterrahmen-Werkstoff 137, 138
Feste Rolle 92
Festigkeitsberechnung 104, 107, 109–113, 196, 202
Festigkeitsberechnung von Schweißverbindungen 151, 152
Festigkeitsklasse 114

Flächen 10
– berechnung 18–32
– bezogene Massen 13, 69
– moment 2. Grades 112, 196
– pressung 108
–, zusammengesetzte 24
Flachschleifen, Hauptnutzungszeit 185–186
Flaschenzug 93
Fliehkraft, Kraftäbertragung 83
Flässigkeitsdruck, Hydraulik 155–161
Fördervolumen 101
Fräsen, Hauptnutzungszeit 181–184
Freier Fall 80
Fällvolumen, Aceton, Acetylen 146
Fußkreisdurchmesser 127, 128

G

Gangzahl, Schnecke, -rad 123
Gasförmige Brennstoffe 101
Gasgleichung, allgemeine 143
– verbrauch, Sauerstoff, Brenngas b. Schweißen 145, 146, 150
Gasvolumen 143–146
Gay-Lussac, Gesetz von 144
Geradlinige Bewegung 76
Gesamtwirkungsgrad 103
Gesamtwärmedurchlasswiderstand 133–135
Gesamtwärmeäbergangswiderstand 133, 134, 135
Geschwindigkeit 12, 77, 79, 80, 90, 99, 100
– beim Sägen, mittlere 180
–, Durchflussgeschwindigkeit, Kontinuitätsgleichung 158
–, geradlinige 77
–, gleichförmige 77
–, Kolben 159
–, Zahnstangentrieb 126
Gesetz v. Amotons, Boyle-Mariotte 144
Gestreckte Längen b. Ringbogen 41
– b. Biegetechnik, Verkürzungsfaktor 191, 192
–, zusammengesetzte 41
Gewichtskraft 13, 81
Gewindetrieb 97
– schneiden Hauptnutzungszeit 179
Gleichförmige Bewegung 77
– Kreisbewegung 77, 78
Gleichmäßige beschleunigte, verzögerte Bewegung 76
Gleichschenkliges Dreieck 21
Gleichseitiges Dreieck 21
Gleit-, Haft-, Rollreibung 89–91
Grad, Ebener Winkel 11
Grad Celsius 14, 129–131
Grenzkraft 112
– wert der Kraft 110, 111, 114
Grenzschweiß-Werte 151
Griechisches Alphabet 259
Guldin'sche Regel 59

H

Haft-, Gleit-, Rollreibung 89–91
Handelsgewichte v. Profilkonstruktionen 70
Hangabtriebskraft, Normalkraft 95
Hauptnutzungszeit 167–173, 176–179, 180–188
–, Bohren, Reiben 176, 177
–, Drehen 167–173
–, Fräsen mittig, Stirn-Planfräsen 183
–, Fräsen, Stirnumfangs-Planfräsen 182
–, Fräsen, Umfangs-Planfräsen 181
–, Fräsen von Nuten 184
–, Gewindeschneiden, -bohren 179
–, Langdrehen 167, 168
–, Plandrehen 169–173
–, Sägen, Bandsägen 180
–, Schleifen, Flachschleifen 185, 186
–, Schleifen, Rundschleifen 187, 188
–, Senken 178
Hebelgesetze 85, 86
Heizwert, spezifischer, fest 14, 132
–, flüssig, gasförmig 132
Höhensatz 25
Hohlzylinder 54

Hooke'sches Gesetz 82, 106
–, Elastizitätsmodul 106, 112, 196
Hubarbeit, -höhe 98
Hydraulik 155–161
Hydraulische Presse, –, Übersetzung 157
Hydrostatischer Druck 153, 154

I

Indirektes Teilen, Teilkopf 190
Innenverzahnung, Achsabstand 125

K

Kathetensatz 25
Kegel, Kegelabwicklung 37, 38, 55
– drehen 174, 175
– neigung 174, 175
– stumpf, -Abwicklung 39, 40, 56
– verhältnis 174
– verjüngung 174, 175
– winkel 174
Keil, Treibkeil, Schiefe Ebene 96
Kelvin 14, 129–131
Kehl-, V-Naht 147–150
Kinetische, potentielle Energie 99
Kleinster Trägheitsradius 112, 113
Knickfestigkeit, –, Länge 112, 113
Knickspannungslinie 113
Kolbendruckkraft, Hydraulik 155
– geschwindigkeit, mittlere 79, 159
Kolbenkräfte, Hydraulik 156
Kombinationsbeiwert 110, 114, 115
Kontinuitätsgleichung, Durchflussgeschwindigkeit 158
Kopfkreisdurchmesser 127, 128
Kopfspiel bei Zahnrädern 127, 128
Korrekturfaktoren für Fertigungsverfahren 163
Kraft, Beschleunigung 13, 76, 80, 81
Kräfte addieren, – subtrahieren 83, 84
Kräfte an der Schraube 97
Kräfte bei Beschleunigung, Verzögerung 81
Kräfte darstellen 83–87
Kräfte, Leistung, Zerspanen 163
Kräfte u. Leistungen b. Drehen, Bohren, Stirn-Planfräsen 164, 165, 166
Kräftemaßstab 83, 84
Kreis 28
– abschnitt 28, 29
– ausschnitt 29, 30
– bewegung, gleichförmige 77, 78
– ring 30, 31
– ringausschnitt 31
Kugel 59
– abschnitt, Kalotte 60
– ausschnitt, -sektor 61
– zone, -schicht 62
Kunststoffzugversuch 105
Kurbelgeschwindigkeit, mittlere 79
Kurbeltrieb 79

L

Lageenergie, potenzielle Energie 98, 99
Lage v. Schwerpunkten 71
Langdrehen 167, 168
Längen 10
Längen der Elektroden, Schweißen 147
Längenausdehnung, -änderung 129
Längenausdehnungskoeffizient 129
Längenbezogene Masse 13, 69
–, Mantelflächen v. Formstählen 63
Längenteilung, Teilung v. Längen 4 2
Längs-Rundschleifen, Hauptnutzungszeit 187, 188
Lehrsatz des Euklid 25
Leistung 14, 100–103
– bei Drehbewegung, Drehen 102, 164
– bei Pumpen, Hydraulik 101, 160
–, elektrische 14, 15, 210
–, mechanische 14, 100, 102
–, Reibung 90
Leiterwiderstand, elektrischer 204
Leitfähigkeit, elektrische 15
Lichtbogen-Schmelzschweißen 147–150
–, Handschweißen, Schweißzeit 149
Lochabstände, Randenden 42, 116

Lochleibung 115, 116
–, Konstante, –, Kraft 114, 115
–, Durchmesser Bolzen, Nieten, Schrauben 115
–, Verbindungen 115, 116
Logiksymbole binärer Elemente 212
Lose, feste Rolle 92
Luftdruck 142, 162
– verbrauch einfach- u. doppeltwirkender Zylinder 162

M

Mantelabwicklung Zylinder 53
Mantelflächen v. Stählen u. Hohlprofilen 65
– flächen bei Form-, Rundstählen, Rohren 63, 64
Mariotte'sches (Boyle-)Gesetz 144
Masse 12, 13, 68, 69, 81, 83, 98, 99, 131, 132
–, flächenbezogene, u. nach Tabellen 13, 69, 71
–, längenbezogene, Profilmassen 13, 69, 70
– von Profilkonstruktionen, Handelsgewichte 70
–, zusammengesetzte 68
Masseberechnung 68–71
Mechanische Arbeit 14, 95, 98
– Leistung 14, 100, 102
– Spannung 13, 104–107, 109, 202
Mehrfacher Hebel 86
– Riementrieb 117–119
Mehrfacher Zahntrieb 121, 122
Mischungstemperatur 155
– rechnung 155
Mittlere Kolbengeschwindigkeit 79
– Kurbelgeschwindigkeit 79
Modul 124–128

N

Nachweisverfahren Wärmedurchgang 140, 141
Nahtplanung b. Schweißen 149
Nahtspaltbreite b. Schweißen 149
Nebenwinkel 17
Neigung, Steigung 51
Neigungsverhältnis 51
Normalkraft, Hangabtriebskraft 95
Nutenfräsen, Hauptnutzungszeit 184

O

Oberflächenberechnung 18–32, 34–40
Oberflächengüte erreichbare, Drehen theoretisch 171
Oberschlitten verstellen, Kegeldrehen 174
Ohm'sches Gesetz 204

P

Parallelogramm (Rhomboid) 19
Parallelschaltung von Widerständen 206
Plandrehen 169–173
Pneumatik 162
Potenzielle Energie 98, 99
Presse, Hydraulische 157
Primärspule, Sekundärspule 209
Prisma, Quader 52
Prozentrechnung 16
Pumpenkolben, Arbeitskolben 157
Pumpenleistung 101, 160
Pyramide 57
Pyramidenstumpf 58
Pythagoras 24

Q

Quader, Prisma 52
Quadrat 18
Quetschgrenze, Druckbeanspruchung 107

R

Räderwinde, Seilwinde 94, 95
Radiant 11
Rand-, Lochabstände Schrauben u. a., Teilung 42, 116
Randversteifungen, Wulste, Biegen 194
Raute, Rhombus 18

Rautiefe, theor. b. Drehen 171
Rechteck 18
Rechtwinkliges Dreieck 20
Regelmäßiges Vieleck 22, 23
Reiben Hauptnutzungszeit 177
Reibung 89–91
– am Ringzapfen 91
– am Zapfen/Lager 90
Reibungsarbeit 91
Reibungsmoment 90, 91
– leistung 90
– zahl 89–91
Reihenschaltung v. Widerständen 205
Reitstockverstellung, Kegeldrehen 175
Resultierende bei Kräften 83, 84
Rhomboid, Parallelogramm 19
Rhombus (Raute) 18
Riementrieb 117–119
Rohlängen, Schmieden, Umformen 66, 67
Rolle, fest, lose, Anzahl 92
Roll-, Gleit-, Haftreibung 89–91
Rundschleifen, Hauptnutzungszeit 187–188

S

Sägen, Hauptnutzungszeit 180
Scheitelwinkel, Neben-, Stufen-, Wechsel- 17
Scherbeanspruchung 109, 114, 202
– festigkeit, maximale 109, 202
– fläche 202
– fließgrenze 109
– kraft 109, 114, 115, 202
– Lochleibungsverbindungen 114
– schneiden 202, 203
– spannung 109, 202
Schiefe Ebene 95, 96
Schlankheitsgrad, Knickung 112, 113
Schleifen, Hauptnutzungszeit 185–188
Schmelzwärme, spezifische 132
Schmieden, Umformen, Rohlängen 66, 67
Schmiede- und Pressteile 66, 67
Schnecke, -rad, -trieb 123
Schneidkraft, Schneiden 202
Schnittgeschwindigkeit 117
–, Bohren 176, 177
–, Drehen 167–173
–, Fräsen und Nutenfräsen 181–184
–, Gewindeschneiden, -bohren 179
–, Reiben 177
–, Sägen, Bandsägen 180
–, Schleifen 185–188
–, Senken 178
Schnittgeschwindigkeit b. spezifischer Schnittkraft 164–166
–, Bohren 165
–, Drehen 164
–, Stirn-Planfräsen 166
Schnittigkeit 109, 114
Schnittkraft, spezifische 163–166
–, Bohren 165
–, Drehen 164
–, Fräsen 166
Schnittleistung, spezifische 164–166
–, Bohren 165
–, Drehen 164
–, Stirn-Planfräsen 166
Schraubenkraft, -verbindungen 97, 114–116
Schweißen, Gasverbrauch 145, 146
– naht, Elektrodenverbrauch, Kehlnaht, V-Naht 147
Schweißzeit 149, 150
Schweredruck 153
Schwerpunkt im Dreieck 21
Schwerpunkt v. Flächen 71
Schwindung, Schwindmaß 142
Sechseck 22
Sehnenlänge 28–30
Seilwinde, Räderwinde 94, 95
Seitendruckkraft 153
Sekundärspule, Primärspule 209
Senken, Hauptnutzungszeit 178
Sicherheitszahl 104, 107, 109, 202
Sinussatz, Cosinussatz 27
Spannung, elektrische 15, 204–211
–, mechanische 13, 104–107, 109–116

Spannungs-Dehnungs-Diagramm 104
Spannungs-Dehnungs-Kurven, Kunststoffe 105
Spannungsnachweis 111
Spanungsquerschnitt 164–166
Spezifische Schnittkraft 163–166
–, Bohren 165
–, Drehen 164
–, Stirn-Planfräsen 166
Spezifische Schmelzwärme 132
–, Wärmekapazität 131, 155
Spezifischer Widerstand, elektrischer 15, 204–208, 211
– Heizwert 14, 132
Stanzen, Scherbeanspruchung 202
Stauchgrenze, Druckbeanspruchung 107
Steigung, Neigung 51
Sternschaltung, Elektrotechnik 207, 208
Stern-, Dreieckschaltung 207, 208
Stirn-Planfräsen, mittig 183
Stirnumfangs-Planfräsen 182
Strahlensatz 27
Strahlungsgewinnfaktor für Fenster 140, 141
Streckenlast 196
Streckgrenze 104, 106–110, 112
Streifenausnutzung Scherschneiden 203
– breite 203
–, Vorschub Scherschneiden 203
Stromstärke 15, 204–211
Strömungsgeschwindigkeit 158
Stufenwinkel 17
Stumpf-, Kehlnaht 151, 152
Subtrahieren von Kräften 84

T

Tabelle Winkelfunktionswerte, wichtige 26
Teilen, direktes 189
–, indirektes 190
Teilkopf 189–190
Teilkreisdurchmesser 124, 128
Teilsicherheitsbeiwert 110–112, 114, 115
–, Widerstand 110
Teilung bei Zahnrädern 126–128
– von Längen, Lochabstände 42
Temperatur 14, 129–131
– einheiten 129
–, thermodynamische 14, 129
Tiefziehen 198–201
Tiefziehkraft, Niederhalterkraft 200
–, Bodenreißkraft 200
– spalt, Maße 201
– stufen 199
– verhältnis 199
– ziehring, Maße, Radius 201
– Zuschnittdurchmesser d. Ronde 198
Tragsicherheitsnachweis 111
Trägheitsradius kleinster 113
Transformator 209
Trapez 19
Treibkeil, Keil, Schiefe Ebene 96
Trennen durch Scherschneiden 202
Trennen von Bauteilen 51
Treppenberechnung 75

U

Überdruck 142, 145, 146, 156, 160–162
Übersetzung 117–123
– ins Langsame, Schnelle 117–123
– Verhältnis 88, 117–124
Umdrehungsfrequenz (Drehzahl) 11, 77–79, 88, 90, 102, 117–123 u.a.
Umfangsgeschwindigkeit 77, 78, 83, 102, 117
Umfangs-Planfräsen u. Stirn- 181–183
Umfangs-Planschleifen, Hauptnutzungszeit 185, 186
Umformen, Schmieden, Rohlängen 66, 67
U-Werte 131, 133–141

V

Verbindungsarten Schrauben 115
Verbrennungswärme 132
Verdampfungswärme, spezifische 132
Verglasungsfläche 138–141

Vergleichbare Baustoffe v. Wärmedämmung 136
Verjüngung beim Kegeldrehen 174, 175
Verkürzungs- bzw. Ausgleichswerte 191–193
Verschnitt b. Flächen 32
Verzögerung, Beschleunigung 12, 80, 81
Vieleck, regelmäßiges 22, 23
Vielfache, dezimale u. Teile 259
Vierkantprisma 52
Volumen 10
Volumenberechnung 52–62, 66, 67
– änderung, Wärmetechnik 130
– ausdehnung 130
– ausdehnungskoeffizient 130
– der Schweißnaht 147
– ströme 101, 158–160
Vorsatzzeichen nach DIN 259
Vorschubgeschwindigkeit 97
–, Bohren 176
– Drehen 167–170, 172–173
–, Fräsen 166, 181–184
–, Gewindeschneiden 179
–, Gewindetrieb 97
–, Reiben 177
–, Sägen, Bandsägen 180
–, Schleifen 185–188
–, Senken 178
–, Vorspannung Schrauben 116
–, Zahnstangentrieb 126

W

Wärme b. Schmelzen o. Verdampfen, Schmieden 132
Wärmedurchgang einschalige, -mehrschalige Wände 133, 134, 135, 139
Wärmedämmung/Baustoffe 136
Wärmekapazität, spezifische 131
– durchgangskoeffizient 131, 133–139
– durchgangswerte 134, 135, 136
– durchlasswiderstand 139
– für Fenster 137, 138
– lehre 129–131
– leitfähigkeit 133–136, v. Baustoffen 136
– menge 14, 131
– mischung 155
– schutzverordnung, Nachweisverfahren 140
– strom bei Wärmeleitung 131, 133, 134, 135
– technik 129–141
– technik Fenster 137, 138
– übergang 134
– übergangskoeffizient 134
– übergangswiderstand 133–139
– widerstand 133, 134, 135
Wärmeübergangswerte 134
Wechselwinkel 17
Werte Wärmeleitfähigkeit Baustoffe 135
Widerstand Bauteil 110, 111
Widerstand, elektrischer 15, 204–208, 210, 211
–, spezifischer, elektrischer 15, 204
Widerstandsmomente 196, 197
Winde, Räderwinde 94, 95
Windungen v. Federn 82
Winkel, ebener 11
Winkelarten 17
Winkelfunktionen 26
– funktionswerte, wichtige 26
– geschwindigkeit 12, 77, 78, 83, 90, 102
– hebel 86
– summe im Dreieck 20
Wirkungsgrad 103, 160, 161, 164–166
– bei spezifischer Schnittkraft 164–166
Wirkungslinie, gleiche, verschiedene 83, 84
Wohneinheiten, Gebäudeteile 139–141
Würfel 52
Wulste, Randversteifungen 194
Wurfhöhe 80
Wurzelmaße b. Profilen 116

Z

Zahl der Rollen b. Flaschenzug 93
Zahnfußhöhe 127, 128
– kopfhöhe 127, 128
Zahnradberechnung 127, 128

– maße 127, 128
Zahnradtrieb, einfacher, mehrfacher 120–128
–, Drehmoment 88
–, Stangentrieb 126
Zahnstangentrieb 126
– weg 126
Zapfenreibung 90, 91
Zeichnerische Lösung von Kräften 83, 84
Zeit 11
Zeitspanungsvolumen 164–166
–, Bohren 165
–, Drehen 164
–, Stirn-Planfräsen 166
Ziehstufen 199
– Ziehring 201
– Ziehspalt 201
– Ziehverhältnis 199
Zinsrechnung 16
Zugbeanspruchung 104, 106, 114
– feder, Drahtlänge 82
– festigkeit 104–107, 109, 110, 202
– kraft 104, 114, 115
– spannung 104, 106
– versuch 104, 106
– versuch für Kunststoffe 105
Zusammengesetzte Flächen 24
– gestreckte Längen 41
– Längen, gestreckte b. Ringbogen 41
– Massen 68
– Verschnitt 32
Zuschnittdurchmesser Tiefziehen 151, 154
–, Längen Fenster, Systemkonstruktion 73
–, Längen gebogener Profile 72
–, Längen Türen Stahlprofile 74
–, Längen, Verkürzungs-, Ausgleichwerte 191–193
Zustandsänderung von Gasen 143, 144
Zwei-, Dreischeiben-Glas-Isolierung 137, 138, 140, 141
Zweiseitiger Hebel 85
Zylinder, Mantelabwicklung 53
–, Rohr schräg geschnitten 34, 35

A

Absolute Häufigkeit 217, 218
Anzahl Einzelwerte 217
Arithmetischer Mittelwert 218, 220
Arten der Qualitätsprüfung 215
Arten von Regelkarten 220

E

Einflussgrößen -7M 214
Eingriffsgrenze, obere, untere 221
EN ISO 9001:15 214

F

Fehlerkosten 214
Fehlerwahrscheinlichkeit 215
Fertigungsstreuung 220

G

Gauß'sche Glocke 217, 218
Gesamtmittelwert 218, 219
Geschätzte Prozessstandardabweichung 218
– Mittelwert 219
– Prozessmittelwert 218
– Standardabweichung 219
Glockenkurve, Gauß'sche Glocke 217, 218
Größter, kleinster Messwert 217

H

Häufigkeit, relative 217, 218
Histogramm 217

K

Klassen 216, 217
– weite 216, 217
Kleinster, größter Messwert 217
Kritische Fähigkeitsindizes 219, 220
– Maschinenfähigkeitsindex 219
– Prozessfähigkeitsindex 219, 220

M

Maschinenfähigkeit 219
– index 219, 220
– untersuchung 219
Medianwert 218, 220
Messprotokoll 216
– wert, größter 218
– wert, kleinster 218
Mittelwert, arithmetischer 218, 220
– Wertverlauf 221
Mittlere Spannweite 219, 221

P

Prozessfähigkeitsindex 219, 220
Prüfanweisung 215
– los 215
– merkmal 216
– plan 215
– ung-100 % 215

Q

Qualitätsprüfungsarten 215
– regelkarten 220, 221

R

Regelkarten 220
Relative Häufigkeit 217, 218

S

Spannweite, mittlere 218, 219
–, weite 216, 217, 218, 220, 221
– weitenverlauf 221
Standardabweichung 218, 220
Statistische Auswertung 218
– Prozessregelung 216, 219
Stichprobe 215, 216, 217
– probenzahl 218

Streuung 220
Strichliste 217

T
Toleranzgrenze, obere, untere 219, 221

V
Verteilungskurve 217

W
Wahrscheinlichkeitsdichte 218

Z
Zehner-Regel 214
Zentralwert 217
Zufällige Einflüsse 216

QM

QM

A
Absolutbemaßung 232
Absolutprogrammierung 257
Achsbezeichnung 236
Adressbuchstaben 242, 244, 253, 254
Adresse F 254
Adresse G 243, 244, 254
Adresse M 253
Adresse N 254
Adresse S 254
Adresse T 241, 253, 254
Adresse X, Y, Z 254

B
Bahnkorrekturbefehl 258
Bahnsteuerung 238, 239
Bearbeitungszentrum 237
Bearbeitungszyklen PAL 244–252
Bezugsbemaßung 232
Bezugspunkte 230
Bildzeichenkombination 240
Bohrzyklus PAL G84 245

C
CNC-Werkzeugmaschine 237
Codierung 229

D
Datenkassette 229
Datenträger 229
Digital-absolute Messwerterfassung 229
Digitale Messwerterfassung 228, 229
Direkte Wegmessung 227
Diskette 229
Dreharbeiten 230, 236
Drehmaschine 237
Drehzahl-Adresse 253, 254
Dualcode 229

E
Ebene 235, 255, 256
Ebenenfestlegung 235, 255, 256

F
Fräsarbeiten 231, 233, 238, 239, 246–252, 257–258
Fräserradius-Korrektur 258
Fräsmittelpunktbahn 258
Freie Zusatzfunktionen, M-Funktionen nach PAL 253

G
Gegenuhrzeigersinn 255–257
Geometrische Informationen 242
Grundbildzeichen 240

I
Indirekte Wegmessung 228
Informationsspeicher 229
Informationsverarbeitung 229
Inkrement 228
Inkrementalbemaßung 232
Interpolationsparameter 243, 256, 257

K
Kettenbemaßung 232
Konstruktive Merkmale 226
Konturfehler 258
Koordinatensystem 233, 234, 243
Koordinatensystem-Zuordnung 243, 256
Kreisbearbeitung 247, 257
Kreisinterpolation 257
Kreisprogrammierung 255–257
Kreistaschen- u. Zapfenfräszyklus PAL G73 247
Kugelumlaufspindel 226

M
Maschinen-Koordinaten DIN 66217 234
Maschinen-Nullpunkt 230
Maschinen-Referenzpunkt 230
Messwerterfassung, digitale 228, 229
M-Funktionen 253

N
NC-Werkzeugmaschinen 226, 237
Nullpunkt 230, 231
Nutenfräszyklus (Längsnut) PAL G74 244, 248

P
PAL-Bearbeitungszyklus 244–252
PAL-Programmiersystem Drehen 243
– Fräsen 244, 246–252
PAL-Zyklen bei Drehmaschinen 243, 245
Plusbewegung 233, 235
Programmaufbau 241, 242
Programmblatt 241, 254
Programmierung 241, 242
Programm-Nullpunkt 231
Programmtechnische Informationen 244
Punktsteuerung 238

R
Radiusprogrammierung 255–257
Rechtecktaschenfräszyklus PAL G72 246
Rechte-Hand-Regel 234
Referenzpunkt 230

S
Satz 241, 242
Schaltinformationen 253
Senkrecht-Konsolfräsmaschine 237
Sonderzeichen 242
Steuerung 258
Steuerungsarten 238
Streckensteuerung 238
Stützpunkt 258

T
Technologische Informationen 242–244, 253–254
Tiefbohrzyklus mit Spanbruch und Tiefbohrzyklus mit Entspänen PAL G82, G83 251

U
Uhrzeigersinn 255, 256, 257

V
Vorschub-Adresse 253

W
Wegbedingung 243, 244, 257
Weginformationen 242
Weginkrement 227, 228, 229
Wegmesseinrichtungen 227, 228, 229
Wegmesssystem 227, 228, 229
Wegmessung, direkte 227
–, indirekte 228
Werkstück-Koordinaten-Ebene 235
Werkstück-Nullpunkt 231
Werkzeug-Adresse 241, 253, 254
Werkzeugbahn-Korrektur 258
Werkzeugbewegung 233, 234, 238,
Werkzeugmaschine 237
Wort 241, 242

X
X-Achse 233, 234

Y
Y-Achse 233, 234

Z
Z-Achse 233, 234
Zapfenfräszyklus und Kreistaschen PAL G73 247
Zeichnungsmaße 258
Zuordnung Koordinaten 237
Zusatzfunktion 253
Zuwachsbemaßung 232
Zwei-D-Steuerung 238
Zyklusaufruf PAL 244–252
– an einem Punkt (mit kartesischen Koordinaten) PAL G79 250
– an einem Punkt (Polarkoordinaten) PAL G78 249
– auf einer Geraden (Lochreihe) PAL G76 252

|Di Gaspare, Michele (Bild und Technik Agentur für technische Grafik und Visualisierung), Bergheim: 17, 18, 19, 20, 21, 22, 23, 24, 25, 26, 27, 28, 29, 30, 31, 32, 33, 34, 35, 36, 37, 38, 39, 40, 41, 42, 43, 44, 45, 46, 47, 48, 49, 50, 51, 52, 53, 54, 55, 56, 57, 58, 59, 60, 61, 62, 63, 64, 65, 66, 67, 68, 69, 70, 71, 72, 73, 74, 75, 76, 77, 78, 79, 80, 81, 82, 83, 84, 85, 86, 87, 88, 89, 90, 91, 92, 93, 94, 95, 96, 97, 98, 99, 100, 101, 102, 103, 104, 105, 106, 107, 108, 109, 110, 111, 112, 113, 114, 115, 116, 117, 118, 119, 120, 121, 122, 123, 124, 125, 126, 127, 128, 129, 130, 131, 132, 133, 134, 135, 136, 137, 138, 139, 140, 141, 142, 143, 144, 145, 146, 147, 148, 149, 150, 151, 152, 153, 154, 155, 156, 157, 158, 159, 160, 161, 162, 164, 165, 166, 167, 168, 169, 170, 171, 172, 173, 174, 175, 176, 177, 178, 179, 180, 181, 182, 183, 184, 185, 186, 187, 188, 189, 190, 191, 192, 193, 194, 195, 196, 197, 198, 199, 200, 201, 202, 203, 204, 205, 206, 207, 208, 209, 210, 211, 212, 214, 216, 217, 218, 219, 220, 221, 222, 223, 224, 226, 227, 228, 229, 230, 231, 232, 233, 234, 235, 236, 237, 238, 239, 240, 245, 246, 247, 248, 249, 250, 251, 252, 255, 257, 258. |stock.adobe.com, Dublin: Stillfx Titel.

Wir arbeiten sehr sorgfältig daran, für alle verwendeten Abbildungen die Rechteinhaberinnen und Rechteinhaber zu ermitteln. Sollte uns dies im Einzelfall nicht vollständig gelungen sein, werden berechtigte Ansprüche selbstverständlich im Rahmen der üblichen Vereinbarungen abgegolten.